Python 3 Object-oriented Programming（Second Edition）

Python 3
面向对象编程（第2版）

[加] Dusty Phillips 著

孙雨生 译

电子工业出版社·

Publishing House of Electronics Industry

北京·BEIJING

内 容 简 介

本书主要介绍如何使用 Python 3 进行面向对象编程。第 1~4 章介绍面向对象这一编程范式的基本准则，以及 Python 是如何运用这些准则实现面向对象编程的；第 5~8 章介绍如何利用 Python 中的内置函数快速、简单地实现面向对象编程；第 9~11 章介绍许多面向对象编程中常用的设计模式，以及如何使用符合 Python 语言习惯的方式来实现这些设计模式；最后，第 12、13 章介绍 Python 3 中与并发编程相关的主题。

本书中的每一章都会包含一节案例学习的内容，通过一个实践相关的案例将本章介绍的主要内容以及前面章节中介绍过的内容串联起来。除此之外，每一章最后的练习旨在指导你利用本章学习到的知识，使用面向对象编程改善以往项目中的代码，并进一步掌握如何在合适的时机使用 Python 3 进行面向对象编程。

版权贸易合同登记号　图字：01-2015-7448

图书在版编目（CIP）数据

Python 3面向对象编程：第2版/（加）达斯帝·菲利普斯（Dusty Phillips）著；孙雨生译. —北京：电子工业出版社，2018.6
书名原文：Python 3 Object-oriented Programming, Second Edition
ISBN 978-7-121-34136-6

Ⅰ. ①P… Ⅱ. ①达… ②孙… Ⅲ. ①软件工具－程序设计 Ⅳ. ①TP311.561

中国版本图书馆 CIP 数据核字（2018）第 087133 号

策划编辑：付　睿
责任编辑：李云静
印　　刷：北京捷迅佳彩印刷有限公司
装　　订：北京捷迅佳彩印刷有限公司
出版发行：电子工业出版社
　　　　　北京市海淀区万寿路 173 信箱　　邮编：100036
开　　本：787×980　 1/16　　印张：27.5　　字数：549 千字
版　　次：2015 年 7 月第 1 版
　　　　　2018 年 6 月第 2 版
印　　次：2022 年 1 月第 10 次印刷
定　　价：99.00 元

凡所购买电子工业出版社图书有缺损问题，请向购买书店调换。若书店售缺，请与本社发行部联系，联系及邮购电话：(010) 88254888，88258888。
质量投诉请发邮件至 zlts@phei.com.cn，盗版侵权举报请发邮件至 dbqq@phei.com.cn。
本书咨询联系方式：010-51260888-819，faq@phei.com.cn。

关于作者

Dusty Philips 是一位来自加拿大的软件开发者和作者，现居于华盛顿州的西雅图市。作者在过去 15 年间活跃于开源社区并主要以 Python 作为开发语言。他是著名的 Puget Sound Programming Python 会议组的共同创始人，如果你在附近区域，欢迎前往参加相关会议。

《Python 3 面向对象编程》由 Packt 出版社出版，这是他的第一本书。他同时也创作了书籍《用 Kivy 创建应用》（O'Reilly），介绍关于 Python 的移动开发库。同时其发布了 *Hacking Happy*，介绍技术人员的精神健康之旅。他曾在本书第 1 版出版之后不久因为自杀倾向而入院治疗，并自此成为精神健康的公开倡导者。

关于审校人员

AMahdy AbdElAziz 是拥有超过 8 年经验的软件工程师，用过多种语言和框架。最近 5 年关注 Android 和移动开发，包括跨平台工具以及 Android 内核，例如为嵌入式设备创建自定义的 ROM 和 AOSP。

他目前正在信息技术研究所教授 Python。你可以通过访问 http://www.amahdy.net 找到更多关于他的信息。

Grigoriy Beziuk 是 Crowdage 基金的前首席信息官，在本书写作时他是一名独立的软件开发者。他拥有众多编程语言和技术的经验，包括不同环境下、不同版本的 Python，涵盖纯科学应用和现代生产环境网络开发条件下的应用。

> 我想要感谢我的妈妈，Larisa Beziuk，是她赋予了我生命；感谢所有让我的人生变得更加有趣的老师和朋友；感谢所有现在和过去我爱的人……为了所有的一切。

Krishna Bharadwaj 是 SMERGERS（https://www.smergers.com/）的联合创始人，这是一个区块链创业公司，帮助中小企业从投资者和不同的金融机构募集资金。他过去曾就职于一些早期阶段的创业公司，例如 BlockBeacon（圣莫尼卡）和 PricePoint（加利福尼亚），另外还有一些大型组织，例如美国国家仪器、Bangalore、Google（纽约）。Krishna 在大学期间接触到 Python 和 FOSS，并在个人项目和专业工作中大量应用它们。出于对教学的热爱，他游历了诸多大学，并在任何有机会的时候指导研讨会。

他获得了加州大学洛杉矶分校的计算机科学硕士学位，以及班加罗尔 BMS 工程学院的信息科学与工程学士学位。可以通过他的邮箱 krishna@krishnabharadwaj.info 或个人网站 http://www.krishnabharadwaj.info/ 联系他。

Justin Cano 其最近毕业于加州大学里弗赛德分校，获得了计算机工程学士学位。目前作为软件工程师在硅谷工作，并希望以后可以加入 Google 或 Apple 这种更大的技术公司。

他从六年级开始接触编程，使用 HTML 和 CSS 创建了一些小型的网站。他在加州大学里弗赛德分校的第一学年开始学习计算机科学理论和 C++，并在第三学年开始学习 Python。

Justin 承认最初并没有马上被 Python 所吸引，因为 C++和 Python 的抽象还是非常不同的。直到参加编程竞赛和挑战时他才开始对 Python 产生兴趣，主要是因为他感觉 Python 语法的优雅和可读性可以帮助他更快、更自然地将想法转换成代码。现在他经常使用 Python，在使用领域专用语言之前先用 Python 来创建软件应用的原型。

> 我要感谢作者花时间写了这本书，我从中获取了很多关于 Python 语言和设计模式的很有价值的思考及信息。这本书加深了我对 Python 的理解，我相信我现在是一名更有经验的 Python 开发者了。

Anthony Petitbois 是一名拥有 13 年电子游戏行业开发与操作专业经验的在线架构师，并且拥有超过 20 年的软件开发经验。他对新技术富有激情并且喜欢用创造性的方法解决复杂问题。

他在业余时间学习新语言和新平台，以及玩电子游戏，他于 2009 年从法国移居国外，现在他和他的家人住在美丽的加拿大不列颠哥伦比亚地区。

Claudio Rodriguez 其最初的工作是为通用电气开发 PLCs，但是他的主要目标永远都是通过研究和开发将梦想变成现实。这促使他从自动化工程转向软件工程以及软件的结构化方法——面向对象设计。在他读硕士期间，不得不学会从合适的地方寻找资源，并与书籍、研究文献和研讨会成为朋友。最终，他开始致力于控制电弧炉系统的工作，但是客户的需求让他去学习了更多的控制技术。他热爱复杂的 AI 技术，并总是被文献、书籍以及测试用的计算机所环绕，不过他依然通过为客户提供美妙而充满活力的应用来与现实世界保持联系。

译者序

　　Python 是一门多范式编程语言，这意味着你可以用它进行面向对象编程，也可以选择使用面向过程编程的方式，甚至可以尝试函数式编程。而 Python 最令人着迷之处在于，它拥有极大灵活性的同时，使用的是十分简单、优雅的语法，因此甚至被称为"可执行的伪代码"。本书主要围绕 Python 面向对象编程相关的概念与方法，同时也介绍了一些 Python 3 的新增功能、特性。众所周知，Python 3 的升级、推广在 Python 开发者中一直存在较多争议，批判者的声音主要集中在其向后不兼容这一点。不过译者认为 Python 3 是非常值得开发者花时间去学习、升级的，Python 3 中的字符串默认采用 UTF-8 编码，这无疑给中文环境的开发者带来了极大的便捷；此外，采用新的异步编程模型也使得 Python 在服务器开发领域更具竞争力。幸运的是，本书对于这几点都通过单独章节分别进行了详细介绍，无论读者是刚刚接触 Python 的初学者，还是打算将 Python 从之前的版本升级到最新的版本，本书都将很有帮助。

第 2 版序

我需要忏悔，在我写本书第 1 版的时候，我根本不知道自己在做什么。我认为我了解 Python 并且知道该怎么写。很快我就发现这是错的。幸运的是，通过本书的写作我已经完全适应了这两点。

我担心大家可能会不喜欢《Python 3 面向对象编程》这本书，所以我两年没有参加 PyCon。直到收获了几十条正面的反馈，我才重获信心，终于参加了 2012 年在圣克拉拉举办的 PyCon。我很快发现每个人都听说过我或我的书，完全是我庸人自扰！

书写完之后我也很怕重新阅读它。在收到诸多赞誉之前，它一直严实地放在我的书架上，直到我需要引用其中的内容回答读者的提问。在准备本书第 2 版的时候，我最终不得不面对我的心魔。令我惊喜和开心的是，我发现 5 年前自己所写的这本书既准确又令人愉快，一如很多读者的评价所提到的。

初次阅读之后不久，我收到了来自 Amazon 上的第一条负面评价。如果我在完成本书后立即看到这条评价，那将是毁灭性的。幸运的是，4 年来的正面评价以及我自己对写作上的自信，让我可以忽略辛辣的批评并将剩下的部分作为建设性的反馈。事实上，读者提出的很多瑕疵都是本书最初出版时 Python 还未实现的特征。《Python 3 面向对象编程》出版已经有些年头了，显然已经到了需要升级的时候。升级的结果现在已经在你手里（或在你的电子书阅读器上）。

我经常纳闷，为什么技术类书籍的作者要如此详细地描述不同版本书籍之间的区别。我的意思是，有多少人会在读了第 1 版之后还读第 2 版呢？就像软件的版本一样，你可以笃定最新的版本是最好的，但你不会真的想要关心它的历史。不过，这本书占据了我过去一年大部分的时间，所以我不得不提一下这本书已经变得多好了。

其实第 1 版组织得稍微有些混乱，很多章节结束之后直接跳到下一章，有几个关键位置上的主题之间存在跳跃，甚至更糟糕的是，彼此不相关。现在，讨论设计模式之前的 2 章被重新调整并分为 3 章，这样更加顺畅地切换到下一个主题。

我同时也彻底删除了关于 Python 3 第三方库的一整章内容。在 Python 3 和这本书都还是新鲜事物的时候，这一章的存在还算合理。只有几个库移植到 Python 3，对它们进行详尽的讨论是合理的。不过，我没办法深入探讨这些主题的细节，坦白地说，针对每一个主题我都可以再写一整本书。

最后，我添加了全新的一章，关于并发的内容。关于这一章我纠结了一阵，现在可以坦白承认它与面向对象编程并没有直接的关系。然而，和单元测试那一章一样，我认为理解并发是所有语言中不可或缺的部分，特别是对于 Python 生态系统中的面向对象编程。当然，如果你不同意大可跳过这些章节（或者等你改变主意之后再来阅读它们）。

请尽情享受这本书以及你的面向对象编程之旅！

Dusty Phillips

前言

本书介绍了面向对象范式的相关术语，通过循序渐进的例子聚焦面向对象设计。本书介绍从简单且是面向对象编程工具箱中最有用的继承关系，到异常处理和设计模式的内容，以一种面向对象的方式来看待面向对象的概念。

在这一过程中，我们将会学习整合 Python 编程语言中面向对象和非面向对象的方面，学习操作文件和字符串的复杂性，并强调（正如 Python 3 所做的）二进制和文本数据的区别。

我们将会发现单元测试的乐趣，会用到两个单元测试框架。最后，我们会探索 Python 众多的并发范式，学习如何让不同对象在同一时间一起运行。

本书包含哪些内容

本书可以粗略地分为 4 个主要部分。前 4 章我们将会深入探讨面向对象编程的准则以及 Python 是如何运用它们的。第 5~8 章我们将会通过学习这些准则是如何应用到 Python 内置函数中的，来探讨一些 Python 特有的应用。第 9~11 章是关于设计模式的内容。最后两章探讨与 Python 编程相关同时可能很有趣的主题。

第 1 章，面向对象设计，介绍了重要的面向对象概念。主要关于一些相关术语，如抽象、类、封装、继承。我们也简单地介绍了用来建模类和对象的 UML。

第 2 章，Python 对象，讨论类和对象以及如何在 Python 中使用它们。我们将会学习 Python 对象的属性和行为，以及如何将类组织到包和模块中去。最后，我们将会学习如何保护我们的数据。

第 3 章，对象相似时，帮助我们更加深入地探讨继承关系。包括多重继承以及如何扩展内置类型。这一章也介绍了多态和鸭子类型在 Python 中是如何运作的。

第 4 章，异常捕获，介绍异常和异常处理。我们将会学习如何创建我们自己的异常，以及如何利用异常控制程序流程。

第 5 章，何时使用面向对象编程，介绍如何创建和使用对象。我们将会看到如何用属性封装数据以及限制数据的访问。这一章也讨论了 DRY 准则以及如何避免代码重复。

第 6 章，Python 数据结构，介绍 Python 内置类的面向对象特征。我们将会学习元组、字典、列表以及集合，还有几个更高级的容器类型。我们也将学习如何扩展这些标准对象。

第 7 章，Python 面向对象的捷径，正如标题所言，这一章介绍使用 Python 节省时间的方法。我们将会学习很多有用的内置函数，例如用默认参数实现方法重载。我们也将看到函数本身也是对象的特性以及如何利用这一特性。

第 8 章，字符串与序列化，介绍字符串、文件以及格式化。我们将会讨论字符串、字节以及字节数组之间的区别，还有将序列化文本、对象和二进制数据转化为几种规范表示的多种不同方式。

第 9 章，迭代器模式，介绍了设计模式的概念，以及迭代器模式的 Python 图形化实现。我们将会学习列表、集合以及字典的推导形式。我们也将理解生成器与协程。

第 10 章，Python 设计模式 I，介绍了几种设计模式，包括装饰器模式、观察者模式、策略模式、状态模式、单例模式以及模板模式。每一种设计模式都通过 Python 实现的相关的例子程序进行讨论。

第 11 章，Python 设计模式 II，专注讨论更多的设计模式，如适配器模式、门面模式、享元模式、命令模式、抽象模式以及组合模式。用更多的例子说明 Python 习惯用法与规范实现之间的区别。

第 12 章，测试面向对象程序，以介绍为何对 Python 应用进行测试如此重要为开始。强调测试驱动开发，并介绍两种不同的测试工具 unittest 和 py.test。最后，讨论模拟测试对象和代码覆盖率相关内容。

第 13 章，并发，这一章是关于 Python 所支持（以及缺乏）的并发模式的速成教程。讨论了线程、多进程、Future 以及新的 AsyncIO 库。

每一章都包含相关的例子和一个案例学习，案例学习会将本章内容整合到一个可运行的（可能不完整的）程序中。

学习本书你需要用到什么

本书中所有的例子都是基于 Python 3 解释器的。确保你用的不是 Python 2.7 或更早的版本。在写本书时，Python 3.4 是最新的版本。大部分例子也可以在较早版本的 Python 3 中运行，但是为了最大限度地减少可能给你带来的失望情绪，最好用最新版本。

所有的例子都可以运行在任何支持 Python 的操作系统上。如果不能，请作为错误信息提交给我。

有些例子需要连接互联网。你可能会想要有一个这样的课外研究和调试。

除此之外，本书中有些例子依赖于不使用 Python 的第三方库。在用到它们的时候会进行介绍，因此你并不需要提前安装。但是为了保持完整性，下面列出会用到的所有库：

- pip
- requests
- pillow
- bitarray

本书的目标读者

本书尤其针对那些没有面向对象编程经验的人，同时也假设你已经拥有了基本的 Python 技能。你将会深入学习面向对象准则。对于将 Python 用作"胶水"语言并希望提升编程技巧的系统管理员来说，本书也特别有用。

如果你熟悉用其他语言进行面向对象编程，那么本书将会帮助你用符合 Python 语言习惯的方式将你的这些知识应用到 Python 生态系统中。

约定

本书使用不同的文本格式来区别不同的信息。下面是一些格式的例子，以及它们的含义。

文本中的代码、数据库表名、目录名、文件名、文件后缀名、路径名、URL、用户输入以及 Twitter 用户名以如下方式展示："我们从字典中查询类，并存储到名为 PropertyClass

的变量中。"

一个代码块可以设定为如下所示的样式：

```
def add_property(self):
    property_type = get_valid_input(
            "What type of property? ",
            ("house", "apartment")).lower()
    payment_type = get_valid_input(
            "What payment type? ",
            ("purchase", "rental")).lower()
```

当我们想要让你特别关注代码块中的特定部分时，相关的行或项将会加粗显示：

```
def add_property(self):
    property_type = get_valid_input(
            "What type of property? ",
            ("house", "apartment")).lower()
    payment_type = get_valid_input(
            "What payment type? ",
            ("purchase", "rental")).lower()
```

任何命令行的输入或输出都将会被设定为如下格式：

```
>>> c1 = Contact("John A", "johna@example.net")
>>> c2 = Contact("John B", "johnb@example.net")
>>> c3 = Contact("Jenna C", "jennac@example.net")
>>> [c.name for c in Contact.all_contacts.search('John')]
['John A', 'John B']
```

新的术语或**重要单词**将会以黑体呈现。你在屏幕、菜单或对话框中看到的单词，将会以这种形式出现："将出现**参数不够**的错误，和我们前面忘记 self 参数一样。"

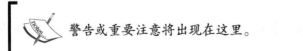

警告或重要注意将出现在这里。

提示和技巧将出现在这里。

读者反馈

欢迎读者反馈意见。让我们知道你是如何看待本书的——有什么是你喜欢或不喜欢的。读者反馈对我们非常重要，因为可以帮助我们开发对你们更有用的内容。

可以通过 feedback@packtpub.com 发送一般性的反馈，只要在邮件主题中提及本书书名即可。

如果有哪个你擅长的领域，你想要写作或贡献一本书，请访问 www.packtpub.com/authors 查看我们的作者指南。

客户支持

现在你已经是 Packt 尊贵的读者了，我们提供如下一些资源可以帮助你收获更多。

下载示例代码

你可以从 http://www.packtpub.com 上你的账户中下载所有你购买的 Packt 出版的书籍中的示例代码。如果你从别处购买了本书，你可以访问 http://www.packtpub.com/support 并注册，然后直接通过邮件获取这些文件。

勘误

尽管我们已经尽可能保证内容的准确性，但仍然难以避免存在错误。如果你在我们的书中发现了错误——不管是文字错误还是代码错误——如果你能够告诉我们，我们将会非常感激。这样一来，你也可以帮助其他读者避免很多困惑，并且帮助我们在后续版本中不断改进。如果你发现任何错误，请访问 http://www.packtpub.com/submit-errata，选择对应的书，单击**勘误提交表**链接，并输入详细的错误信息。一旦确认了你的勘误，你提交的内容将会被接受，这一勘误信息将会上传到我们的网站，或者添加到对应书籍的勘误章节列表中。

访问 https://www.packtpub.com/books/content/support 并在搜索框中输入书名，可以查看之前提交的勘误。所需的信息将会出现在**勘误**章节中。

版权

流传于互联网上的内容，版权是所有媒体正在面临的问题。在 Packt，我们严格保护版权与许可。如果你在网上看到任何关于我们书籍的非法副本，请立即向我们提供地址或网站名，我们将进行追踪维权。

请通过 copyright@packtpub.com 向我们提供可疑盗版材料的链接。

感谢你帮助我们保护我们的作者以及我们向你提供有价值内容的能力。

问题

如果对本书有任何问题，你可以通过 questions@packtpub.com 与我们取得联系，我们将会倾尽全力帮你解决。

轻松注册成为博文视点社区（www.broadview.com.cn）用户，扫码直达本书页面。

- **下载资源**：本书提供示例代码及资源文件，均可在"下载资源"处下载。
- **提交勘误**：您对书中内容的修改意见可在"提交勘误"处提交，若被采纳，将获赠博文视点社区积分（在您购买电子书时，积分可用来抵扣相应金额）。
- **交流互动**：在页面下方"读者评论"处留下您的疑问或观点，与我们和其他读者一同学习交流。

页面入口：http://www.broadview.com.cn/34136

目录

第**1**章
面向对象设计

在软件开发中，设计通常被认为是发生在编程之前的步骤，然而这并不是真的。在现实中，分析、编程与设计是相互重叠、组合、交织在一起的。在本章中，将会讨论如下几个话题。

- 面向对象意味着什么。
- 面向对象设计与面向对象编程之间的差异。
- 面向对象设计的基本原则。
- 基本的**统一建模语言**（UML）以及在什么情况下它不是那么"邪恶"。

面向对象

每个人都知道对象是什么——一种可以被我们感知及操作的可触摸的实体。我们最早接触到的对象就是婴儿玩具。通常是木块、塑料形状或是放大的拼图碎片等。婴儿很快就能学会特定的对象可以用来做特定的事情：铃铛可以发出响声，按钮可以按，控制杆可以拉。

软件开发中对象的定义与此并没有本质上的差异。软件中的对象虽然不是可触摸的实体，也不能被拿在手上感知，但是它们是一些东西的模型，同样可以做特定的事或被特定的事物影响。正式一点说，对象是**数据**与相关**行为**的集合。

知道了什么是对象，那面向对象又意味着什么？所谓"面向"简单来说就是指向，因此面向对象就是功能性地指向建模对象。这是众多复杂系统建模的技术之一，即通过数据和行为来描述一系列相互作用的对象。如果你曾看过任何相关的宣传，你可能见过类似的术语：面向对象分析、面向对象设计、面向对象分析与设计以及面向对象编程。这些都是在广义的面向对象"大伞"下高度相关的概念。

事实上，分析、设计与编程都是软件开发中的不同阶段，将它们称为面向对象只是为了指定所追求的软件开发风格。

面向对象分析（OOA）是针对问题、系统或（转化成应用时的）任务的过程，并确定所需的对象及对象之间的交互关系。分析阶段关注的是需要完成什么。

分析阶段的输出是一系列需求。如果想要一步完成分析阶段，我们需要将一个任务转换为一系列需求，例如我需要如下这样一个网站。

网站用户需要能够（楷体表示动作，黑体表示对象）：

- *查看*我们的**历史**。
- *应聘***职位**。
- 对**产品**进行*浏览*、*比较*以及*下单*。

在某种程度上，分析是一个不太恰当的字眼。前文中我们所讨论的婴儿不需要分析木块或拼图碎片，而只需要探索其周遭环境，操作这些形状并找到它们合适的位置。面向对象探索可能是一个更恰当的描述。在软件开发中，分析的初始阶段包括客户访问、研究他们的行为过程以及消除不必要的可能性。

面向对象设计（OOD）是将这些需求转化为实现方案的过程。设计者必须命名对象，定义其行为，指定哪些对象可以针对其他对象实施指定的行为。设计阶段关注的是如何完成。

设计阶段的输出是实现方案。如果我们想要一步完成设计阶段，则需要将面向对象分析阶段定义的需求转换为一系列类和接口，从而（在理想条件下）可以被任意面向对象编程语言实现。

面向对象编程（OOP）是将完美定义的设计转化为可以运行程序的过程，这一程序必须能够准确地满足 CEO 最初提出的要求。

是的，就是这样！如果真实世界也能如此理想，我们只需要像所有旧课本所说的那样，一步步严格遵循这些阶段就能成功那该有多好。通常来说，真实世界总是更加黑暗的。无论我们如何努力想要区分这些阶段，我们总会发现在设计阶段还有很多东西需要进一步分析。在编程时也总能发现需要在设计阶段澄清的特性。

21 世纪绝大多数的开发都遵循迭代开发模型。在迭代开发中，一小块任务将会被建模、设计并通过编程实现，然后这些程序将在后续一系列的快速开发循环中不断被检查、扩展，从而改善已有特征并加入新的特性。

本书后面的内容主要关于面向对象编程，但是在本章，我们将首先讨论面向对象设计中的基本原则。这让我们可以在不讨论软件语法以及 Python 解释器的情况下理解这些（相对简单的）概念。

对象和类

对象是数据及其行为的集合，那么我们怎样区分不同对象的类型？苹果和橘子都是对象，但谚语有云，两者不可相提并论[1]。苹果和橘子在计算机编程中并不常用，但是假设我们在为果农写一个清单应用。为了方便举例，我们假设苹果是用桶装的而橘子是用篮子装的。

现在我们有了 4 种对象：苹果、橘子、篮子和桶。在面向对象建模中，用于描述对象类型的术语是**类**。因此，用技术术语来讲，现在我们有 4 类对象。

对象和类之间的区别是什么？类是用来描述对象的。它们就像是用来创造对象的蓝图。例如你面前的桌子上放着 3 个橘子，每一个橘子都是一个不同的对象，但这 3 个橘子拥有来自同一类的相同属性和行为，即广义的橘子类。

在我们存货清单系统中的这 4 个类，它们之间的关系可以用**统一建模语言**（通常缩写为 UML，因为 3 个首字母缩写的形式永远不会过时）类图来描述。下面是我们遇到的第一张类图：

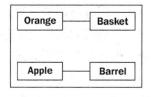

---

1 译者注：apples and oranges 指两码事、截然不同。

上面这张图显示**橘子**类与**篮子**类是相关联的，而**苹果**类与**桶**类是相关联的。关联是两个类之间最基本的相互关系。

UML 在管理者中非常流行，但是偶尔会被程序员嗤之以鼻。UML 图表的语法通常来说是非常浅显的；当你看到一张关系图时，你不需要翻阅教程就能（大致）理解它所表达的内容。UML 也非常容易绘制，并且相当直观。毕竟对于很多人来说，当需要描述类及其之间的关系时，他们也会非常自然地采用方框和连线来表达。有了基于这些直观图表的标准之后，程序员更容易与设计者、管理者以及其他程序员进行交流。

然而，有些程序员认为 UML 完全是浪费时间的。他们以迭代开发为由，认为用花哨的 UML 图来形式化地描述设计方案完全是多余的，并且认为花时间去维护这些形式化图表完全是浪费时间的，而且对任何人都毫无益处。

至于这一点究竟是否是真的，取决于参与人员的合作结构。无论如何，每一个超过一人的开发团队总需要偶尔坐下来花时间讨论目前正在开发的子系统中的细节问题。UML 在头脑风暴环节特别适用于快速方便的沟通交流。即使是那些对形式化的类图嗤之以鼻的团队，也还是会在设计会议或团队讨论中采用一些非正式版的 UML。

更进一步讲，与你自己的沟通才是最重要的。我们都认为自己可以记住自己做出的设计决策，但是总有某些"为什么我要这样做"的时刻隐藏在我们的未来。如果把最初的设计图保存在草稿纸上，我们最终一定会发现它们是非常有用的线索。

然而，本章并不是 UML 教程。网上可以找到很多这样的教程，同时也能找到大量相关书籍。UML 所涵盖的内容远不只类与对象图，它还包含用例、部署、状态变化以及活动等相关语法。当讨论面向对象设计时，我们还需要和一些常用的类图语法打交道，你会发现你可以从例子中学会其中的结构规律，并且你也会下意识地在你自己的团队或个人设计环节中选择受 UML 启发的语法。

我们的第一张图，虽然是正确的，但并不能提示我们苹果是按桶装的，也不能告诉我们一个苹果可以装进几个桶中，它只告诉我们苹果与桶存在某种关联。类与类之间的关联通常是显而易见的，无须过多解释，但是如果需要的话，我们可以加入更多必要的澄清信息。UML 之美在于大部分都是可选的。我们通常只需要指定图表中必要的信息，使得当前的状况合理即可。在快速白板阶段，我们可能只需要在方框之间快速画上几条线。在正式文档中，我们可能需要加入更多细节。还是以苹果和桶为例，我们可以非常确信它们之间的关系是**许多苹果可以放进一个桶**，但是为了确保没有人会弄错**一个苹果只能放进一个桶**，我们可以将图表改进：

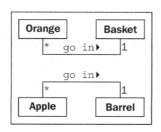

上面这张图通过一个小箭头来显示谁放进谁里面，告诉我们橘子是**放进**篮子里的。它同时也告诉我们相关联的两个对象之间的数量关系。一个**篮子**对象可以存放多个（用 * 表示）**橘子**对象。任意一个**橘子**对象只能放进一个**篮子**对象。这个数字代表的是对象的多样性，或者你可能听说过它也叫作基数。这其实是两个稍微有所不同的术语。基数指的是集合中元素的实际数量，而多样性特指这一数字可以有多大或多小。

我常常忘记多样性在关系图中所处的位置。靠近某个类的多样性意味着有多少这个类的对象可以与另一端类的对象相关联。以苹果和桶的关系为例，从左向右看图，多个**苹果**类的实例（也就是多个**苹果**对象）可以放进一个**桶**对象中。从右向左看图，只有一个**桶**对象能够与多个**苹果**对象相关联。

指定属性和行为

现在我们已经了解一些基本的面向对象术语了。对象就是一些可以相互关联的类的实例。对象实例就是拥有自己的数据和行为的特定对象，如我们面前的桌子上放的一个橘子是广义的橘子类的实例。这个例子已经够简单了，但是与每个对象相关联的数据与行为又是什么呢？

数据描述对象

让我们从数据开始。数据通常代表一个特定对象的个体特征。类可以定义一系列属于这一类的对象所共有的特征。任意特定对象对于给定的特征可以拥有不同的数据值。例如，在我们桌子上的 3 个橘子（如果还没被我们吃掉的话）重量可能各不相同。而橘子类则拥有一个被称为重量的**属性**。所有橘子类的实例都拥有重量属性，但是每个橘子的这一属性值是不同的。尽管如此，属性值并不一定是唯一的，任意两个橘子的重量都有可能是相同的。举一个更实际的例子，任意两个代表不同客户的对象，它们的姓名属性的值都有可能是相同的。

属性（attribute）经常也被称为**成员**或**特性**（property）。有些作者认为这些术语拥有不同的含义，通常来说属性（attribute）是可以被赋值的，而特性（property）是只读的。在 Python 中，"只读"的概念几乎是无意义的，因此在本书里，我们将这两个词视为同义词。另外，我们将在第 5 章中讨论 property 关键字针对 Python 中特定种类属性的特殊含义。

在我们的水果清单应用中，果农可能希望知道橘子来自哪个果园、何时采摘以及重量是多少。他们也许会希望能知道每一篮橘子被存储在哪里。苹果可能有颜色属性，桶可能有不同的尺寸。这里面有些属性可能同时属于多个类（我们可能也希望知道苹果是何时采摘的），但是作为第一个例子，我们先暂时加入少量不同的属性到我们的类图中：

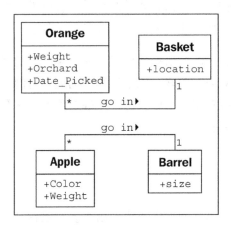

我们也可以指定每一个属性的类型，这取决于我们的设计所需要达到的详细程度。属性类型通常是大部分编程语言中标准的基本类型，例如整数、浮点数、字符串、字节或布尔值。然而，它们也可以是诸如列表、树、图，甚至是其他类这样的数据结构。这是一个设计阶段可能与编程阶段相重叠的区域。不同的基本类型或对象可能在一门编程语言中可用而在另外一门编程语言中却不可用。

通常，在设计阶段我们不需要过度担心数据类型的问题，因为具体的实现细节是在编程阶段来选择的。通用的名字已经足够用于设计阶段。如果我们的设计需要用到列表类型，Java 程序员可以选择 LinkedList 或 ArrayList 来实现，而 Python 程序员（也就是我们！）可以从内置的 list 和 tuple 类型中选择。

到目前为止，在我们水果种植的例子中，所有的属性都是基本类型。然而，有一些隐含的属性我们可以进一步说明——对象之间的关系。对于一个橘子，我们可能有一个属性用来表示这个橘子所在的篮子。

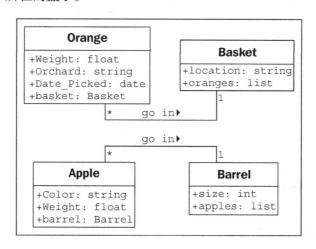

行为就是动作

现在我们知道了什么是数据，那么行为又是什么？行为就是可以发生在一个对象上的动作。可以执行在一类对象身上的行为被称为**方法**。在编程层面上，方法就像是结构化编程中的函数，但是它们奇迹般地可以获取与这一对象相关的所有数据。像函数一样，方法也接收一些**参数**并返回**值**。参数（parameter）对于方法来说就是在调用方法时需要**传递给**方法的一系列对象（传递给调用对象的对象通常被称为实参（argument））。这些对象被方法用来执行它需要完成的任何行为或任务。返回值是任务的结果。

我们已经将"苹果、橘子不可相提并论"的例子引申到基本的清单应用中。让我们继续扩展一下看看是否仍然成立。可以与橘子联系在一起的一种动作是**采摘**动作。如果你从实现的角度考虑，**采摘**动作通过更新橘子的**篮子**属性来将橘子放进篮子里，同时将橘子加入**篮子**的**橘子**属性列表中。因此，**采摘**动作需要知道具体与哪个篮子打交道。我们通过将**篮子**作为参数传递给**采摘**方法来实现这一点。由于我们的果农同时也卖果汁，所以我们也可以为**橘子**对象添加一个**榨汁**方法。在榨汁的时候，**榨汁**方法可能会返回获得果汁的数量，同时也需要将**橘子**从它所在的**篮子**中移除。

篮子对象可以拥有**售卖**动作。当一个篮子被卖掉时，我们的清单系统需要更新目前还未涉及的对象的相关数据来计数或计算利润。或者，我们篮子里的橘子可能还没卖掉就已经坏掉了，因此我们需要添加一个**丢弃**方法。让我们将这些方法添加到类图中：

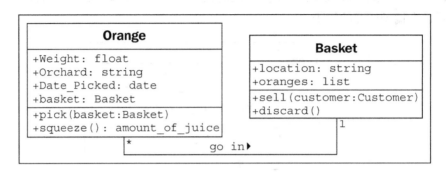

给每个对象添加模型和方法让我们能够创建一个由交互对象所组成的**系统**。系统中的每个对象都是特定类的成员。这些类指定了对象可以拥有哪些类型的数据以及可以调用什么样的方法。每个对象的数据可能与同一类中其他对象的数据处于不同的状态，因为数据状态不同，所以在调用每个对象的方法时可能产生不同的反应。

面向对象的分析与设计就是为了弄清楚这些对象是什么以及它们之间如何交互。下一节中描述的准则，就是用来使这些交互过程尽可能简单且符合直觉的。

隐藏细节并创建公共接口

在面向对象设计中建模对象的关键目的在于，决定该对象的公共**接口**是什么。接口是对象的一些属性与方法的集合，其他对象可以用接口与这个对象进行交互。其他对象不需要，通常也不允许，获取对象的内部内容。一个真实世界中常见的例子就是电视机。对我们来说，电视机的接口就是遥控器。遥控器上每个按钮代表着可以调用的电视机对象的方法。当我们调用一个对象，获取它的方法时，我们不需要知道也不需要关心电视机到底是从天线、电缆还是卫星锅获取的信号，我们不需要关心传递什么样的电子信号来调节音量，或者声音到底是发往音箱还是耳机。如果我们打开电视机查看其内部构造，例如将音箱和一堆耳机的输出信号剥离开，那么我们只会失去保修资格。

这一隐藏对象具体实现或功能细节的过程，被称为**信息隐藏**，有时候也被称为**封装**。但是封装是一个更加宽泛的术语，被封装的数据并不一定是隐藏的。从字面上看，封装就是创建一个容器，因此不妨将其想象成时间胶囊。如果你把一堆信息放进时间胶囊里，上锁并掩埋起来，这既是一个封装过程同时信息也被隐藏了。另一方面，如果这个时间胶囊没有上锁也没有被掩埋起来，或者说是用透明塑料制作的，那么它里面的东西仍然是封装起来的，但是信息却没有被隐藏。

封装与信息隐藏的区别通常是无关紧要的，尤其在设计层面。在很多参考实践中会把它们当作同义词。作为 Python 程序员，我们往往没有也不需要真正的信息隐藏（我们将在第 2 章中讨论其原因），因此用含义更广泛的封装也是合适的。

然而，公共接口还是非常重要的，需要仔细设计，因为在未来很难更改。更改接口将会导致所有调用它的客户端对象出错。我们可以随意改变内部构造，例如，让它变得更高效，或者除了从本地也可以从网络获取数据，而客户端对象仍然可以不加修改地使用公共接口与我们的对象正常交流。另一方面，如果我们改变了接口中可以公开获取的属性名，或者更改了方法参数的顺序或类型，所有的客户端对象都需要进行更改。在讨论公共接口的时候，应尽量保持简单，永远基于易用性而非编码的难度来设计对象接口（这一建议同样适用于用户接口）。

记住，程序中的对象虽然可能代表真实的物体，但这并不意味着它们是真实的物体，它们只是模型。建模带来的最大好处之一是，可以忽略无关的细节。我小时候做的汽车模型可能看着很像 1956 年的雷鸟，但它的驱动轴不会转也不能跑。这些细节对于还不会开车的我来说太过复杂，同时也是无关紧要的。模型是对真实概念的一种**抽象**。

抽象是另外一个与封装和信息隐藏相关的面向对象的概念。简单来说，抽象意味着只处理与给定任务相关的最必要的一层细节，是从内部细节中提取公共接口的过程。汽车司机需要与方向盘、油门和刹车进行交互，而不需要考虑发动机、传动系统以及刹车系统的工作原理。而如果是机械师，则需要处理完全不同层面的抽象，例如调节引擎和刹车等。下面是汽车两个抽象层面的类图：

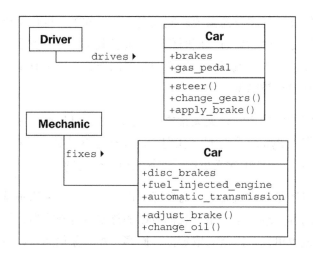

现在，我们又遇见几个新的术语指向相似的概念。用几句话来解释这些术语：抽象是通过公共或私有接口进行信息封装的过程，私有接口通常与信息隐藏有关。

通过这些定义，我们知道让我们的模型能够被其他与其父交互的对象理解是非常重要的。这意味着需要对小细节格外注意。应确保方法和属性的名字合乎情理。在系统分析过程中，对象通常代表原始问题中的名词，而方法通常是动词；属性则是形容词，当然如果属性作为当前对象的一部分，指向的是另一个对象，那它也可以是名词。应该按照这个规律给类、属性和方法命名。

不要对将来可能有用的对象或行为进行建模，而是建模系统当前需要执行的任务，这样设计将会自然而然地落在合适的抽象层。这并不是说我们不需要考虑未来可能出现的设计更改。我们的设计应该是开放式的，这样才能满足未来的需求。但是在抽象接口时，尽量只对必需的内容进行建模。

在设计接口的时候，尽量将自己置身于对象的位置，并想象对象对隐私有特别强烈的偏好。尽可能不要让对象获取你的数据，除非你觉得这样做对你最有利。不要给它们能够强制你执行特定任务的接口，除非你确定希望它们这么做。

组合

到目前为止，我们学习了如何设计由一组彼此交互的对象所构成的系统，其中对象之间的交互是从适当的抽象层去看待对应的对象的。但是我们还不知道如何创建这些抽象层，有很多不同的方法可以做到，我们将在第 8 章以及第 9 章中讨论这些更高级的设计模式。然而大部分设计模式都依赖于两个基本的面向对象原则：**组合与继承**。组合的概念更简单一些，所以我们就从它入手。

组合是将几个对象收集在一起生成一个新对象的行为。当一个对象是另外一个对象的一部分时，组合通常是不错的选择。我们已经在上面机械师的例子中见识过了组合过程。汽车是由发动机、传动装置、启动装置、车前灯、挡风玻璃以及其他部件组成的，而发动机又是由活塞、曲柄轴和阀门等组合而成的。在这个例子中，组合是提供不同抽象层的好办法。汽车对象可以提供司机所需要的接口，同时也能够获取内在组成部分，从而为机械师提供适合操作的深层抽象。当然，如果机械师需要更多信息来诊断问题或调整发动机，这些组成部分也可以进一步被细分。

这是一个常见的用于介绍组合的例子，但是在设计计算机系统的时候它并不是特别有用。物理对象通常很容易分解为零件对象。人们很擅长这一点，至少从古希腊时就开始提出原子是物质最小的组成单位的假设（当然他们那时还没有粒子加速器）。计算机系统通常没有物理对象那么复杂，但是要在这一系统中确定零件对象并不是那么自然。

面向对象系统中的对象偶尔也会代表物理对象，例如人、书或者手机。但是更多时候代表的是抽象的概念。人有名字、书有标题、手机用于打电话，我们通常不把打电话、标题、账号、名字、约会以及支付等看作物理世界中的对象，但是它们在计算机系统中却经常被建模。

让我们试着模拟一个更面向计算机的例子，从实践中学习组合的概念。我们将考虑设计一个基于计算机的象棋游戏。这是 20 世纪 80 年代与 90 年代的校园里非常流行的一项消遣。人们曾经预测在未来某一天计算机能够打败人类象棋大师。当这件事在 1997 年真的发生的时候（IBM 的深蓝打败世界象棋冠军 Gary Kasparov），虽然人类玩家和计算机之间的较量还在继续（通常是计算机胜出），但人们对这一问题的热情已经慢慢消退。

作为基础，首先进行高层次的分析，象棋游戏需要两位玩家参与，使用一副象棋和一个 8×8 方格组成的 64 格棋盘。棋盘上包含两队各 16 枚棋子，两名玩家各自以不同的方式交替**移动**棋子。每一枚棋子都可以**吃掉**另外一枚棋子。每一轮过后，棋盘必须能够在计算机显示器上**绘制**自己。

　　我已经选出了一些可能有用的对象并在描述中用楷体表示，并用**黑体**标注了几个关键的方法。这通常是将面向对象分析转变成设计的第一步。在这里，为了强调组合的概念，我们将会着重关注棋盘对象，而不用过多考虑玩家和棋子对象。

　　让我们从最高层的抽象开始，有两个玩家轮流操作、移动一副棋子：

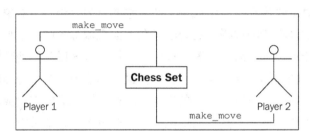

　　这是什么？一点都不像我们前面画的类图。那是因为它并不是类图！这是一个**对象图**，也被称为实例图。它描述的是系统在某一时刻的特定状态，以及对象的特定实例，而不是类与类之间的交互。记住，两个玩家是同一个类的成员，因此类图看起来会稍有不同：

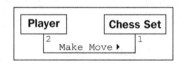

　　这一类图明确显示两个玩家可以与一副棋进行交互，同时也说明任一玩家同时只能操作一副棋具。

　　然而，我们要讨论的是组合，而不是 UML，因此下面考虑**棋具**对象是由什么组成的，而暂时不考虑玩家对象的组成。我们可以假设玩家由心脏、大脑以及其他器官组成，但是这与我们当前的模型无关。的确，也没人说这里的玩家不能是没有心脏和大脑的深蓝程序。

　　一副棋具是由一个棋盘和 32 枚棋子组成的，其中棋盘拥有 64 个位置。你可能会觉得棋子不是棋具的一部分，因为完全可以用另外一副棋子来替换。然而从计算机视角来看是不太可能的，这为我们引出了**聚合**的概念。

聚合几乎与组合的概念相同，区别在于聚合的对象可以独立存在。棋盘上的位置不可能与另一个棋盘产生关联，因此我们说棋盘是由位置组成的。但是棋子可以独立于棋具存在，因此称它与棋具之间为聚合关系。

另一种区分聚合和组合的方式是，从对象的生命周期去考虑。如果组合的（外部）对象控制着相关的（内部）对象何时创建和销毁，那么组合关系是最合适的。如果创建的相关对象独立于组合对象，或生命周期比组合对象更长，那么聚合关系就更合理。同时，记住组合也是一种聚合，聚合只不过是组合的一般形式。所有组合关系同时也是聚合关系，但是反过来则不一定。

让我们继续描述当前的棋具组合并给对象加入一些属性以保持组合关系：

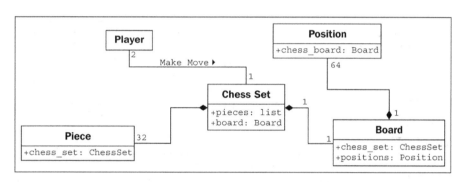

组合关系在 UML 中用实心的菱形表示，而空心菱形表示聚合关系。你将会发现将棋盘和棋子存储为棋具的一部分实际上与存储为指向它们的属性是一样的。这再一次证明，在实践中，聚合与组合的区别一旦过了设计阶段之后就变得无关紧要了。在实现阶段，它们的行为表现也是很相同的。然而，在与团队讨论不同对象之间的交互时两者之间的区别还是很有帮助的。通常来说，你可以把它们当作同义词，但是当你需要区分它们时，最好还是知道它们的区别（在工作中，这就是抽象过程）。

继承

我们讨论了 3 种对象之间的关系：关联、组合与聚合。然而，我们还没能完全完成我们的棋具，而已有的这几种工具似乎并不能满足我们的需求。我们讨论过玩家可能是人类，也可能是一段人工智能代码，因此我们不能说玩家是与人类相关联的，也不能说人工智能程序是玩家对象的一部分。我们真正需要描述的是"深蓝程序是一个玩家"或者"Gary

Kasparov 是一个玩家"。

"是一个"这种关系是由**继承**产生的。继承是面向对象编程中最有名、最广为人知，同时也是被过度使用的一种关系。继承有点像族谱树。我爷爷的姓是 Phillips，而我爸爸继承了这一姓氏，我又从我爸爸那继承了这一姓氏（同时还有蓝眼睛和写作的爱好）。与人类继承特征和行为不同，在面向对象编程中，一个类可以从另一个类中继承属性与方法。

例如，我们的棋具中有 32 枚棋子，但是只有 6 种不同的类型（卒、车、象、马、国王和王后），每种类型在移动时的行为都各不相同。所有这些棋子的类都有许多共同的属性，例如颜色、所属的棋具，但是它们同时也拥有唯一的形状，以及不同的移动规则。让我们来看一下，这 6 种棋子是如何继承 Piece 类的：

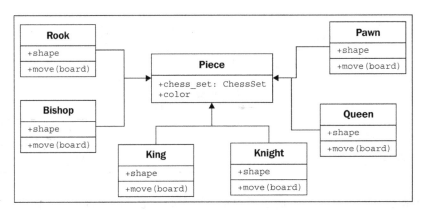

空心箭头形状代表每种棋子类继承于 Piece 类。所有的子类别都自动从基类中继承了 chess_set 和 color 属性。每种棋子都有不同的形状属性（当渲染棋盘时绘制在屏幕上）以及不同的 move 方法将其移动到新的位置上。

我们知道所有 Piece 类的子类都需要有一个 move 方法，否则当棋盘试图移动棋子时会被搞混。假如我们想要创建一个新版棋类游戏，可以向里面加入一种新的棋子（巫师）。我们当前的设计允许我们不给新添加的类定义 move 方法。当棋盘想要让这种棋子移动时将会卡住。

我们可以通过为 Piece 类创建一个假的移动方法来实现。子类可以用特定的实现来重写这一方法。默认的实现可能只抛出一个错误信息：**这枚棋子无法被移动**。

在子类型中重写方法让我们能够开发非常强大的面向对象系统。例如，如果我们想要实现一个人工智能程序玩家类，可能提供一个 `calculate_move` 方法接收 Board 对象作为参数并决定移动哪一枚棋子到哪个位置。底层的基类可能只是随机选择一枚棋子和方向进行移动。我们可以在深蓝程序实现的子类中重写这一方法。前者可能只适合与新手对抗，而后者可以挑战大师级的选手。重要的是，这个类中的其他方法，例如通知棋盘选中哪枚棋子进行移动等完全不需要更改，这一实现可以在不同的类中共享。

在棋子的例子中，为移动方法提供一个默认的实现方案并没有什么意义。我们只需要为那些必须有移动方法的子类实现即可。要做到这一点可以通过将 Piece 创建为**抽象类**并将移动方法声明为**抽象方法**来实现。抽象方法基本上就是说，"我们要求所有非抽象的子类中必须存在这一方法，但是在当前类中暂不提供实现方案。"

实际上，我们可以让一个类不实现任何方法。这样一个类只会告诉我们它可以做什么，但是完全不告诉我们要如何去做。用面向对象的语言，这种类叫作**接口**。

继承提供抽象

让我们来探索一下面向对象中最长的一个单词。**多态**是根据子类的不同实现而区别对待父类的能力。我们已经在前面描述的棋子系统中见识过了。如果我们的设计继续深入一些，可能会发现 Board 对象可以从玩家那里接受移动指令并调用棋子的 move 方法。棋盘不需要知道棋子的类型，而只需要调用 move 方法即可，棋子的子类将会知道应该将其作为 Knight 还是 Pawn 对象来移动。

多态是一个非常酷的概念，但在 Python 编程中却是一个很少出现的词。Python 需要一个额外的步骤将子类对象当作父类看待。用 Python 实现的棋盘对象可以接收任何拥有 move 方法的对象，不管它是一枚象棋子、汽车还是鸭子。当 move 方法被调用时，Bishop 对象可以沿着对角线在棋盘上移动，汽车会驶向某处，而鸭子则会看心情游走或飞走。

Python 中的这种多态通常被称为**鸭子类型**，"如果它走像鸭子、游泳像鸭子，那么它就是一只鸭子"。我们不关心它是否真的是一只（继承自）鸭子，只需要知道它可以游泳或走路即可。鹅和天鹅很容易为我们提供鸭子一样的行为，这允许我们在未来的设计中无须为水鸟们指定继承关系就可以创建新的鸟类类型，同时也允许设计人员创建与初衷完全不同行为的类。例如，未来的设计人员可能创建一个会走路和游泳的企鹅类型，它同样适用于相同的接口但设计人员完全没有想过将其归类为鸭子。

多重继承

当我们将继承类比为我们自己的族谱树时，就会发现我们可能不单单从父亲（母亲）那里继承了某些特征。当陌生人对一位骄傲的母亲说她的儿子"眼睛跟爸爸很像"时，母亲的回答往往是"对，但是他的鼻子像我"。

面向对象设计同样可以实现这样的**多重继承**，允许子类从多个父类那里继承它们的功能。在实践中，多重继承可能是一件棘手的事，有些编程语言（尤其是 Java）甚至严格禁止这样做。然而，多重继承也有它的用处。最常见的是，用于创建包含两组完全不同行为的对象。例如，设计一个对象用于连接扫描器并将扫描的文件通过传真发送出去，这一对象可能继承自两个完全独立的 scanner 和 faxer 对象。

只要两个类拥有不同的接口，子类同时继承两个类并没有什么坏处。但是如果两个类的接口有重叠，同时继承就可能造成混乱。例如，我们有一个摩托车类拥有 move 方法，另外还有一个船类也拥有 move 方法，我们想要将它们合成一个终极水陆两用车，当调用 move 方法时子类要怎么办？在设计层面，这需要解释清楚，而在实现层面，不同的编程语言有不同的方法来决定调用哪一个父类的方法，或者规定以什么顺序调用。

通常，最好的方法就是避免这种情况。如果你的设计方案结果是这样的，那么很有可能是错的。后退一步，重新分析系统，看看是否能够去掉多重继承关系并用其他的关联或组合设计替代。

继承是一个非常有力扩展行为的工具，也是面向对象设计相比更早的一些范式最进步的地方。因此，它通常是面向对象程序员最早学会的工具。但是要注意，不要手里拿着锤子就把螺丝钉也看作钉子。继承是"是一个"关系最优的解决方案，但是可能被滥用。程序员经常用继承来共享代码，即使两种对象之间可能只有很少的关联，而不是"是一个"关系。虽然这并不一定就是不好的设计，但这是一个极好的机会去问一下他们为何要采用这样的设计，用别的关系或设计模式是否会更合适。

案例学习

让我们用一个现实生活中的例子，通过几次面向对象设计的迭代，将所有关于面向对象的新知识串联起来。我们将要建模的系统是图书馆目录。几个世纪以来，图书馆一直在追踪它们的藏书清单，最早使用的是卡片目录，后来逐渐采用电子清单。现代化的图书馆都有基于网站的目录，我们可以直接在家里进行查询。

让我们先从分析开始。当地的图书馆馆员让我们写一个新的卡片目录程序，因为他们那些基于 DOS 系统的程序已经太丑且过时了。这并没有给我们太多细节信息，但是在我们开始问更多信息之前，先考虑一下已经知道哪些关于图书馆目录的知识。

目录包含图书列表，人们通过它们来搜索特定的主题、标题或作者的图书。图书可以通过唯一的**国际标准图书编号**（ISBN）进行识别。每本书都有一个**杜威十进制系统**（DDS）数字帮助我们从书架上找到它。

简单的分析告诉我们系统中一些显而易见的对象。我们很快就能确定 **Book** 是其中最重要的对象，包含一些已经提到的属性，例如作者、标题、主题、ISBN 和 DDS 数字等，目录可以看作一种图书管理员。

我们也注意到，几个系统中可能需要也可能不需要建模的对象。作为目录清单，我们在按照作者搜索图书的时候唯一需要的就是书上的 author_name 属性，但是作者同样也是对象，而且我们可能也需要存储其他关于作者的数据。稍加思量，我们可能会想起一些书有多位作者。这样一来每本书只有一个 author_name 属性的想法就有点愚蠢了。给每本书赋予一个作者列表显然是更好的主意。

作者与书之间显然是关联关系，因为你永远不会说"书是一位作者"（不是继承关系），虽说"书有一位作者"在语法上是对的，但不能说明作者是书的一部分（不是聚合关系）。的确，任何一位作者都有可能跟多本书相关联。

我们也应该注意到书架这个名词（名词通常来说是对象很好的候选方案）。在目录系统中，书架是否有必要作为对象进行建模？我们如何识别一个书架？如果一本书本来存放在一个书架的最后一个位置，后来因为在它前面插入一本新书而导致它被移动到后一个书架的第一个位置，这时会发生什么？

DDS 就是设计用于定位图书馆中的物理书籍的。因此，在书中存储一个 DDS 属性就能够定位它了，不管它存放在哪个书架上。因此就目前来说，我们可以将书架从我们的对象竞争队列中去掉。

系统中另一个存疑的对象是用户。我们有必要知道某个特定用户的信息吗，例如他们的姓名、地址或者延期图书列表？到目前为止，图书馆馆员只告诉我们需要一个目录清单，他们没说要追踪借阅或延期提示等。我们在自己的意识里，也注意到作者和用户都是特定类别的人，未来如果有需要可以用上继承关系。

我们已经确定了书的几个属性，但目录应该有哪些属性呢？有图书馆拥有超过一个目录的吗？我们需要给它一个唯一的标识吗？显然目录需要通过某种方式保存它所容纳的所有书籍，但是这个书籍列表可能不会出现在公共接口中。

那么行为呢？目录显然需要一个搜索方法，可能分别有几个对应作者、标题、主题的不同方法。书籍需要有什么行为吗？它需要有一个预览方法吗？或者预览可以通过第一页这个属性来替代方法吗？

前面讨论到的所有这些问题都在面向对象分析阶段。但是在提出问题的同时，我们也已经确定了几个系统设计中的关键对象。的确，你刚刚看到的就是一些介于分析和设计之间的微迭代。

这些迭代可能全部发生在与图书馆馆员的初次讨论中。在这次讨论之前，我们已经能够草拟一个对已经明确对象的基本设计方案：

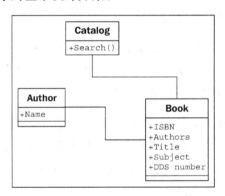

拿着这个基本设计图和一支可以随时改图的铅笔，我们可以与图书馆馆员见面讨论了。他们告诉我们这是一个很好的开始，但是他们不仅有藏书，还有 DVD、杂志和 CD，这些都没有 ISBN 或者 DDS 数字。但是所有这些类型可以通过唯一的一个 UPC 数字进行识别。我们提醒图书馆馆员他们必须找出书架上那些可能无法通过 UPC 识别的东西。图书馆馆员解释说每种物品都是以不同的方式组织的。CD 大部分都是有声书，而且它们的库存只有几十个，因此是通过作者的姓来组织的。DVD 先按照类型区分，然后按照标题组织。杂志是按照杂志名组织的，然后会按照卷号和期号排序。一般的书籍，正如我们所料，是按照 DDS 数字组织的。

没有面向对象设计的经验之前，我们可能会考虑分别创建 DVD、CD、杂志和书的列表，并依次进行搜索。但问题是，除了扩展特定的属性和识别其物理位置，这些对象的行为都非常相似。这应该是继承关系的任务！我们很快就更新了 UML 图：

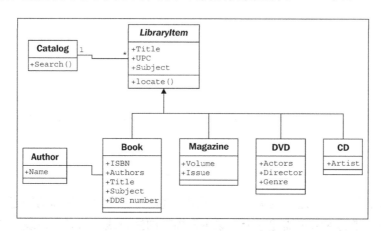

图书馆馆员可以理解我们这个草图的主要意思，但是对 locate 功能有点困惑。我们可以通过一个特定的用例来解释，当有用户搜索关键词"兔子"的时候，用户首先向目录发送一个搜索请求，目录首先会查询内部列表并找到标题中含有这一关键词的书和 DVD。从这一点上来说，目录并不在乎库存里有 DVD、书、CD 还是杂志，对于目录来说它们都是一样的。然而，用户想要的是它们的物理对象，因此如果目录只返回一个标题清单是没什么用的。所以，它需要调用所找到的两个条目的 locate 方法。书的 locate 方法返回它的 DDS 数字，用来找到存放它的书架。DVD 则可以通过返回其类型和标题来进行定位。用户可以到 DVD 区找到对应类型所在的区域，然后根据标题找到指定的 DVD。

我们一边解释一边画出说明不同对象之间如何交流的 UML 时序图：

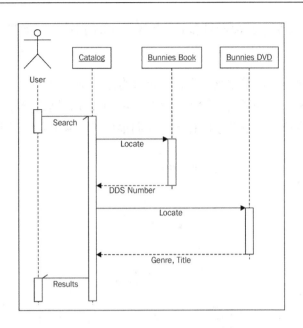

　　类图描述的是类与类之间的关系，时序图描述的是对象之间传递的特定消息序列。从每个对象引申出来的虚线是描述这个对象生命周期的**生命线**。每条生命线上的方框代表该对象的活动过程（如果没有方框，这个对象基本上就什么也不做，等待其他事情发生）。生命线之间的水平箭头代表特定的消息。实心箭头代表被调用的方法，虚线的实心箭头代表返回值的方法。

　　半箭头代表从一个对象发送的异步信息。异步信息的意思是第一个对象调用了第二个对象的方法，然后立即返回。经过一些加工之后，第二个对象调用第一个对象的某个方法并传给它一个值。这与一般的方法调用不同，一般的方法调用会先完成方法中的处理过程，然后立即返回一个值。

　　时序图和所有的 UML 图一样，只有在需要的时候才是最好用的，没有必要为了画图而画图。然而当你需要沟通对象之间的一系列交互过程时，时序图是一个非常有用的工具。

　　不幸的是，目前我们类图的设计还非常混乱。我们发现 DVD 中的演员和 CD 中的艺术家都是不同类型的人，与书的作者区别对待。图书馆馆员也提醒我们，他们大部分的 CD 都是有声书，因此一般情况对应的是作者而不是艺术家。

　　我们如何处理某一标题贡献者的不同类型？一种显而易见的实现方法就是创建一个

Person 类，包含这个人的名字及其他相关细节，然后创建艺术家、作者和演员等子类。不过，在这里继承关系真的有必要吗？对于搜索目录来说，我们并不关心表演和写作这两种活动之间的差异。如果我们正在做一个经济学模拟，将演员和作家分别归为不同的类并赋予不同的 calculate_income 和 perform_job 方法还算有意义，但对于搜索目录来说，知道人们是如何贡献的可能就已经足够了。我们发现所有条目都至少有一个 Contributor 对象，因此我们将作者关系从书对象移动到它的父类：

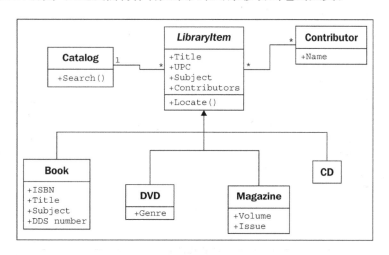

Contributor/LibraryItem 之间的多重关系是**多对多的**（many-to-many），通过两者之间关系连线两端的 * 表示。任意一个图书馆中的条目都可能拥有至少一个贡献者（例如，一个 DVD 中有几名演员和一名导演）。多位作者可能创作了多本书，因此可能与多个图书馆条目相关联。

这一微小的变化，虽然看起来更加简单了，但同时也丢失了一些关键信息。我们仍然可以知道谁贡献了哪些条目，但是我们不知道他们是如何贡献的。他们是导演还是演员？他们写了这本电子书还是朗诵者？

如果可以简单地为 Contributor 类添加一个 contributor_type 属性就好了，但是这对于很多既是书的作者又是电影导演的人来说就没办法处理了。

一种方案是为每一个 LibraryItem 子类添加属性，用于保存我们所需的信息。例如为 Book 类添加 Author 属性，或者为 CD 类添加 Artist 属性，同时让这些属性的关系都指向 Contributor 类。这一方案的问题在于损失了多态的优雅。如果我们想要列出某个条目的所有贡献者，我们需要从这个条目的指定属性中寻找，例如 Authors 或 Actors。我们可以通过为 LibraryItem 类添加一个 GetContributors 方法来让各个子类重写。这样一来目录就不需要知道对每个对象针对哪个属性进行查询，公共接口可以抽象为如下形式：

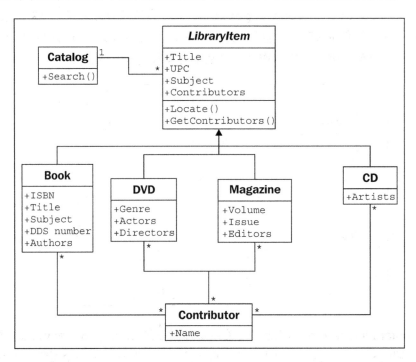

只是看着上面这个类图，感觉我们好像做错了什么。它看起来笨拙又脆弱。它也许可以做到所有我们需要的事，但是感觉它很难维护或扩展。这里面有太多关系，有太多类可能因为更改了别的类而被改变。它看起来就像意大利面和肉丸一样。

我们已经将继承作为一种方案进行探讨，但看起来好像不尽如人意。我们可能需要退回到前面基于组合的类图，其中 Contributor 直接与 LibraryItem 相关联。经过一些思考，我们会发现实际上只需要添加至少一个关系给一个新类来表示贡献者的类型即可。这在面向对象设计中是非常重要的一步。我们正在向设计中添加一个用来支持其他对象的类，而不是为最初需求中的某个部分建模。我们**重构**（refactoring）设计来辅助系统中的对象，而不是现实世界中的对象。重构是维护程序或设计不可或缺的过程。重构的目的在于通过调整代码、删除重复代码或复杂关系，使设计更加简单优雅。

这个新的类由 Contributor 和一个额外的属性组成，这一属性用于确定针对特定的

LibraryItem 所做出的贡献类型。对于某个特定的 LibraryItem 可能有多个这样的贡献关系，而一个贡献者可能以同样的方式对多个条目做出贡献。下面的关系图可以很好地描述这一设计：

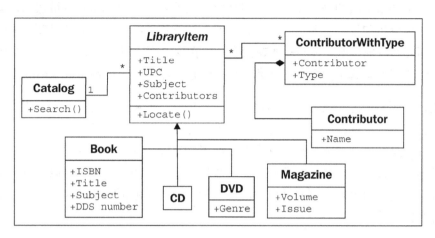

组合关系的设计在一开始可能看起来不如基于继承的关系自然，但是，它的优势在于不需要给设计添加新的类就可以添加新类型的贡献。当子类需要一定程度的特化时，继承关系是最有用的。特化是指在子类中添加或改变属性或行为，使其与父类产生差异化。仅仅为了识别不同类型的对象就创建一堆空类是很愚蠢的（这种态度在 Java 或其他奉行"一切皆为对象"的程序员中不那么流行，但是在更有实践经验的 Python 设计者中很常见）。如果再去看继承版本的类图，你会发现许多子类实际上什么也没做：

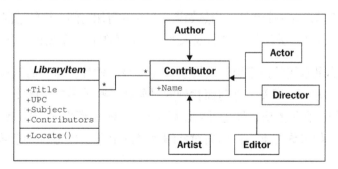

有时候知道何时不要用面向对象原则是很重要的。这个例子告诉我们什么时候不应该用继承关系，这是一个很好的提醒，对象只是工具而不是规则。

练习

这是一本注重实践的书，而不是一本教材。因此我不会给你布置一堆假的面向对象分析的问题让你分析和设计。取而代之地，我想介绍给你一些可以用在自己项目中的思想。如果你有面向对象的经验，你不需要花太多精力在这上面。但是如果你已经用了 Python 一段时间，但从来没有真正认真考虑过类的相关问题，那么它们将是非常有用的练习。

首先，回顾你最近完成的一个编程项目。找出设计最突出的对象，为它想出尽可能多的属性。它有颜色、重量、尺寸、利润、损耗、名字、ID 数字、价格、风格吗？考虑属性的类型，它们是基本类型还是类？有没有哪些属性实际上是行为伪装的？有时候有些看起来像是数据的属性实际上是从对象中的其他数据计算得来的，并且你可以通过一个方法完成这些计算。这个对象还有哪些其他方法或行为？哪些对象可以调用这些方法？这些对象之间是什么样的关系？

现在，考虑下一个将会遇到的项目。是什么项目不重要，它可能是一个有趣的非工作时间项目，也可能是一个数百万的合同。也不一定是一个完整的应用，可以只是一个子系统。用它来完成一个基本的面向对象分析。找出需求和交互的对象，从系统的最高抽象层草拟出类图，找出最主要的交互对象和较少支持的对象。从最有趣的几个对象入手深入其属性和方法的细节。将不同的对象带入不同层次的抽象，找到可以应用继承或组合关系的地方，找到应该避免使用继承关系的地方。

这里的目的不是设计一个系统（当然如果在目标和可用时间允许的情况下也欢迎尝试），而是考虑面向对象设计。关注你做过的或未来将要做的项目，重要的是从现实去考虑。

现在，打开你最常用的搜索引擎去搜索一些 UML 教程。这样的教程有很多，找到最契合你自己的学习方法。试着为你前面找到的对象画一些类图或时序图。不要太纠结于记住语法（毕竟，如果它很重要，你还可以以后再查），只是感受一下这门语言。有些东西会留在你的大脑中，如果你在下一次面向对象编程讨论中可以快速画一些草图，它可以帮助你更容易地沟通。

总结

在本章中，我们快速学习了面向对象范式中的术语，并关注面向对象设计。我们可以将不同的对象根据分类学差异分到不同的类中，并通过类接口描述这些对象的属性和行为。通过类描述对象、抽象、封装以及信息隐藏都是高度相关的概念。对象之间有很多不同的关系，包括关联、组合和继承。UML 的语法既有趣又有利于沟通。

　　在第 2 章中，我们将继续探索如何在 Python 中实现类和方法。

第 **2** 章
Python 对象

现在，我们手里有一份设计并且已经准备好要将其转化成可以运行的程序了！当然，事情并不总是这样发展的。在本书中我们将看到许多优秀的软件设计示例和提示，但是主要关注的是面向对象编程。所以，让我们看看如何利用 Python 语法创建面向对象软件。

学习完本章以后，你将会理解：

- 如何在 Python 中创建类和继承对象。
- 如何为 Python 对象添加属性和行为。
- 如何将类组织成包和模块。
- 如何建议人们不要乱动我们的数据。

创建 Python 类

我们不需要写太多的 Python 代码就会发现 Python 是一门非常"简单"的语言。当我们想要做什么的时候，直接做就可以了，不需要经历过多的设置。你可能已经看到，无处不在的"hello,world"的例子在 Python 中只需要一行代码即可完成。

类似地，Python 3 最简单的类就像这样：

```
class MyFirstClass:
    pass
```

这就是我们的第一个面向对象程序！类定义以 class 关键字开始，接着是用于识别类的名字（由我们自己选择），最后以冒号结尾。

类名必须遵循标准的 Python 变量名准则（必须以字母或下画线开头，并只能由字母、下画线或数字组成）。除此之外，Python 风格指南（可以在网上搜索"PEP 8"）建议类名应该用**驼峰格式**（CamelCase）命名（以大写字母开头，任意后续单词都以大写字母开头）。

类的定义行后面是类的内容块。和其他的 Python 代码结构一样，类也用缩进而非其他语言常用的大括号或方括号来界定。除非你有足够充分的理由（比如配合其他人的代码用制表符作为缩进），否则尽量用 4 个空格作为缩进。任何好用的代码编辑器都支持将 *Tab* 键输入替换为 4 个空格。

由于我们的第一个类实际上什么都不做，因此我们简单地在第 2 行用 pass 关键字表示下面没有进一步的动作了。

我们可能觉得对于这个最基本的类没什么可做的，但是它允许我们创建这个类的实例对象。我们可以将这个类加载到 Python 3 解释器中，这样就能交互地操作它。将上面这个类定义的代码保存到名为 first_class.py 的文件中，执行命令 python -i first_class.py。-i 参数告诉 Python "运行这个文件中的代码并将它们丢到交互式解释器中"。下面这个解释器的会话可以说明这个类的一些基本交互操作：

```
>>> a = MyFirstClass()
>>> b = MyFirstClass()
>>> print(a)
<__main__.MyFirstClass object at 0xb7b7faec>
>>> print(b)
<__main__.MyFirstClass object at 0xb7b7fbac>
>>>
```

这段代码从这个新类中实例化了两个对象，分别被命名为 a 和 b。创建类实例很简单，只需要输入类的名字和一对括号。看起来就像一个普通的函数调用，但是 Python 知道我们"调用"的是类而不是函数，因此它知道它的任务是创建一个新对象。当被输出时，这两个对象告诉我们它们的类以及它们被存储的内存地址。内存地址在 Python 代码中不常用到，但是在这里，它们可以用来证明这是两个不同的对象。

下载示例代码

你可以从你的账号中下载所有已经购买的 Packt 图书的示例代码，地址是 http://www.packtpub.com。如果你从别的地方购买的这本书，你可以访问 http://www.packtpub.com/support 进行注册并直接通过邮件获取代码文件。

添加属性

现在我们有了一个基本的类，但却没什么实际用途。它没有包含任何数据，也不能做任何事。我们如何向指定的对象添加属性？

结果是不需要改动类的定义，我们可以通过点标记法为实例对象设定任意属性：

```
class Point:
    pass

p1 = Point()
p2 = Point()

p1.x = 5
p1.y = 4

p2.x = 3
p2.y = 6

print(p1.x, p1.y)
print(p2.x, p2.y)
```

如果我们执行这段代码，最后的两个 print 语句告诉我们两个对象新属性的值：

5 4
3 6

这段代码创建了一个空的 Point 类，没有任何数据或行为。然后创建了这个类的两个实例并分别赋予它们二维坐标中定位一个点的 x 和 y 坐标。为对象属性赋值的语法是 <对象>.<属性>=<值>。这种方法被称为**点标记法（dot notation）**。这里的值可以是任何类型：

Python 的基本类型、内置数据类型或者其他的对象，甚至可以是一个函数或另一个类！

让它做点什么

让对象拥有属性已经很棒了，但是面向对象编程的重点在于不同对象之间的交互。我们感兴趣的是，触发某些行为可以使属性发生变化。现在是时候为我们的类添加一些行为了。

让我们模拟 Point 类的一些动作。我们可以从一个让它回到原点的 reset 方法开始（原点是指 x 和 y 均为 0 的点）。这是一个很好的可以介绍的动作，因为它不需要任何参数：

```python
class Point:
    def reset(self):
        self.x = 0
        self.y = 0

p = Point()
p.reset()
print(p.x, p.y)
```

这里，print 语句的执行结果显示属性均变为 0：

0 0

Python 中的方法在格式上与函数完全一致。它以 def 关键字开头，紧接着的是一个空格和方法名，然后是一对括号括起来的参数列表（我们待会马上会讨论 self 参数），最终以冒号结尾。下一行是包含方法内部语句的代码块。这些语句可以是任意的 Python 代码，可以操作对象自身和所有传递给该方法并被视为合适的参数。

和你自己对话

正常函数与方法之间的区别之一是，所有的方法都有一个必要的参数。依照惯例，这个参数通常名为 self；我从未见过哪个程序员给这个变量用其他的名字（习惯是很有力量的）。当然，没有什么能阻止你使用 this，甚至是 Martha 来调用。

简单来说，self 参数就是对方法所调用对象的引用。我们可以像对其他对象一样访问这一对象的属性和方法。这也是我们在 reset 方法中设置 self 对象的 x 和 y 属性时所做的。

注意，当我们调用 p.reset() 方法时，我们不需要传递 self 参数给它。Python 自动地帮我们解决了这件事。它知道我们正在调用 p 对象的方法，所以它自动地将这个对象传递给了这一方法。

不过，方法实际上就只是一个发生在类中的函数而已。除了调用对象的方法，我们也可以直接调用类中的函数，同时明确地将对象作为 self 参数传递：

```
p = Point()
Point.reset(p)
print(p.x, p.y)
```

输出结果与上一个例子完全一样，因为内部发生的过程是完全一样的。

如果我们忘了在类定义的时候加入 self 参数会怎样？Python 会抛出一个错误消息：

```
>>> class Point:
...     def reset():
...         pass
...
>>> p = Point()
>>> p.reset()
Traceback (most recent call last):
  File "<stdin>", line 1, in <module>
TypeError: reset() takes no arguments (1 given)
```

这个错误消息看起来并不是那么清楚（"你这个愚蠢的傻瓜，你忘记了 self 参数"可能看起来会更直接一些）。只要记住如果你看到一条错误消息说缺少参数，第一件事就是去检查你是否忘记了方法定义中的 self 参数。

更多参数

我们要如何向方法传递多个参数呢？让我们添加一个新的方法，用来将点移动到任意位置，而不仅仅是原点。我们也可以接收另外一个 Point 对象作为输入，并返回它们之间的距离：

```
import math
```

```
class Point:
    def move(self, x, y):
        self.x = x
        self.y = y

    def reset(self):
        self.move(0, 0)

    def calculate_distance(self, other_point):
        return math.sqrt(
                (self.x - other_point.x)**2 +
                (self.y - other_point.y)**2)

# 如何使用
point1 = Point()
point2 = Point()

point1.reset()
point2.move(5,0)
print(point2.calculate_distance(point1))
assert (point2.calculate_distance(point1) ==
        point1.calculate_distance(point2))
point1.move(3,4)
print(point1.calculate_distance(point2))
print(point1.calculate_distance(point1))
```

结尾处的 `print` 语句给出如下结果：

```
5.0
4.472135955
0.0
```

这段代码里发生了很多事。现在的类有 3 个方法。move 方法接收两个参数 x 和 y，并将它们的值赋予 `self` 对象，就像前面例子中的 `reset` 方法一样。旧的 `reset` 方法现在调用 move，因为所谓的 reset 就是移动到某个已知的位置。

`calculate_distance` 方法采用了并不复杂的毕达哥拉斯定理计算两个点之间的距

离。我希望你可以理解其中的数学计算（**代表平方，math.sqrt 代表计算平方根），但是就目前我们所关注的例子以及学习如何写方法来说，这些并不是必需的。

前一例子最后的示例代码显示了如何调用一个多参数方法：用括号将参数包含在内，并用相同的点号标记法访问方法。我只是随机挑选了几个位置来测试这些方法。测试代码调用每个方法并将结果打印到控制台。assert 函数是一个简单的测试工具，如果 assert 后面语句的结果为 False（或者是 0、空值、None），那么程序将会退出。在这个例子中，我们用它来确保不管是用哪个对象调用另一个对象的 calculate_distance 方法，结果都是一致的。

初始化对象

如果我们不明确设定 Point 对象的位置属性 x 和 y，直接用 move 方法或直接获取它们，我们将会得到一个没有真实位置的错误点。当我们尝试访问它时会发生什么？

让我们试试看，"试试看"是学习 Python 非常有用的途径。打开你的交互解释器随便输入。下面的交互会话显示，如果我们尝试访问一个不存在的属性，会发生什么。如果你将前面的例子保存为文件或者用随书发布的代码，你可以用 python -i filename.py 命令将它加载到 Python 解释器：

```
>>> point = Point()
>>> point.x = 5
>>> print(point.x)
5
>>> print(point.y)
Traceback (most recent call last):
  File "<stdin>", line 1, in <module>
AttributeError: 'Point' object has no attribute 'y'
```

好吧，至少这次抛出了一个有用的异常信息。我们将会在第 4 章中详细介绍关于异常的内容。你可能之前已经见过（尤其是无处不在的 SyntaxError，它意味着你输错了什么！），现在来说，只要知道这意味着有东西出错了即可。

输出对调试错误非常有用。在交互解释器中，它告诉我们错误出现在**第 1 行**，这只能算部分正确（在交互式会话中，一次只有一行代码被执行）。如果我们在文件中执行脚本，它就能明确地告诉我们行数，让我们更容易找到出错的代码。除此之外，它也告诉我们错误是 AttributeError，并且给出一条有用的消息告诉我们这个错误的含义。

我们可以捕获并修复这一错误，但是在这个例子中，看起来好像我们需要指定一些默认值。可能每个新对象都应该默认先执行 reset()，或者可以强迫用户告诉我们当他们创建这一对象时其所在的位置。

大多数面向对象编程语言都有**构造函数（constructor）**的概念，是创建对象时进行创建和初始化的特定方法。Python 有一点不一样，它同时拥有构造函数和初始化方法。除非你需要做一些异乎寻常的事，否则很少用到构造函数，所以我们就先讨论初始化方法。

Python 初始化方法和其他的方法一样，除了它有特定的名字 __init__。开头和结尾的双下画线意味着这是一个特殊方法，Python 解释器会将其当作特例对待。

> 永远不要用以双下画线开头和结尾的名字定义你自己的方法。它对 Python 来说没什么意义，但是有可能 Python 设计者会在未来将其作为特殊用途，一旦他们这么做了，你的代码就会崩溃。

让我们从 Point 类的初始化方法开始，它要求用户在实例化 Point 对象时提供 x 和 y 的坐标：

```python
class Point:
    def __init__(self, x, y):
        self.move(x, y)

    def move(self, x, y):
        self.x = x
        self.y = y

    def reset(self):
        self.move(0, 0)

# 构造一个Point
point = Point(3, 5)
print(point.x, point.y)
```

现在，我们的点永远不会没有 y 坐标了！如果我们没有试图用合适的初始化参数来构建一个点，那么将会得到一个和前面忘记 `self` 参数类似的**参数不足**（not enough argument）错误。

如果我们不想让这两个参数是必需的呢？我们可以用与 Python 函数相似的语法来提供默认参数。关键字参数语法在变量名后面追加一个等号。如果调用对象没有提供这一参数，则会用默认参数替代。变量在函数内部仍然是可用的，但其值由参数列表指定。下面是示例：

```python
class Point:
    def __init__(self, x=0, y=0):
        self.move(x, y)
```

在大多数情况下，我们将初始化语句放在 `__init__` 函数中。但是正如前面所提到的，除了初始化函数，Python 还有一个构造函数。你可能永远都不会用到 Python 的构造函数，但是知道它的存在还是有帮助的，因此我们简单介绍一下。

与 `__init__` 相对应，构造函数名为 `__new__`，并且只接收一个参数，即将要构造的类（它在构造对象之前调用，因此还没有 `self` 参数）同时它必须返回新创建的对象。构造函数对元编程的复杂艺术有很多有趣的可能性，但是在日常编程中可能没什么用。在实践过程中，你可能很少用到 `__new__`，大部分情况下 `__init__` 就足够用了。

自我解释

Python 是一门极易读的编程语言，有些人可能说它是自我注释的。然而，在面向对象编程中，编写能清晰地总结每个对象和方法的 API 文档是非常重要的。保持文档的更新是很难的，最好的方式是直接写进代码里。

Python 通过**字符串文档**（docstring）来支持文档注释。可以在每个类、函数或方法头的定义语句之后（冒号结尾的那一行）添加标准 Python 字符串作为第 1 行。这一行的缩进应该与后面的代码相同。

字符串文档就是包围在单引号（'）或双引号（"）之间的 Python 字符串。通常字符串文档都相当长而且跨越多行（风格指南建议每行的长度不应超过 80 个字符），因此可以用多行字符串的形式，用 3 个单引号（'''）或 3 个双引号（"""）包围。

字符串文档应该简明扼要地描述类或方法的目的，应该解释所有用途不够明确的参数，同时也是放 API 应用短示例的好地方。对用户来说，API 的任何警告或问题都应该注意。

为了说明字符串文档的用途，本节就以完整注释版的 Point 类作为结束：

```
import math

class Point:
    'Represents a point in two-dimensional geometric coordinates'

    def __init__(self, x=0, y=0):
        '''Initialize the position of a new point. The x and y
coordinates can be specified. If they are not, the
            point defaults to the origin.'''
        self.move(x, y)

    def move(self, x, y):
        "Move the point to a new location in 2D space."
        self.x = x
        self.y = y

    def reset(self):
        'Reset the point back to the geometric origin: 0, 0'
        self.move(0, 0)

    def calculate_distance(self, other_point):
        """Calculate the distance from this point to a second
        point passed as a parameter.

        This function uses the Pythagorean Theorem to calculate
the distance between the two points. The distance is
        returned as a float."""

        return math.sqrt(
                (self.x - other_point.x)**2 +
                (self.y - other_point.y)**2)
```

试着输入或加载（记住，python -i filename.py）这个文件到交互解释器中。然后，在 **Python** 提示符处输入 help(Point) <enter>。你将会看到这个类的完善的格式文档，如下面的截屏所示：

```
Help on class Point in module __main__:

class Point(builtins.object)
 |  Represents a point in two-dimensional geometric coordinates
 |
 |  Methods defined here:
 |
 |  __init__(self, x=0, y=0)
 |      Initialize the position of a new point. The x and y coordinates can
 |      be specified. If they are not, the point defaults to the origin.
 |
 |  calculate_distance(self, other_point)
 |      Calculate the distance from this point to a second point passed
 |      as a parameter.
 |
 |      This function uses the Pythagorean Theorem to calculate the distance
 |      between the two points.  The distance is returned as a float.
 |
 |  move(self, x, y)
 |      Move the point to a new location in two-dimensional space.
 |
 |  reset(self)
 |      Reset the point back to the geometric origin: 0, 0
```

模块和包

现在我们知道了如何创建类和实例化对象，但是应该如何组织它们？对于小程序来说，我们可以把所有的类放到一个文件里，然后在文件最后添加一小段代码，让它们交互起来。然而，随着项目规模的增长，很难从众多类中找出我们需要修改的那一个。这时就需要**模块（module）**，模块就是 Python 文件，仅此而已。我们小程序中的一个文件就是一个模块。两个 Python 文件就是两个模块。如果我们在同一个目录下有两个文件，我们可以从其中一个模块中导入类到另一个模块中使用。

例如，如果我们正在创建一个电子商务系统，可能需要在数据库中存储很多数据。我们可以把所有与数据库操作相关的类和函数放到不同的文件中（可以取名为 database.py）。然后，其他的模块（例如，客户模块、产品信息和清单）就可以从模块中导入这些类，从而对数据库进行操作。

import 语句用于从模块中导入模块或特定的类、函数。我们在前面章节的 Point 类的例子中已经见到过。我们用 import 语句访问 Python 内置的 math 模块，并在我们的

distance 计算中使用它的 sqrt 方法。

这里有一个更具体的例子。假设我们有一个 database.py 模块，其中包含一个 Database 类，还有另外一个模块 products.py，用于响应产品相关队列的查询。现在，先不需要过多考虑文件的内容。我们知道的是，products.py 需要实例化来自 database.py 的 Database 类，从而执行查询数据库中的产品表。

import 语句的语法有几种变式均可用于访问模块中的类：

```
import database
db = database.Database()
# 对db进行查询
```

这种写法是将 database 模块导入 products 的命名空间（模块或函数中当前可访问的名称列表），因此 database 模块中的类或方法可以通过 database.<something>来获取。或者，我们可以用 from...import 语法直接导入我们需要的某个类：

```
from database import Database
db = Database()
# 对db进行查询
```

如果因为某些原因，products 已经有一个名为 Database 的类，而我们不想将这两个类名搞混，可以将导入的类名重命名之后用于 products 模块：

```
from database import Database as DB
db = DB()
# 对db进行查询
```

我们也可以一次导入多个条目。如果我们的 database 模块中还包含一个 Query 类，则可以同时导入两个类：

```
from database import Database, Query
```

有些人可能会说我们也可以用下面的语法一次性地导入 database 模块中的所有类和函数：

```
from database import *
```

不要这样做。每个有经验的 Python 程序员都会告诉你永远不要用这个语法。他们会给出一些诸如"这样会污染命名空间"之类隐晦的理由，这对初学者来说完全不知所云。另一种方式可以让你知道为什么要避免这一语法，你可以写完代码之后过两年再回来理解你的代码。但是我们可以省点时间，不用把烂代码保存两年，现在就给出一个快速的解释。

当我们在文件的开头用 `from database import Database` 明确地导入 database 中的类时，可以清楚地看到 Database 这个类来自哪里，我们可能在文件的 400 行之后才用到 `db = Database()`，可以通过 import 语句快速找到 Database 类的来源。然后，如果我们想弄清楚如何使用 Database 类，可以浏览它所在的源文件（或者在交互解释器中导入模块，用 `help(database.Database)` 命令查看帮助信息）。然而，如果你用 `from database import *` 语法，就需要花费更多的时间去找出这个类的位置。维护这样的代码简直就是一场噩梦。

除此之外，如果用正常的导入语法，大多数编辑器能够提供额外的功能，例如可靠的代码补全，跳转到类定义的位置或者行内注释等。但是 `import *` 语法通常会完全破坏这些功能的可靠性。

最后，用 `import *` 语法可以将预料之外的对象带入我们的局部命名空间中。当然，它会导入模块中所有已定义的类和函数，但同时也会导入这个模块本身所导入的所有类或模块。

模块中用到的每一个变量名都应该放在合适的位置，不管是在模块中定义的还是从其他模块中导入的。不应该有凭空出现的魔法变量。我们应该总是能够立刻识别出当前命名空间中变量名的来源。我可以向你保证，如果你用了这个邪恶的语法，总有一天你会遇到让你极度抓狂的时刻，"这个类到底是从哪里来的？"

组织模块

随着项目中模块变得越来越多，我们可能会想要添加另外一层抽象，为模块层次添加某种嵌套的等级。但是我们不能将模块添加到模块中，毕竟一个文件只能容纳一个文件，而模块就只是 Python 文件而已。

但是文件可以存储在目录下，模块也可以。一个包（package）是一个目录下模块的集合。包的名字就是目录的名字。我们只需要在目录下添加一个名为 `__init__.py` 的文件（通常是空文件）就可以告诉 Python 这个目录是一个包。如果忘记添加这个文件，我们就没办法从目录导入模块了。

让我们把模块放入工作目录下的 ecommerce 包中，其中也包含启动项目的 main.py 文件。此外，在 ecommerce 包中为不同的付款方式添加其他包。目录层级如下所示：

```
parent_directory/
    main.py
    ecommerce/
        __init__.py
        database.py
        products.py
        payments/
            __init__.py
            square.py
            stripe.py
```

在包之间导入模块或类的时候要注意语法。在 Python 3 中，有两种导入模块的方法：绝对导入和相对导入。

绝对导入

绝对导入是指定我们想要导入的模块、函数或路径的完整路径。如果我们需要访问 products 模块中的 Product 类，可以用下面这些语法进行绝对导入：

```
import ecommerce.products
product = ecommerce.products.Product()
```

或者

```
from ecommerce.products import Product
product = Product()
```

或者

```
from ecommerce import products
product = products.Product()
```

import 语句用点号操作符（period operator）来区分包和模块。

这些语句可以在任何模块中运行。我们可以用这一语法在 main.py、database 模块或其他两个支付模块中实例化 Product 类。确实，假设这些包对 Python 来说是可用的，那么就可以导入它们。例如，这些包也可以安装到 Python 的 site-packages 目录，或者通过修改 PYTHONPATH 环境变量来动态地告诉 Python 在导入时到哪些目录去搜索包和模块。

有这么多选择，我们该用那种语法？这取决于你的个人爱好和手头的应用。如果 products 模块下有数十个我想用的类和函数，我通常会用 from ecommerce import products 语法来导入模块名，然后通过 products.Product 的形式访问每个类。如果 products 模块下只有一两个类是我需要的，那么可以直接用 from ecommerce. products import Product 语法导入。我个人不太常用第一种语法，除非有变量名冲突（例如，我访问两个完全不同的模块，但名字都是 products，因此我需要区分它们）。而你可以随便用，只要你认为可以让你的代码看起来更加优雅。

相对导入

当处理同一个包下的相关模块时，我们知道父模块的名字，指定完整路径看起来有点愚蠢，这时就需要**相对导入**。相对导入基本上是一种寻找与当前模块在位置上有相对关系的类、函数或模块的方式。例如，如果我们想在 products 模块中导入与之相邻的 database 模块的 Database 类，就可以用相对导入：

```
from .database import Database
```

database 前面的点号的意思是"使用当前包内的 *database* 模块"。在这个例子中，当前包就是包含我们正在编辑的 products.py 文件的包，也就是 ecommerce 包。

如果我们正在编辑 ecommerce.payments 包中的 paypal 模块，可能想要"使用父包中的 *database* 包"。可以非常方便地用两个点号来实现，就像这样：

```
from ..database import Database
```

我们可以用更多点号来访问更高的层级。当然，也可以向一边后退，然后回到其他较深层。我们的例子中层级的深度不够用来说明这一点，但如果有一个 ecommerce. contact 包，包含一个 email 模块，下面的语句可以向 paypal 模块导入我们需要的 send_email 函数：

```
from ..contact.email import send_mail
```

这里的导入用了两个点号，也就是说 *payments* 包的上一层，然后用正常的 package.

module 语法回到 contact 包那一层。

最后，我们可以直接从包里导入代码，而不仅仅是模块。在这个例子中，我们的 ecommerce 包有两个模块，名为 database.py 和 products.py。database 模块有一个 db 变量，会有从许多不同地方而来的访问。如果可以用 import ecommerce.db 而不是 import ecommerce.database.db，岂不是很方便？

还记得那个将目录定义为包的 __init__.py 文件吗？这个文件可以包含任何变量或类的声明，它们可以作为包的一部分被获取。在我们的例子中，如果 ecommerce/__init__.py 文件包含这一行：

```
from .database import db
```

我们即可使用如下代码在 main.py 或其他任何文件中直接访问 db 属性：

```
from ecommerce import db
```

可以将 __init__.py 文件看作 ecommerce.py 文件，就像这个文件是一个模块而不代表一个包，这样可能会有助于理解。如果你将所有的代码放到同一个模块中，然后决定将其拆分为一个包中的各个模块，它也很有用。新包的 __init__.py 文件仍然是与其他模块通信的主要节点，但是代码可以在内部组织为几个不同的模块或子包。

但是，我建议不要将所有的代码放到 __init__.py 文件中。程序员通常不会预料到这个文件中会有真正的逻辑代码，而且和 from x import * 语法一样，这样做会导致他们找不到某一段代码的声明，直到最后检查 __init__.py 文件。

组织模块内容

在任何一个模块中，我们可以指定变量、类或函数，可以用非常方便的形式存储全局状态并且不会引起命名空间上的冲突。例如，我们在不同的模块中导入了 Database 类并且进行实例化，但是更合理的做法是只有一个全局的 database 对象（导入自 database 模块）。database 模块看起来应该是这样的：

```
class Database:
    # 数据库的实现
    pass
```

```
database = Database()
```

然后我们可以用前面讨论过的任意一个导入方法获取 database 对象，例如：

```
from ecommerce.database import database
```

前面这个类的问题在于 database 对象会在导入模块时立即被创建，通常是在程序启动的时候。这通常并不是最理想的，因为连接数据库可能需要一点时间，这会降低启动速度，或者无法获取数据库连接信息。我们可以推迟创建数据库，直到真正需要的时候通过调用 initialize_database 函数来创建模块层的变量：

```
class Database:
    # 数据库的实现
    pass


database = None


def initialize_database():
    global database
    database = Database()
```

global 关键字告诉 Python initialize_database 内部的变量 database 是我们刚刚在模块层定义的全局变量。如果我们没有指定其为全局变量，Python 会创建一个新的局部变量，它在模块退出时就会被丢弃，而不会改变模块层的值。

正如以上两个例子所说明的，所有模块层的代码都会在导入的时候立即执行。然而，如果是方法或函数的内部，只会创建这一函数，而内部代码只有在函数被调用时才会执行。对于执行脚本来说，有时候这可能会是一件棘手的事（例如，我们电子商务例子中的 main 脚本）。通常我们会先写一个有实际用处的程序，然后发现需要从其他程序的模块中导入某些函数或类。然而，一旦我们导入它，所有在模块层的代码就都会立即执行。如果我们不注意，可能会执行第一个程序里的所有代码，而实际上我们只想要访问其中的几个函数。

为了解决这一问题，我们通常将启动代码放到一个函数中（根据惯例，一般叫作 main），只有在将模块作为脚本运行时才会执行这一函数，在被其他脚本导入时则不会执行。但是我们应该怎么区分？

```
class UsefulClass:
    '''This class might be useful to other modules.'''
    pass


def main():
    '''creates a useful class and does something with it for our
module.'''
    useful = UsefulClass()
    print(useful)


if __name__ == "__main__":
    main()
```

每个模块都有一个特殊变量__name__（记住，Python 用双下画线标记特殊变量，如类中的__init__方法）存储模块被导入时的名字。如果直接通过 python module.py 执行这一模块，也就是说没有被导入，__name__将被赋值为字符串"__main__"。将所有的脚本代码包含在 if __name__ == "__main__":下，可以把这当作准则，以防你写的函数将来有可能被其他代码导入。

方法定义在类里，类定义在模块里，模块存在于包中。这就是全部了吗？

实际上并不是。这只是 Python 程序中一种典型的顺序，但并不是唯一可能出现的情况。类可以在任何地方定义，通常定义在模块层，但是也可以定义在一个函数或方法的内部，就像这样：

```
def format_string(string, formatter=None):
    '''Format a string using the formatter object, which
    is expected to have a format() method that accepts
    a string.'''
    class DefaultFormatter:
        '''Format a string in title case.'''
        def format(self, string):
            return str(string).title()

    if not formatter:
        formatter = DefaultFormatter()
```

```
                    return formatter.format(string)

        hello_string = "hello world, how are you today?"
        print(" input: " + hello_string)
        print("output: " + format_string(hello_string))
```

输出结果如下：

input: hello world, how are you today?
output: Hello World, How Are You Today?

format_string 函数接收一个字符串和一个可选的格式化工具对象作为参数，然后将格式化工具应用到字符串上。如果没有提供格式化工具，则自己创建一个局部的格式化工具类并实例化。由于是在函数的内部作用域中创建的，从函数外部是无法获取这个类的。类似地，函数可以定义在其他函数内部，一般来说，任何 Python 语句都可以在任何时间执行。

这些内部的类和函数通常用于一次性的对象，不会需要在模块层用到它的作用域，或者只有在一个单独的方法内才是有意义的。然而，在 Python 的代码中，这一技巧的使用并不多见。

谁可以访问我的数据

大多数面向对象编程语言都有访问权限的概念。这与抽象有关。一些属性和方法可以被标记为私有的，意味着只有对象可以访问它们。另外一些被标记为受保护的，意味着只有该类及其子类可以访问它们。剩下的就是公开的，意味着任何对象都可以访问它们。

Python 不是这样做的。Python 不相信那些将来会对你造成妨碍的强制性规矩，相反它提供的是非强制性的指南和最佳实践。严格来说，类的所有方法和属性都是对外公开的。如果我们想要说明某个方法不应该公开使用，则可以在它的文档字符串中表明这个方法只用于内部使用（更好的做法是，介绍对外公开的 API 应该如何使用）。

依据惯例，我们也可以在属性或方法前面加一个下画线字符_的前缀。Python 程序员就会明白"这是一个内部变量，直接访问它之前请务必三思"。但是如果他们认为最好这样做，那么解释器是无法阻止他们访问的。因为如果他们这样认为，我们有什么理由阻止他们呢？

毕竟我们无法预知我们的类将被如何使用。

还有另外一种方式可以更强势地表明外部对象不能访问某个属性或方法：用双下画线 __ 作为前缀。这会对有问题的属性施加**命名改装**（name mangling）。这基本上意味着如果真的需要，外面的对象仍然可以调用这一方法，只不过需要一些额外的工作，这样也可以强烈地对外声明你需要你的属性保持私有。例如：

```
class SecretString:
    '''A not-at-all secure way to store a secret string.'''

    def __init__(self, plain_string, pass_phrase):
        self.__plain_string = plain_string
        self.__pass_phrase = pass_phrase

    def decrypt(self, pass_phrase):
        '''Only show the string if the pass_phrase is correct.'''
        if pass_phrase == self.__pass_phrase:
            return self.__plain_string
        else:
            return ''
```

如果我们在交互解释器中加载测试这个类，就会发现它可以对外界隐藏明文字符串：

```
>>> secret_string = SecretString("ACME: Top Secret", "antwerp")
>>> print(secret_string.decrypt("antwerp"))
ACME: Top Secret
>>> print(secret_string.__plain_text)
Traceback (most recent call last):
  File "<stdin>", line 1, in <module>
AttributeError: 'SecretString' object has no attribute
'__plain_text'
```

看起来是有效的，在没有密码的情况下，没有人能够访问我们的 plain_text 属性，所以它是安全的。先不要高兴得太早，来看看我们的安全措施多么容易被破解：

```
>>> print(secret_string._SecretString__plain_string)
ACME: Top Secret
```

不！有人已经破解了我们的秘密字符串。幸亏我们做了检查。这是 Python 的名字改装在起作用。当我们用双下画线时，属性将被加上 _<类名>的前缀。当方法在类内部访问变量时，它们会被自动改回去。当外部的类要访问时，它们必须自己进行名字改装。所以说，名字改装并不能保证私有性，它只是强烈建议保持私有。大部分 Python 程序员除非有非常强有力的理由，不然很少会在别的对象中用到双下画线的变量。

不过，大部分 Python 程序员如果没有足够的理由，也不会接触到单下画线变量。因此，很少有理由会用到 Python 的命名改装变量，并且这样做容易导致悲剧。例如，命名改装变量可能需要用在子类中，而不得不在子类中手动进行改装。用单下画线作为前缀或添加明确的文档字符串，可以在需要的情况下让其他对象访问你的隐藏信息，这样也会让他们知道，你不认为这是一个好主意。

第三方库

Python 附带了很多可爱的标准库，也就是每台运行 Python 语言的机器上都能用的包和模块。然而，你很快会发现这些并不包含所有你需要的东西。这时，你有两个选择：

- 自己写一个支持包。
- 用别人的代码。

我们不会涉及如何将你的包打包成库的细节，但是如果你遇到需要解决的问题而又不想自己写代码解决（最好的程序员都是非常懒的，宁可重用已存在被证实的代码也不愿自己写），你可以从 Python Package Index（PyPI，地址是 http://pypi.python.org/）上找到你需要的库。当你找到想要安装的库时，你可以用一个叫作 pip 的工具进行安装。然而 pip 并不是随 Python 一起安装的，但是 Python 3.4 包含一个有用的工具 ensurepip，可以通过下面的命令安装：

```
python -m ensurepip
```

如果是在 Linux、Mac OS 或其他的 UNIX 系统下，这条命令可能会失败，这时，你需要切换到 root 账号才能正确执行。在大部分现代 UNIX 系统中，可以用 sudo python -m ensurepip 来完成。

如果你用的是比 Python 3.4 更老的 Python 版本，那么你需要自己
下载安装 pip，因为 ensurepip 并不存在。你可以根据官网的说
明来完成安装：http://pip.readthedocs.org/。

安装完 pip 并且知道了你想要安装的包名后，你可以用类似下面的语法来安装：

```
pip install requests
```

然而，如果你执行这条命令，你会将这个第三方库直接安装到系统 Python 目录，或者
更有可能的是遇到没有权限的错误。你可以以管理员的身份强制安装，但是 Python 社区的
共识是只应该用系统安装器安装第三方库到系统中的 Python 目录。

作为替代方案，Python 3.4 提供了一个 venv 工具。这一工具在你的工作目录下提供给
你一个迷你版本的 Python，称为虚拟环境（*virtual environment*）。当你激活这一迷你版本的
Python，与 Python 相关的命令将在当前目录执行，而非系统目录。因此当你执行 pip 或
python，它们根本不会用到系统 Python。下面是如何使用的：

```
cd project_directory
python -m venv env
source env/bin/activate  # Linux或Mac OS系统
env/bin/activate.bat     # Windows系统
```

通常，你需要为每个 Python 项目创建一个不同的虚拟环境。你可以将虚拟环境存储在
任何位置，但是我通常将它们保存在与项目中其他文件相同的目录中（但是在版本控制工
具中要将其忽略），因此我们先 cd 到项目目录。然后运行 venv 工具创建一个虚拟环境，
名为 env。最后，用最后一行命令（根据注释中提示的操作系统选择你需要的）来激活环
境。每次当需要用到特定的虚拟环境时，都要执行这一行命令，然后当我们完成这一项目
之后，可以用 deactivate 命令退出。

虚拟环境是让你将第三方依赖分开的最好方法。不同的项目依赖于特定库的不同版本
是很常见的（例如，旧的网站可能运行的是 Django 1.5，而新版本可能运行在 Django 1.8
上）。让不同的项目拥有不同的虚拟环境，使其更容易运行在不同版本的 Django 上。除此
之外，如果你想要用不同的工具安装同一个包，它还能防止系统安装的包和 pip 安装的包
之间产生冲突。

案例学习

将所有这些整合到一起，让我们创建一个简单的命令行笔记本应用。这是一个相当简单的任务，因此我们不需要用到多个包，但是可以看到类、函数、方法和文档字符串的常用方法。

让我们从快速分析开始：笔记是保存在笔记本中的简短备忘录。每条笔记应该保存记录日期和用于添加快速查询的标签。笔记可以修改，也可以搜索。所有这些都需要通过命令行完成。

最明显的对象是 Note 对象，其次是 Notebook 容器对象。标签和日期看起来也像是对象，但是我们可以分别用 Python 标准库中的日期和逗号分隔的字符串标签。为了避免过于复杂，在原型阶段，我们先不要分别为这些对象定义类。

Note 对象有自己的 memo 属性，以及 tags 和 creation_date。每个笔记都需要一个唯一的整数 id 让用户可以在菜单界面进行选择。笔记对象需要有一个方法用于修改内容以及另一个方法用于修改标签，或者可以让笔记本直接获取这些属性。为了让搜索更容易，我们需要为 Note 对象添加一个 match 方法。这一方法将接收一个字符串参数，并且能够在不直接访问属性的情况下告诉我们这个笔记能否与字符串匹配。通过这种方式，如果我们想要修改搜索参数（例如，改为搜索标签而不是内容，或者让搜索的关键词大小写敏感），我们只需要在一个地方修改即可。

Notebook 对象很明显有一个笔记列表的属性，也需要一个搜索方法，能够返回过滤后的笔记列表。

但是我们如何与这些对象进行交互呢？我们已经说明了这是一个命令行应用，这意味着我们要么通过不同的参数选项来执行添加或修改程序，要么用某种菜单让我们选择针对笔记本的不同操作。我们应该试着设计成已被支持的接口或未来可能添加的新接口（例如 GUI 工具集或基于 Web 的接口）。

作为设计决策，我们将先实现菜单接口，但是我们将命令行参数的版本记在心里，确保记住 Notebook 类设计的可扩展性。

如果我们有两个命令行接口，每个都与 Notebook 对象交互，然后 Notebook 需要一些方法来与这些接口进行交互。我们需要能够 add 新的笔记，通过 id 来 modify 已存在的笔记，以及前面讨论过的 search 方法。这一接口也需要能够列出所有的笔记，但是它们不能直接访问 notes 列表的属性。

我们可能缺少一些细节，但是这让我们能够很好地预览需要写的代码。可以将这些总结到一个简单的类图里：

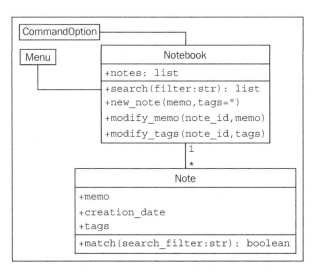

在写代码之前，让我们先定义这个项目的目录结构。菜单接口明显应该保存在自己的模块里，因为它将会成为可执行的脚本，我们也可能会有其他的可执行脚本在未来访问笔记本。Notebook 和 Note 对象可以存在于同一个模块里。这些模块可以全部存在于同一个顶级目录，而不需要放到一个包里。一个空的 command_option.py 模块可以在将来帮助提醒我们计划添加新的用户接口。

```
parent_directory/
    notebook.py
    menu.py
    command_option.py
```

现在，让我们看一些代码。我们先定义看起来最简单的 Note 类。下面的例子是 Note 全部的内容。例子中的文档字符串解释了它们是如何组装在一起的。

```
import datetime

# 为所有的新笔记存储下一个可用id
```

```
last_id = 0

class Note:
    '''Represent a note in the notebook. Match against a
    string in searches and store tags for each note.'''

    def __init__(self, memo, tags=''):
        '''initialize a note with memo and optional
        space-separated tags. Automatically set the note's
        creation date and a unique id.'''
        self.memo = memo
        self.tags = tags
        self.creation_date = datetime.date.today()
        global last_id
        last_id += 1
        self.id = last_id

    def match(self, filter):
        '''Determine if this note matches the filter
        text. Return True if it matches, False otherwise.

        Search is case sensitive and matches both text and
        tags.'''
        return filter in self.memo or filter in self.tags
```

在继续下去之前，我们应该快速启动交互解释器并测试到目前为止的这些代码。要经常测试，因为事情总是不能按照预期发展。确实，当我测试这一例子的第 1 版时，我发现我忘记了 match 函数的 self 参数！我们将在第 10 章中讨论自动化测试。现在，用解释器来检查几个点已经足够了。

```
>>> from notebook import Note
>>> n1 = Note("hello first")
>>> n2 = Note("hello again")
>>> n1.id
1
>>> n2.id
2
```

```
>>> n1.match('hello')
True
>>> n2.match('second')
False
```

看起来一切都如我们所料。接下来创建笔记本：

```
class Notebook:
    '''Represent a collection of notes that can be tagged,
    modified, and searched.'''

    def __init__(self):
        '''Initialize a notebook with an empty list.'''
        self.notes = []

    def new_note(self, memo, tags=''):
        '''Create a new note and add it to the list.'''
        self.notes.append(Note(memo, tags))

    def modify_memo(self, note_id, memo):
        '''Find the note with the given id and change its
        memo to the given value.'''
        for note in self.notes:
            if note.id == note_id:
                note.memo = memo
                break

    def modify_tags(self, note_id, tags):
        '''Find the note with the given id and change its
        tags to the given value.'''
        for note in self.notes:
            if note.id == note_id:
                note.tags = tags
                break

    def search(self, filter):
        '''Find all notes that match the given filter
        string.'''
```

```
            return [note for note in self.notes if
                note.match(filter)]
```

稍后再来解释，先测试一下代码确保能用：

```
>>> from notebook import Note, Notebook
>>> n = Notebook()
>>> n.new_note("hello world")
>>> n.new_note("hello again")
>>> n.notes
[<notebook.Note object at 0xb730a78c>, <notebook.Note object at
  0xb73103ac>]
>>> n.notes[0].id
1
>>> n.notes[1].id
2
>>> n.notes[0].memo
'hello world'
>>> n.search("hello")
[<notebook.Note object at 0xb730a78c>, <notebook.Note object at
  0xb73103ac>]
>>> n.search("world")
[<notebook.Note object at 0xb730a78c>]
>>> n.modify_memo(1, "hi world")
>>> n.notes[0].memo
'hi world'
```

确实能运行。但是这个代码有点乱，modify_tags 和 modify_memo 方法几乎是一样的。这不是好的代码实践，下面看看如何改进。

两个方法都在操作前试着通过给定的 ID 找到对应的笔记。因此，让我们添加一个方法通过特定的 ID 定位笔记。我们将用一个双下画线为前缀的方法名来表示这个方法只作为内部使用，当然，如果想要的话，菜单接口可以访问这一方法：

```
def _find_note(self, note_id):
    '''Locate the note with the given id.'''
    for note in self.notes:
        if note.id == note_id:
```

```
        return note
    return None


def modify_memo(self, note_id, memo):
    '''Find the note with the given id and change its
    memo to the given value.'''
    self._find_note(note_id).memo = memo
```

目前来说这样就可以了。让我们来看一下菜单接口，这一接口可以呈现一个菜单并且允许用户输入选择。下面是我们的第一次尝试：

```
import sys
from notebook import Notebook, Note


class Menu:
    '''Display a menu and respond to choices when run.'''
    def __init__(self):
        self.notebook = Notebook()
        self.choices = {
                "1": self.show_notes,
                "2": self.search_notes,
                "3": self.add_note,
                "4": self.modify_note,
                "5": self.quit
                }

    def display_menu(self):
        print("""
Notebook Menu

1. Show all Notes
2. Search Notes
3. Add Note
4. Modify Note
5. Quit
""")
```

```python
def run(self):
    '''Display the menu and respond to choices.'''
    while True:
        self.display_menu()
        choice = input("Enter an option: ")
        action = self.choices.get(choice)
        if action:
            action()
        else:
            print("{0} is not a valid choice".format(choice))

def show_notes(self, notes=None):
    if not notes:
        notes = self.notebook.notes
    for note in notes:
        print("{0}: {1}\n{2}".format(
            note.id, note.tags, note.memo))

def search_notes(self):
    filter = input("Search for: ")
    notes = self.notebook.search(filter)
    self.show_notes(notes)

def add_note(self):
    memo = input("Enter a memo: ")
    self.notebook.new_note(memo)
    print("Your note has been added.")

def modify_note(self):
    id = input("Enter a note id: ")
    memo = input("Enter a memo: ")
    tags = input("Enter tags: ")
    if memo:
        self.notebook.modify_memo(id, memo)
    if tags:
        self.notebook.modify_tags(id, tags)
```

```
        def quit(self):
            print("Thank you for using your notebook today.")
            sys.exit(0)

    if __name__ == "__main__":
        Menu().run()
```

这里的代码首先用绝对导入的方法导入笔记本对象。相对导入的方法在这里没办法用，因为我们没有把代码放进包中。Menu 类的 run 方法不停地展示菜单并调用笔记本中的函数来响应用户的选择。这里是通过一个有点古怪的 Python 习惯用法实现的，是一个轻量版本的命令模式，我们将会在第 10 章中讨论。用户输入的选择是字符串。在菜单的 __init__ 方法中，我们创建了一个字典，用于存储字符串到菜单对象本身的函数之间的映射。然后，当用户做出选择时，我们从这个字典中检索对应的对象。action 变量实际上指向一个特定的方法，并通过后加一对空括号进行调用（因为这些方法都没有参数）。当然，用户可能输入不合适的选项，因此我们需要在调用前检查动作是否存在。

每个方法都需要用户输入并调用与 Notebook 对象相关的合适的方法。以 search 方法的实现为例，我们发现在过滤笔记之后，需要将其展示给用户，因此添加了 show_notes 函数来完成两项任务，它接收一个可选的 notes 参数。如果提供了这一参数，它将展示这些过滤后的笔记，否则将展示所有笔记。由于 notes 参数是可选的，show_notes 仍然可以作为一条空白菜单项而不加参数进行调用。

如果我们测试这段代码，将会发现修改笔记内容不能正常工作。这里有两个问题，分别如下：

- 当输入了不存在的笔记 ID 时，笔记本将会崩溃。我们永远不能相信用户一定会输入正确的数据！
- 即使我们输入了正确的 ID，也仍然会崩溃，因为笔记的 ID 是整数，而菜单传递的是字符串。

后一个问题可以通过修改 Notebook 类的 _find_note 方法，将所有值转化为字符串之后再比较，而不是用存储在笔记中的整数。就像这样：

```
    def _find_note(self, note_id):
        '''Locate the note with the given id.'''
        for note in self.notes:
```

```
    if str(note.id) == str(note_id):
        return note
return None
```

我们简单地将输入（`note_id`）和笔记的 ID 都转换成字符串之后再比较。我们也可以将输入都转换成整数，但是如果用户输入了字母"a"而不是数字"1"，我们就仍然会遇到麻烦。

用户输入不存在的笔记 ID 的问题可以通过修改笔记本的两个 `modify` 方法来解决，让它们先检查 `_find_note` 方法是否返回了笔记，就像这样：

```
def modify_memo(self, note_id, memo):
    '''Find the note with the given id and change its
    memo to the given value.'''
    note = self._find_note(note_id)
    if note:
        note.memo = memo
        return True
    return False
```

这一方法根据是否发现笔记来更新以返回 `True` 或 `False`。如果用户输入了非法的笔记，菜单可以使用这一返回值来展示错误信息。但是这段代码仍然有些笨重，如果用抛出异常来替代，看起来会好一些。我们将在第 4 章讨论这部分内容。

练习

写一些面向对象的代码。目标是使用本章学到的准则和语法，以确保你不只是读过而且会用。如果你已经在进行 Python 的项目，返回去看一下你是否能创建一些对象并为它们添加一些属性或方法。如果太大，试着将其分成几个模块甚至是包，然后玩一下这些语法。

如果你没有这样一个项目，试着开始一个新的项目。并不一定是你想要完成的，只是用上一些基本的设计。你不需要完全实现任何东西，通常只是一些 `print("this method will do something")` 就足够让整体设计到位了。这被称为**自上而下的设计**（top-down design），在真正实现之前先找出不同的交互并描述它们如何工作。与之对应的是，**自下而上的设计**（bottom-up design），先实现细节部分，然后将它们整合到一起。两种模式在不同的情境下都很有用，但是对于理解面向对象的准则来说，自上而下的工作流程更合适。

如果你不知道要做什么项目，可以试着写一个 to-do 应用。（提示：这与设计笔记本应用有点像，但是需要一些额外的数据管理方法。）这个应用可用于追踪你每天想要做的事，并可以标记已完成的事。

现在，试着设计一个更大一点的项目。它不需要真的做什么，但是确保可以让你实验包和模块的导入语法。为不同的模块添加一些函数并试着从其他模块和包中导入，它们使用相对导入和绝对导入，看一下其中的区别，然后试着想象你会用到它们的场景。

总结

在本章中，我们学习了在 Python 中创建类和赋值属性、方法是多么简单。不像其他语言，Python 区分构造函数和初始化函数，对访问控制的态度更缓和。有很多不同等级的作用域，包括包、模块、类和函数。我们理解了绝对导入和相对导入的不同，以及如何管理非 Python 自带的第三方包。

在第 3 章中，我们将会学习如何通过继承共享实现。

第 **3** 章
对象相似时

在编程的世界中，重复的代码被认为是邪恶的。我们不应该在不同的地方写多份相同或相似的代码。

有很多合并功能相似的代码或对象的方法。在本章中，我们将讨论最著名的面向对象准则：继承。正如在第 1 章中所讨论的，继承让我们能够创建两个或多个类之间的 "是一个" 关系，将共有的逻辑抽象到超类并在子类中控制具体的细节。在本章中，我们将会讨论如下的 Python 语法和准则。

- 基本的继承。
- 从内置类继承。
- 多重继承。
- 多态与鸭子类型。

基本的继承

严格来说，我们创建的所有类都使用了继承关系。所有的 Python 类都是特殊的 object 类的子类。这个类提供很少量的数据和行为（它提供的所有方法都是双下画线开头的特殊方法，只在内部使用），但是它允许 Python 以同样的方式对待所有对象。

如果我们不明确地从其他类继承，那么我们的类将自动继承 object。当然，我们也可以公开声明我们的类继承自 object，用下面的语法：

```python
class MySubClass(object):
    pass
```

　　这就是继承关系！严格来说，这个例子与第 2 章的第一个例子没有区别。因为如果没有明确提供其他超类，那么 Python 3 会自动继承自 object。超类，或者是父类，是指被继承的类，子类是继承自超类的类。在这个例子中，超类是 object，MySubClass 是子类。通常称子类源自父类或子类扩展自父类。

　　可能你已经从这个例子中搞清楚了，继承关系只需要在基本类定义的基础上添加少量额外语法就可以了。只要将父类的名字放进类名后及冒号之前的括号内即可，这样就可以告诉 Python 新类应该源自给定的超类。

　　在实践中应该如何应用继承关系？最简单和明显的用法就是为已存在的类添加功能。让我们从一个简单的联系人管理器开始，这个管理器可以追踪多个人的名字和 E-mail 地址。联系人类用一个类变量维护一系列联系人信息，并用姓名和地址初始化每个联系人：

```python
class Contact:
    all_contacts = []

    def __init__(self, name, email):
        self.name = name
        self.email = email
        Contact.all_contacts.append(self)
```

　　这个例子向我们介绍了类变量：all_contacts 列表，由于它是类定义的一部分，故被这个类的所有实例所共享。这意味着只有一个 Contact.all_contacts 列表，可以通过 Contact.all_contacts 访问。或者也可以在继承自 Contact 的对象中通过 self.all_contacts 访问。如果在这一对象中找不到该变量名，将会从类中找到，并且都会指向同一个列表。

　　要当心这一语法，一旦你用 self.all_contacts 来设定这一变量，你实际上会创建只与那个对象相关的**新**实例变量，类变量将不会改变，仍然可以通过 Contact.all_contacts 访问。

　　这个简单的类允许我们追踪每个联系人的一些数据，但是如果我们的某些联系人同时也是供货商，我们需要从他们那里下单，该怎么办？我们可以为 Contact 类添加一个 order 方法，但是这样将会允许人们意外地从客户或家人、朋友等联系人那里下单。于是我们创建一个新的 Supplier 类，与 Contact 类的行为相似，但是拥有一个额外的 order 方法：

```
class Supplier(Contact):
    def order(self, order):
        print("If this were a real system we would send "
                "'{}' order to '{}'".format(order, self.name))
```

现在用解释器来测试这个类，我们可以发现所有的联系人，包括供货商，都以名字和 E-mail 地址作为 __init__ 的参数，但是只有供货商有可用的订货方法：

```
>>> c = Contact("Some Body", "somebody@example.net")
>>> s = Supplier("Sup Plier", "supplier@example.net")
>>> print(c.name, c.email, s.name, s.email)
Some Body somebody@example.net Sup Plier supplier@example.net
>>> c.all_contacts
[<__main__.Contact object at 0xb7375ecc>,
 <__main__.Supplier object at 0xb7375f8c>]
>>> c.order("I need pliers")
Traceback (most recent call last):
  File "<stdin>", line 1, in <module>
AttributeError: 'Contact' object has no attribute 'order'
>>> s.order("I need pliers")
If this were a real system we would send 'I need pliers' order to
'Sup Plier '
```

所以，所有联系人能做的事情我们的 Supplier 类也可以做（包括把它自己加到 all_contacts 列表中），也能做供货商需要处理的特殊事务。这就是继承之美。

扩展内置对象

继承关系中有一种有趣的应用，是向内置类添加新功能。在前面看到的 Contact 类中，我们将联系人添加到所有联系人列表中。如果想要根据名字搜索这个列表呢？我们可以为 Contact 类添加一个搜索方法，但是这个方法似乎应该属于列表本身。我们可以用继承关系来做：

```
class ContactList(list):
    def search(self, name):
        '''Return all contacts that contain the search value
        in their name.'''
        matching_contacts = []
        for contact in self:
            if name in contact.name:
                matching_contacts.append(contact)
        return matching_contacts


class Contact:
    all_contacts = ContactList()

    def __init__(self, name, email):
        self.name = name
        self.email = email
        self.all_contacts.append(self)
```

我们创建一个新的 ContactList 类继承内置的 list，而不是实例化一个常规的列表作为类变量。然后，实例化这个子类并赋值给 all_contacts 列表。我们可以用如下这样的方式测试这个新的搜索功能：

```
>>> c1 = Contact("John A", "johna@example.net")
>>> c2 = Contact("John B", "johnb@example.net")
>>> c3 = Contact("Jenna C", "jennac@example.net")
>>> [c.name for c in Contact.all_contacts.search('John')]
['John A', 'John B']
```

想知道如何将内置语法 [] 转换成可以继承的形式吗？用 [] 创建一个空列表实际上是用 list() 创建空列表的快捷方式，这两种语法完全一样：

```
>>> [] == list()
True
```

实际上，[] 语法就是所谓的**语法糖**（syntax sugar），其在底层调用 list() 构造函数。list 数据类型是我们可以扩展的类，而实际上 list 自身继承自 object 类：

```
>>> isinstance([], object)
True
```

作为第二个例子，我们可以扩展 dict 类，与列表相似，这个类用{}速记语法进行构造：

```
class LongNameDict(dict):
    def longest_key(self):
        longest = None
        for key in self:
            if not longest or len(key) > len(longest):
                longest = key
        return longest
```

可以在交互解释器中简单测试一下：

```
>>> longkeys = LongNameDict()
>>> longkeys['hello'] = 1
>>> longkeys['longest yet'] = 5
>>> longkeys['hello2'] = 'world'
>>> longkeys.longest_key()
'longest yet'
```

大多数内置类型都可以用相似的方法扩展。通常会扩展的内置类型有 object、list、set、dict、file 以及 str。数字类型像 int 和 float 偶尔也会用于继承。

重写和 super

因此，继承关系很适合向已存在的类中添加新的行为，但是如何修改某些行为？我们的 contact 类只接收一个名字和 E-mail 地址作为参数。这对于大部分联系人足够了，但是如果想要为好朋友添加一个电话号码要怎么办？

正如我们在第 2 章中所看到的，我们可以只在构造完联系人之后设定新的 phone 属性。如果想要让第 3 个变量可以用在初始化过程，则必须重写 __init__ 方法。重写意味着在子类中修改或替换超类原有的方法（用相同的名字）。不需要特殊的语法，子类中新创建的方法将会自动调用，而不是用超类的方法。例如：

```
class Friend(Contact):
    def __init__(self, name, email, phone):
        self.name = name
```

```
        self.email = email
        self.phone = phone
```

任何方法都可以被重写，不只是 __init__。在继续下去之前，我们先说明一下这个例子中的问题。我们的 Contact 和 Friend 类设定 name 和 email 属性的代码是重复的；这会让代码维护更复杂，因为我们不得不在多个地方同时更新代码。更有害的是，我们的 Friend 类还需要将自己添加到在 Contact 类上创建的 all_contacts 列表中。

我们真正需要做的是执行 Contact 类上原有的 __init__ 方法。这就是 super 函数的功能；它返回父类实例化得到的对象，让我们可以直接调用父类的方法：

```
class Friend(Contact):
    def __init__(self, name, email, phone):
        super().__init__(name, email)
        self.phone = phone
```

这个例子首先用 super 获取父类对象的实例，然后调用它的 __init__ 方法，传入预期的参数。然后执行它自己的初始化过程，也就是设定 phone 属性。

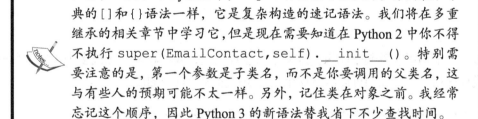

> 注意在旧版本的 Python 中，super() 语法不能执行。像列表和字典的 [] 和 {} 语法一样，它是复杂构造的速记语法。我们将在多重继承的相关章节中学习它，但是现在需要知道在 Python 2 中你不得不执行 super(EmailContact, self).__init__()。特别需要注意的是，第一个参数是子类名，而不是你要调用的父类名，这与有些人的预期可能不太一样。另外，记住类在对象之前。我经常忘记这个顺序，因此 Python 3 的新语法替我省下不少查找时间。

可以在任何方法内调用 super()，不仅仅是 __init__。这意味着所有的方法均可以通过重写和调用 super 进行修改。在方法的任意位置都可以调用 super，我们不需要在方法的第 1 行就调用。例如，我们可能需要在向超类传递之前操作或验证参数。

多重继承

多重继承是一个棘手的话题。原则上来说非常简单：继承自多个父类的子类可以获取所有父类的功能。在实践中，并没有听起来那么有用，很多专业的程序员都建议不要这样用。

根据经验法则，如果你认为你需要多重继承，你可能错了；但是如果你知道你需要它，那么你可能是对的。

多重继承最简单有效的形式被称为**混入**（mixin）。混入就是一个不会单独存在的超类，而是为了被其他类继承并添加额外的功能。例如，我们想要为 Contact 类添加向 self.email 发邮件的功能。发送邮件是一个通用任务，我们可能想在多个其他的类中使用。因此，我们可以写一个简单的混入类来处理邮件相关的事务：

```python
class MailSender:
    def send_mail(self, message):
        print("Sending mail to " + self.email)
        # 在这里添加E-mail业务逻辑
```

为了简单起见，我们在这里不涉及真实的邮件逻辑。如果你对此感兴趣，可以查看 Python 标准库中的 smtplib 模块。

这个类并没有特别之处（实际上，它几乎不能作为独立的类），但是它允许我们定义新类，可以通过多重继承获取 Contact 和 MailSender 的功能：

```python
class EmailableContact(Contact, MailSender):
    pass
```

多重继承的语法看起来就像类定义中的参数列表，我们将两个（或多个）以逗号分隔的基类放进括号中。我们可以测试这个混合类以查看运行中的混入：

```
>>> e = EmailableContact("John Smith", "jsmith@example.net")
>>> Contact.all_contacts
[<__main__.EmailableContact object at 0xb7205fac>]
>>> e.send_mail("Hello, test e-mail here")
Sending mail to jsmith@example.net
```

Contact 的初始化函数仍然添加新的联系人到 all_contacts 列表，而混入则能够发送邮件到 self.mail，所以可以知道一切都能正常工作。

这看起来并不难，你可能想知道关于多重继承的警告信息究竟是怎么回事。我们马上会讨论更复杂的情况，但是先考虑一些混入之外的其他选项：

- 我们可以用一个单独的继承关系，并向子类中添加 `send_mail` 函数。但是缺点在于任何其他需要发送邮件的类都需要重复这些代码。

- 我们可以创建一个独立的 Python 函数来发送邮件，当需要发送邮件时，只需要调用这个函数并将邮箱地址作为参数传入即可。

- 我们可以探索一些新的方式，用组合关系而不是继承关系。例如，`EmailableContact` 可以拥有一个 `MailSender` 对象而不是继承它。

- 我们可以用猴子补丁（将会在第 7 章中简要讨论猴子补丁）在 `Contact` 类创建之后为其添加 `send_mail` 方法。这是通过定义一个接收 `self` 参数的函数来完成的，并将其设置为一个已有类的属性。

多重继承在混合不同类的方法时不会出问题，但是当我们不得不调用超类的方法时，就会变得很混乱。既然有很多超类，我们如何判断该调用哪个？又如何知道调用顺序？

让我们通过向 Friend 类加入家庭住址来探究这些问题。我们可以采取几种方法。地址是由街道、城市、国家及其他相关的细节所组成的一系列字符串。我们可以将这些字符串分别作为参数传递给 Friend 的 `__init__` 方法。我们也可以在将这些字符串存储在一个元组或字典中之后，作为一个单独的参数传递给 `__init__`。如果没有需要添加到地址的方法，这可能就是最好的办法了。

另一个选项是创建一个新的 Address 类，将这些字符串保存到一起，并将其实例作为参数传递给 Friend 类的 `__init__` 方法。这种解决方案的优点在于，我们可以为数据添加行为（例如，指出方向或打印地图的方法），而不只是静态的存储。就如我们在第 1 章中所讨论的，这是一个组合的例子。组合中"有一个"的关系是这个问题最切实可行的解决方案，并且允许我们在其他诸如建筑物、公司或组织等实体中重用 Address 类。

不过，继承也是一种可行的解决方案，而且也是我们想要探索的。让我们添加一个新的类来存储地址，称为"AddressHolder"而不是"Address"，因为继承定义的是"是一个"的关系。说"Friend"是一个"Address"并不准确，但是由于朋友可以拥有一个"Address"，故我们可以说"Friend"是一个"AddressHolder"。稍后我们可能创建的其他实体（公司、建筑）同样也拥有地址。下面是我们的 AddressHolder 类：

```
class AddressHolder:
    def __init__(self, street, city, state, code):
        self.street = street
        self.city = city
```

```
        self.state = state
        self.code = code
```

非常简单，我们只需要在初始化过程中接收所有的数据并将其扔进实例变量中即可。

钻石型继承问题

可以用多重继承将这个新类添加为已有的 Friend 类的父类。棘手的部分是，现在有两个父类的 __init__ 方法都需要进行初始化，而且它们需要通过不同的参数进行初始化。如何做到这一点？可以从一个幼稚点的方法开始：

```
class Friend(Contact, AddressHolder):
    def __init__(
        self, name, email, phone,street, city, state, code):
        Contact.__init__(self, name, email)
        AddressHolder.__init__(self, street, city, state, code)
        self.phone = phone
```

在这个例子中，我们直接调用每个超类的 __init__ 函数并明确地传递 self 参数给它们。这个例子是可以正确运行的，我们可以直接从这个类中访问不同的变量。但是仍然存在几个问题。

首先，如果我们忘记明确地调用初始化函数，可能会导致超类的未初始化错误。在这个例子中不会导致崩溃，但是可能更难调试一般场景中崩溃的程序。例如，想象我们试着向未完成连接的数据库中插入数据。

其次，更危险的是，类层级的组织可能导致超类被多次调用。看下面这个类图：

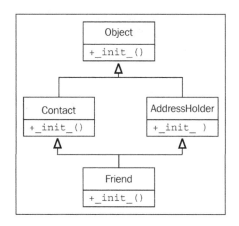

Friend 类的 __init__ 方法首先调用 Contact 的 __init__，Contact 又隐式地初始化了 object 超类（记住，所有的类都源自 object）。然后 Friend 调用 AddressHolder 的 __init__，而 AddressHolder 再一次初始化 object 超类。这意味着父类被初始化了两次。对于 object 类来说，这相对没有什么危害，但是在某些情况下，这可能导致灾难。想象一下，每次请求都连接两次数据库。

基类应该只调用一次，但应该是什么时候？我们调用 Friend、Contact、Object，然后 AddressHolder？还是 Friend、Contact、AddressHolder，然后 Object？

方法的调用顺序可以通过修改类的 __mro__ （**Method Resolution Order**）属性动态修改。这已经超出本书的范围。如果你认为需要理解它，我推荐 Tarek Ziadé 的 *Expert Python Programming* 这本书，或者阅读原始文档 http://www.python.org/download/releases/2.3/mro/。

为了更清楚地阐述这个问题，让我们看另一个虚构的例子。这里有一个基类拥有 call_me 方法，两个子类重写了这一方法，然后另外一个子类用多重继承的方式扩展这两个类。由于类图的形状看起来像钻石，故被称为钻石继承：

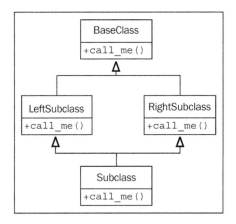

让我们将这个类图翻译成代码，这个例子显示了方法的调用顺序：

```python
class BaseClass:
    num_base_calls = 0
    def call_me(self):
        print("Calling method on Base Class")
        self.num_base_calls += 1


class LeftSubclass(BaseClass):
    num_left_calls = 0
    def call_me(self):
        BaseClass.call_me(self)
        print("Calling method on Left Subclass")
        self.num_left_calls += 1


class RightSubclass(BaseClass):
    num_right_calls = 0
    def call_me(self):
        BaseClass.call_me(self)
        print("Calling method on Right Subclass")
        self.num_right_calls += 1


class Subclass(LeftSubclass, RightSubclass):
    num_sub_calls = 0
    def call_me(self):
```

```
        LeftSubclass.call_me(self)
        RightSubclass.call_me(self)
        print("Calling method on Subclass")
        self.num_sub_calls += 1
```

这个例子确保每个重写的 `call_me` 方法都直接调用父类的同名方法。通过将信息打印到屏幕上，可以知道每次被调用的方法是哪个，同时也通过更新类的静态变量来显示方法被调用的次数。如果我们实例化 `Subclass` 对象并调用一次这一方法，将会得到如下输出：

```
>>> s = Subclass()
>>> s.call_me()
Calling method on Base Class
Calling method on Left Subclass
Calling method on Base Class
Calling method on Right Subclass
Calling method on Subclass
>>> print(
... s.num_sub_calls,
... s.num_left_calls,
... s.num_right_calls,
... s.num_base_calls)
1 1 1 2
```

我们可以清楚地看到基类的 `call_me` 方法被调用了两次。如果这个方法在真实环境中运行两次，例如向银行账号中存款，则可能产生隐患。

关于多重继承需要记住的是，我们只想调用类层级中的"下一个"方法，而不是"父类"方法。实际上，下一个方法可能不属于该类的父类或更早的祖先。`super` 关键字再次拯救了我们，`super` 最初是为了实现更复杂的多重继承而开发的。下面是同样的代码使用 `super` 之后的样子：

```
class BaseClass:
    num_base_calls = 0
    def call_me(self):
        print("Calling method on Base Class")
        self.num_base_calls += 1
```

```python
class LeftSubclass(BaseClass):
    num_left_calls = 0
    def call_me(self):
        super().call_me()
        print("Calling method on Left Subclass")
        self.num_left_calls += 1

class RightSubclass(BaseClass):
    num_right_calls = 0
    def call_me(self):
        super().call_me()
        print("Calling method on Right Subclass")
        self.num_right_calls += 1

class Subclass(LeftSubclass, RightSubclass):
    num_sub_calls = 0
    def call_me(self):
        super().call_me()
        print("Calling method on Subclass")
        self.num_sub_calls += 1
```

这是非常小的改动，我们只是将原生的直接调用替换为 super() 调用，下面的子类只调用了一次 super 方法，而不是分别调用左右两个父类。虽然改动足够简单，但让我们执行看看有什么差别：

```
>>> s = Subclass()
>>> s.call_me()
Calling method on Base Class
Calling method on Right Subclass
Calling method on Left Subclass
Calling method on Subclass
>>> print(s.num_sub_calls, s.num_left_calls, s.num_right_calls,
s.num_base_calls)
1 1 1 1
```

看起来不错，基类的方法只调用了一次。但是 super() 实际上做了什么？由于 print

语句在 super 之后调用,打印出来的结果是每个方法实际执行的顺序。让我们从后向前根据输出看看调用顺序。

首先,Subclass 的 call_me 方法调用 super().call_me(),指向 LeftSubclass.call_me()。然后 LeftSubclass.call_me() 调用 super().call_me(),但是在这里,super() 指向的是 RightSubclass.call_me()。

特别需要注意,super 调用并不是调用 LeftSubclass 的超类(也就是 BaseClass)中的方法,而是调用 RightSubclass,即便它不是 LeftSubclass 的直接父类! 这就是下一个方法而不是父类方法。然后 RightSubclass 再调用 BaseClass,通过使用 super 可以确保类层级中的每一个方法都只执行一次。

不同集合的参数

当我们回到 Friend 多重继承的例子里时,事情将会变得更加复杂。在 Friend 的 __init__ 方法中,我们一开始以不同集合的参数调用两个父类的 __init__ 方法:

```
Contact.__init__(self, name, email)
AddressHolder.__init__(self, street, city, state, code)
```

当用 super 方法的时候,我们如何控制不同集合的参数? 我们并不需要知道 super 最先会初始化哪个类,即使知道,我们也需要传递额外的参数,让后续子类在调用 super 时使用正确的参数。

在上面的例子中,如果第一次调用 super 传递了 name 和 email 参数给 Contact.__init__,然后 Contact.__init__ 继续调用 super,那么它需要能够将与地址相关的参数传递给“下一个”方法,也就是 AddressHolder.__init__。

当每次我们想要调用超类的同名方法而用不同集合的参数时,都会遇到这个问题。通常来说,你唯一想要用完全不同集合的参数调用超类的时候就是使用 __init__ 的时候,就像我们现在的例子。即使是一般的方法,我们也可能想要添加可选的参数,只对某个或某些子类适用。

可惜的是,解决这个问题唯一的办法就是从头开始计划。我们不得不将基类的参数列表设计成接收任意关键字参数,而且这些参数对于所有子类的实现都是可选的。最后,我们必须确保能够接收不需要的参数并将其传递给自己的 super 方法,以防它们在后续继承顺序的方法中会用到。

  Python 的函数参数语法提供了所有我们需要的工具，但是这让代码整体看起来很笨重。下面看看正确版本的 Friend 多重继承的代码：

```python
class Contact:
    all_contacts = []

    def __init__(self, name='', email='', **kwargs):
        super().__init__(**kwargs)
        self.name = name
        self.email = email
        self.all_contacts.append(self)


class AddressHolder:
    def __init__(self, street='', city='', state='', code='',
            **kwargs):
        super().__init__(**kwargs)
        self.street = street
        self.city = city
        self.state = state
        self.code = code


class Friend(Contact, AddressHolder):
    def __init__(self, phone='', **kwargs):
        super().__init__(**kwargs)
        self.phone = phone
```

  我们将所有的参数改为关键字参数，并且将空字符串作为默认值。同时确保**kwargs参数能够捕获所有多余的参数（我们的特定方法不知道怎么处理），并通过 super 将这些参数传递给下一个类。

> 如果你不熟悉**kwargs 语法，基本上来说，它能够收集任何传递给方法但没有显明列在参数列表中的关键字参数。这些参数将被存储在一个名为 kwargs（我们可以随使用其他的名字，但是按照惯例推荐用 kw 或 kwargs）的字典中。当我们用**kwargs 语法调用另外一个方法（例如，super().__init__）时，会将字典分解之后作为正常的关键字参数传入这一方法。我们将在第 7 章中讨论这些细节。

上一个例子完成了它的任务，但是开始看起来有些乱，而且变得更难回答这个问题：我们需要向 Friend.__init__ 传递什么参数？这是任何一个打算用这个类的人首先会遇到的问题，因此应该为这个方法添加文档字符串来解释发生了什么。

更进一步，如果我们想要重用父类的变量，即使这样的实现也是不够的。当我们传递**kwargs 给 super 的时候，字典里不会有任何包含明确关键字参数的变量。例如，在 Friend.__init__ 中，调用 super 时所用的 kwargs 字典中不包含 phone。如果任何其他类需要 phone 参数，我们需要确保它存在于传递的字典中。更糟的是，如果我们忘记这么做，调试的时候将会更加困难，因为超类不会报错，而是直接为变量赋默认值（在这个例子中，是空字符串）。

有几种方式可以确保变量向上传递。假设 Contact 类因为某些原因需要一个 phone 参数进行初始化，而 Friend 类也需要，我们可以如下这样做：

- 不要将 phone 作为明确的关键字参数，而是留给 kwargs 字典。Friend 可以通过 kwargs['phone'] 获取它的值。当传递**kwargs 给 super 时，phone 将会保留在字典中。
- 将 phone 显式地设为关键字参数，但是在将其传给 super 前，把其更新到 kwargs 字典，可以用标准的字典赋值语法 kwargs['phone'] = phone。
- 将 phone 显式地设为关键字参数，但用 kwargs.update 方法更新 kwargs 字典。如果有多个参数需要更新，那么这个方法很有用。你可以用 dict(phone=phone) 构造函数或{'phone': phone}字典语法创建一个新的字典作为 update 的参数。
- 将 phone 显式地设为关键字参数，同时也使用 super().__init__(phone=phone, **kwargs) 显式地传递给 super 方法。

我们已经讨论了 Python 多重继承中许多容易引发错误的地方。当我们需要应付所有可能的情况时，我们不得不提前规划，这会导致我们的代码变得很乱。虽然基本的多重继承很好用，但在大部分情况下，我们可能想要选择一种更加清晰的方式将不同的类整合到一起，通常用组合关系，或者是我们将在第 10 章与第 11 章中学习的某种设计模式。

多态

我们在第 1 章中已经介绍过多态。这是一个花哨的名词，但描述了一个简单的概念：由于所用子类不同而产生的不同行为，而不需要明确知道用的是哪个子类。举一个例子，想象一个播放音频文件的程序。多媒体播放器可能需要加载 AudioFile 对象并使用 play 方法。我们为对象添加一个 play() 方法，负责解压缩或提取音频信息，并将其传递给声卡或音箱。播放 AudioFile 对象的动作可以简单写作：

```
audio_file.play()
```

然而，对于不同类型的文件，解压缩和提取音频文件的过程可能是不同的。.wav 文件存储的是未压缩过的信息，而.mp3、.wma 和.ogg 文件则均使用不同的压缩算法。

我们可以用多态继承来简化设计。每种类型的文件都用 AudioFile 不同的子类表示，例如，WavFile、MP3File。它们都有 play() 方法，但是这些方法针对不同的文件实现方式也不同，以确保使用正确的提取流程。多媒体播放器对象永远不需要知道指向的是 AudioFile 的哪个子类，而只需要调用 play() 方法并多态地让对象自己处理实际播放过程中的细节。让我们用一个快速的框架来展示如何做到这一点：

```
class AudioFile:
    def __init__(self, filename):
        if not filename.endswith(self.ext):
            raise Exception("Invalid file format")

        self.filename = filename


class MP3File(AudioFile):
    ext = "mp3"
    def play(self):
        print("playing {} as mp3".format(self.filename))
```

```
class WavFile(AudioFile):
    ext = "wav"
    def play(self):
        print("playing {} as wav".format(self.filename))


class OggFile(AudioFile):
    ext = "ogg"
    def play(self):
        print("playing {} as ogg".format(self.filename))
```

所有的音频文件都会检查确保在初始化之前有正确的后缀名，但是你注意到父类的 __init__ 方法是如何访问不同子类的类变量 ext 的吗？这就是多态在起作用。如果文件名的后缀名不对，将会抛出异常（关于异常将会在第 4 章中详细介绍）。AudioFile 没有实际存储 ext 变量的引用，这一事实也没有阻止它访问子类中的类变量。

除此之外，AudioFile 的每个子类都以不同的方式实现了 play() 方法（这个例子不会真的播放音乐，音频压缩算法需要另外一整本书来介绍）。这也是多态的实践应用。无论文件类型是什么，多媒体播放器可以用同样的代码播放文件，而不需要考虑用的是 AudioFile 的哪个子类。解压缩音频文件的过程被封装了，如果我们测试这个例子，其将会像预料的一样运行：

```
>>> ogg = OggFile("myfile.ogg")
>>> ogg.play()
playing myfile.ogg as ogg
>>> mp3 = MP3File("myfile.mp3")
>>> mp3.play()
playing myfile.mp3 as mp3
>>> not_an_mp3 = MP3File("myfile.ogg")
Traceback (most recent call last):
  File "<stdin>", line 1, in <module>
  File "polymorphic_audio.py", line 4, in __init__
    raise Exception("Invalid file format")
Exception: Invalid file format
```

看到 AudioFile.__init__ 是如何在不需要知道所用子类的情况下就能检查文件类型了吗？

多态实际上是面向对象编程中最酷的概念之一，并且让一些早期范式不可能实现的编程设计变得显而易见。然而，Python 的鸭子类型让它的多态不那么酷了。Python 的鸭子类型让我们可以使用任何提供了必要行为的对象，而不一定非得是子类。Python 的动态本质让这一点变得微不足道。下面的例子没有继承 AudioFile，但是可以在 Python 中用完全相同的接口进行交互：

```python
class FlacFile:
    def __init__(self, filename):
        if not filename.endswith(".flac"):
            raise Exception("Invalid file format")

        self.filename = filename

    def play(self):
        print("playing {} as flac".format(self.filename))
```

我们的多媒体播放器可以和 Audiofile 的子类一样简单地播放这一对象。

在很多面向对象的场景中，多态是使用继承关系最重要的原因之一。由于任何提供了正确接口的对象都可以在 Python 中互换使用，因此减少了对共有的多态超类的需要。继承仍然可以用于代码共享，但是，如果所有共享的都是公共接口，那用鸭子类型已经足够了。对继承关系的需求降低同样也会导致对多重继承的需求降低，通常，当多重继承作为一种可用方案时，我们可以用鸭子类型来模拟其中一个超类。

当然，仅仅因为对象满足特定的接口（通过提供必需的方法或属性），这并不意味着它能够在所有情况下正确运行。它必须能在整体系统中并在合理的前提下满足接口。仅仅因为某个对象提供了 play() 方法，这并不意味着它就自动适用于多媒体播放器。例如，我们在第 1 章中用到的象棋 AI 对象，它也有一个 play() 方法用于移动棋子。即便它满足了接口，但如果我们想要将它放到多媒体播放器中也还是会崩溃。

鸭子类型另外一个有用的特征是，鸭子类型的对象只需要提供真正被访问的方法和属性。例如，我们想要创建一个假的文件对象用于读取数据，我们可以创建一个新的拥有 read() 方法的对象，如果与这个对象交互的代码只需要从文件中读取，我们不需要重写 write 方法。简单来说，鸭子类型不需要提供所需对象的整个接口，而只需要满足实际被访问的接口。

抽象基类

虽然鸭子类型很有用，但是想要事先知道这个类能否满足你所需要的协议并不是一件容易的事。因此，Python 引入抽象基类的概念。**抽象基类**（Abstract base class），或者是 **ABCs**，定义一组必须被类的鸭子类型实例实现的方法和属性。可以继承抽象基类本身的类来作为类的实例，但是必须提供所有合适的方法。

在实践中，很少需要创建新的抽象基类，但我们可能会发现需要实现已存在的 ABCs 实例。首先看一下如何实现 ABCs，然后简要地学习一下需要时如何创建你自己的抽象基类。

使用抽象基类

大多数的抽象基类存在于 Python 标准库中的 collections 模块。其中最简单的一个是 Container 类。让我们在 Python 解释器中看看这个类需要哪些方法：

```
>>> from collections import Container
>>> Container.__abstractmethods__
frozenset(['__contains__'])
```

Container 类只需要实现一个抽象方法 __contains__ 。你可以通过 help(Container.__contains__)查看这个函数的签名：

```
Help on method __contains__ in module _abcoll:
__contains__(self, x) unbound _abcoll.Container method
```

我们发现 __contains__ 需要一个参数。不幸的是，帮助文档并没有告诉我们太多关于这个参数的信息，但是根据这个抽象基类和它唯一需要实现的方法的名字，很明显，这个参数是用来给用户检查它的值是否存在于这个容器中的。

list、str 和 dict 都实现了这个方法，用以表明给定的值是否存在于这一数据结构中。而且我们也可以定义一个傻瓜容器，告诉我们一个给定的值是否存在于偶数集合中：

```
class OddContainer:
    def __contains__(self, x):
        if not isinstance(x, int) or not x % 2:
            return False
        return True
```

现在我们可以实例化一个 OddContainer 对象，并且判断即使没有继承自 Container，这个类仍然是一个 Container 对象：

```
>>> from collections import Container
>>> odd_container = OddContainer()
>>> isinstance(odd_container, Container)
True
>>> issubclass(OddContainer, Container)
True
```

这就是鸭子类型比传统的多态更棒的原因，我们可以不用继承关系（或者更坏的情况，多重继承）就能创建"是一个"的关系。

关于 Container 抽象基类有趣的地方在于，任何实现它的类都可以用 in 关键字。实际上，in 只是 __contains__ 方法的语法糖。任何拥有 __contains__ 方法的类都是 Container，因而可以通过 in 关键字查询，例如：

```
>>> 1 in odd_container
True
>>> 2 in odd_container
False
>>> 3 in odd_container
True
>>> "a string" in odd_container
False
```

创建抽象基类

正如我们前面所看到的，并不一定需要抽象基类才能用鸭子类型。然而，想象我们用第三方插件创建一个多媒体播放器。创建一个抽象基类来给出文档说明第三方插件需要提供的 API，这是非常明智的。abc 模块提供了你所需要的工具，但是我要事先警告你，这需要用到 Python 中一些最晦涩的概念：

```
import abc

class MediaLoader(metaclass=abc.ABCMeta):
    @abc.abstractmethod
```

```
        def play(self):
            pass


        @abc.abstractproperty
        def ext(self):
            pass


        @classmethod
        def __subclasshook__(cls, C):
            if cls is MediaLoader:
                attrs = set(dir(C))
                if set(cls.__abstractmethods__) <= attrs:
                    return True

        return NotImplemented
```

这是一个非常复杂的例子，其中包含了一些 Python 的特征，这些特征要到本书后面才会进行解释。在这里提到这些是出于完整性的考虑，但是要大概知道如何创建你自己的 ABC，你并不需要完全理解所有这些特征。

第一个奇怪的东西是传递给类的 metaclass 关键字参数，而在这个位置你通常看到的是父类列表。这是来自很少用到的元类编程的神秘技术。我们在这本书中不会涉及元类，因此你只要知道通过分配 ABCMeta 元类，可以赋予你的类超能力（至少是超级类）。

接下来，我们看到@abc.abstractmethod 和@abc.abstractproperty 构造函数，这些是 Python 装饰器。我们将在第 5 章中进行讨论。对于目前来说，只要知道它们将方法或属性标记为抽象即可，它们声明该类的任何子类必须实现这一方法或提供这一属性，这样会被认为是类合适的方法。

看看如果你所实现的子类没有提供这些属性会发生什么：

```
    >>> class Wav(MediaLoader):
    ...     pass
    ...
    >>> x = Wav()
    Traceback (most recent call last):
      File "<stdin>", line 1, in <module>
```

```
TypeError: Can't instantiate abstract class Wav with abstract methods ext,
play
>>> class Ogg(MediaLoader):
...       ext = '.ogg'
...       def play(self):
...            pass
...
>>> o = Ogg()
```

由于 Wav 类没能实现抽象属性，因此没办法实例化该类。这个类仍然是一个合法的抽象类，但是你必须通过它的子类才能使用。Ogg 类提供了全部需要的属性，因此可以正常实例化。

回到 MediaLoader 抽象基类，让我们剖析 __subclasshook__ 方法。它用于说明，任何为所有抽象属性提供具体实现的类都应被看作 MediaLoader 的子类，即便没有真的继承自 MediaLoader 类。

常见的面向对象语言通常在类的接口和实现之间有明确的区分。例如，一些语言提供明确的 interface 关键字，用于定义类必须包含的方法，但是不需要实现。在这样的环境下，抽象类提供一个接口，以及众多方法中某几个的具体实现。任何类可以明确声明它实现自某个接口。

Python 的 ABCs 帮助提供接口的功能，同时无须向鸭子类型的优点做出妥协。

魔术揭秘

如果你想要创建一个抽象类来完成特定的任务，你可以复制粘贴子类的代码，而并不需要完全理解它们。随着本书逐渐深入，我们将会涵盖大部分不常见的语法，现在我们先一行一行检查以有一个大概的了解。

```
@classmethod
```

这个装饰器将方法标记为类方法，也就是说这个方法可以通过类而不是实例对象调用：

```
def __subclasshook__(cls, C):
```

这一行定义了 __subclasshook__ 类方法。调用这个特定方法以回答 Python 解释器的这个问题：类 C 是这个类的子类吗？

```
if cls is MediaLoader:
```

我们检查调用方法的是否是这个类，还是其子类。这样可以防止将 Wav 类看成 Ogg 类的父类：

```
attrs = set(dir(C))
```

这一行获取这个类所拥有的方法和属性的集合，包括其类层级中所有父类的方法和属性：

```
if set(cls.__abstractmethods__) <= attrs:
```

这一行用集合标记检查备选类是否提供了这个类全部的抽象方法集合。注意，它不会检查这个类是否实现了这些方法，而只是检查是否存在。因此这个类虽然是一个子类但仍然可能是一个抽象类本身。

```
return True
```

如果提供了所有的抽象方法，则该备选类是这个类的子类，因此返回 True。这个方法只可能返回 3 个值：True、False 或 NotImplemented。True 和 False 表明这个备选类是否是这个类的子类：

```
return NotImplemented
```

如果这些条件都不满足（也就是说，这个类不是 MediaLoader 或者并没有提供所有的抽象方法），则返回 NotImplemented。这告诉 Python 用默认机制（备选类是否显式继承自这个类）来进行子类检测。

简单来说，我们现在定义的 Ogg 类是 MediaLoader 的子类，但是没有真的继承 MediaLoader 类：

```
>>> class Ogg():
...     ext = '.ogg'
...     def play(self):
...         print("this will play an ogg file")
...
>>> issubclass(Ogg, MediaLoader)
True
>>> isinstance(Ogg(), MediaLoader)
True
```

案例学习

让我们试着用一个更大一点的例子将所有学习过的东西整合到一起。我们将设计一个简单的房地产应用，允许经纪人管理可出售或出租的房产。可能有两类房产：公寓和房屋。经纪人应该可以输入与新房产相关的细节信息，列出当前所有空闲的房产，将房产标记为售出或已租出。为简单起见，我们不考虑修改已售出房产的细节信息。

这个项目允许经纪人通过 Python 交互解释器与对象进行交互。在这个图形交互界面和 Web 应用为主的世界，你可能会疑惑我们为什么要创建这样老式的程序。简单来说，窗口应用程序和 Web 应用都需要许多额外的知识和适配代码。如果我们用这些范式开发软件，我们将迷失在 GUI 或 Web 开发的细节中，而忽视了我们想要掌握的面向对象准则。

幸运的是，大多数 GUI 和 Web 框架也使用面向对象的方法，我们现在学习的准则将会帮助我们理解未来会遇到的那些系统。我们将会在第 13 章中讨论这些内容，但是完整的细节仍然远超出一本书的范围。

看着我们的需求，好像只有几个名词可能表示我们系统中对象的类。显然，我们需要表示房产，房屋和公寓可能需要不同的类，租用和购买看起来也需要不同的表示。由于现在关注的是继承关系，我们将找出通过继承或多重继承来共享行为的方法。

House 和 Apartment 是两类房产，因此 Property 可以作为它们的超类。Rental 和 Purchase 将需要一些额外的思考，如果用继承关系，我们将需要两个不同的类，例如，HouseRental 和 HousePurchase，并用多重继承将它们组合起来。这感觉比组合或关联关系的设计笨拙，但是让我们先用它来运行，看看结果如何。

与 Property 类相关联的属性有哪些？无论是公寓还是房屋，大部分人都想知道面积、卧室数量和洗手间数量。（还有很多其他属性可能需要模拟，但对于我们的房产来说简单一些即可。）

如果房产是房屋，就需要广告其楼层数，是否有车库（附着的、独立的或没有），以及院子是否有围栏。对于公寓来说，则需要说明是否有阳台，洗衣房是室内的、投币式的还是远距离的。

两种房产类型都需要展示房产特征的方法。到目前为止，没有其他明显的行为。

出租房产需要存储每个月的租金，是否配备家具，以及是否包含水电费，如果不包含，还需要估计水电费用。出售房产需要存储售价和估计年税额。对于我们的应用来说，我们只需要展示这些数据，因此只要添加一个 display() 方法，类似于其他类中使用的方法。

最后，我们需要一个 Agent 对象来保存所有房产的列表，展示这些房产，以及允许我们创建新的房产。创建房产将需要提示用户输入每类房产的细节。这可以通过 Agent 对象完成，但是这样一来 Agent 对象需要知道更多房产类型的信息。这样做没有利用多态的优势。另外一种方案是，将提示信息放在每个类的初始化函数甚至是构造函数中，但是这样就没办法将这些类应用到未来的 GUI 或 Web 应用中。更好的办法是创建静态方法来生成提示信息，并将提示参数作为字典返回。然后，所有的 Agent 提示用户输入房产类型和支付方式，并询问正确的类来实例化它自己。

这已经包含很多设计内容了！下面的类图可能可以更清楚地说明我们的设计决定。

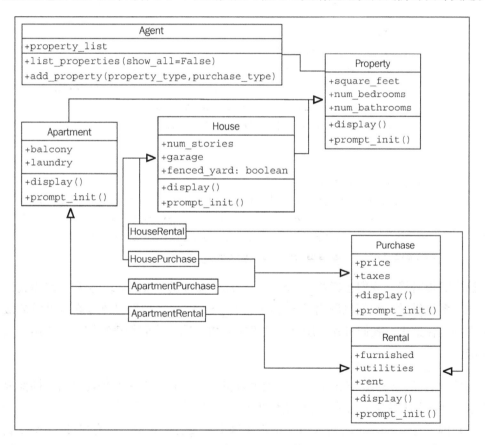

　　哇，好多继承箭头！我觉得如果想要再添加一层继承关系，则一定会产生交叉的箭头。多重继承即使在设计阶段也是一件复杂的事。

　　这些类中最棘手的方面在于，确保超类的方法在实例化层级中被调用，让我们从 Property 的实现开始：

```python
class Property:
    def __init__(self, square_feet='', beds='',
            baths='', **kwargs):
        super().__init__(**kwargs)
        self.square_feet = square_feet
        self.num_bedrooms = beds
        self.num_baths = baths

    def display(self):
        print("PROPERTY DETAILS")
        print("================")
        print("square footage: {}".format(self.square_feet))
        print("bedrooms: {}".format(self.num_bedrooms))
        print("bathrooms: {}".format(self.num_baths))
        print()

    def prompt_init():
        return dict(square_feet=input("Enter the square feet: "),
                beds=input("Enter number of bedrooms: "),
                baths=input("Enter number of baths: "))
    prompt_init = staticmethod(prompt_init)
```

　　这个类很直接。我们已经给 __init__ 添加了额外的 **kwargs 参数，因为我们知道它将用于多重继承。我们也调用了 super().__init__，以防它不是在继承链的最后一层被调用。在这里，我们用掉了所有的关键字参数，因为我们知道它们不需要用在其他继承层级。

　　我们看到在 prompt_init 方法中有些新的东西。这个方法在创建之后立即变成了静态方法。静态方法只与类相关（与类变量相似），与其对象实例无关，所以，它们没有 self 参数。正因如此，super 关键字也无法用在这里（没有父对象，只有父类），所以我们只通过父类调用静态方法。这个方法使用 Python 的 dict 构造函数创建一个字典，并作为传

递给 __init__ 的值。这个字典中每个键的值都通过 input 提示用户输入获取。

Apartment 类继承自 Property，而且结构上也相似：

```python
class Apartment(Property):
    valid_laundries = ("coin", "ensuite", "none")
    valid_balconies = ("yes", "no", "solarium")

    def __init__(self, balcony='', laundry='', **kwargs):
        super().__init__(**kwargs)
        self.balcony = balcony
        self.laundry = laundry

    def display(self):
        super().display()
        print("APARTMENT DETAILS")
        print("laundry: %s" % self.laundry)
        print("has balcony: %s" % self.balcony)

    def prompt_init():
        parent_init = Property.prompt_init()
        laundry = ''
        while laundry.lower() not in \
                Apartment.valid_laundries:
            laundry = input("What laundry facilities does "
                    "the property have? ({})".format(
                    ", ".join(Apartment.valid_laundries)))
        balcony = ''
        while balcony.lower() not in \
                Apartment.valid_balconies:
            balcony = input(
                "Does the property have a balcony? "
                "({})".format(
                ", ".join(Apartment.valid_balconies)))
        parent_init.update({
            "laundry": laundry,
            "balcony": balcony
```

```
            })
        return parent_init
    prompt_init = staticmethod(prompt_init)
```

display() 和 __init__() 方法通过 super() 调用对应的父类方法，确保 Property 类被正确地初始化。

prompt_init 静态方法从父类中获取字典值，然后添加一些 Apartment 类自己的值。通过 dict.update 方法将新的字典值合并到开始的字典值中。不过，这里的 prompt_init 方法看起来相当丑陋，它循环两次，直到用户使用结构相似但变量不同的代码进行有效输入。可以抽象出验证逻辑，这样我们只需要在一个地方进行维护即可，同时也可能用于后续的类。

讨论了这么多的继承，我们可能认为这里很适合用混入。不过，下面刚好有机会学习继承并不是最好的解决方案。我们想要创建的方法将用在一个静态方法中。如果要继承一个提供验证功能的类，这一功能也要当作静态方法提供，它不能访问任何类的实例变量。如果它不能访问实例变量，那么将它作为一个类又有什么意义？为什么不直接将这一验证功能作为模块层的函数，接收输入字符串和一系列正确答案后返回结果即可？

验证函数可能看起来是这样的：

```
def get_valid_input(input_string, valid_options):
    input_string += " ({}) ".format(", ".join(valid_options))
    response = input(input_string)
    while response.lower() not in valid_options:
        response = input(input_string)
    return response
```

我们可以在解释器中验证这一函数，这与我们前面定义的所有其他类都无关。这是一个好现象，意味着不同设计部分之间不是紧耦合的，可以在后面独立进行改进而不会相互影响。

```
>>> get_valid_input("what laundry?", ("coin", "ensuite", "none"))
what laundry? (coin, ensuite, none) hi
what laundry? (coin, ensuite, none) COIN
'COIN'
```

现在让我们用这个新的验证函数快速更新 Apartment.prompt_init 方法：

```
def prompt_init():
    parent_init = Property.prompt_init()
    laundry = get_valid_input(
            "What laundry facilities does "
            "the property have? ",
            Apartment.valid_laundries)
    balcony = get_valid_input(
        "Does the property have a balcony? ",
        Apartment.valid_balconies)
    parent_init.update({
        "laundry": laundry,
        "balcony": balcony
    })
    return parent_init
prompt_init = staticmethod(prompt_init)
```

这样就比原始版本更易读了（并且更容易维护！）。现在我们准备要创建 House 类了，
这个类与 Apartment 之间有平行结构，只不过指向不同的提示信息和变量：

```
class House(Property):
    valid_garage = ("attached", "detached", "none")
    valid_fenced = ("yes", "no")

    def __init__(self, num_stories='',
            garage='', fenced='', **kwargs):
        super().__init__(**kwargs)
        self.garage = garage
        self.fenced = fenced
        self.num_stories = num_stories

    def display(self):
        super().display()
        print("HOUSE DETAILS")
        print("# of stories: {}".format(self.num_stories))
        print("garage: {}".format(self.garage))
        print("fenced yard: {}".format(self.fenced))
```

```
def prompt_init():
    parent_init = Property.prompt_init()
    fenced = get_valid_input("Is the yard fenced? ",
            House.valid_fenced)
    garage = get_valid_input("Is there a garage? ",
            House.valid_garage)
    num_stories = input("How many stories? ")

    parent_init.update({
        "fenced": fenced,
        "garage": garage,
        "num_stories": num_stories
    })
    return parent_init
prompt_init = staticmethod(prompt_init)
```

这里没有新东西，让我们继续探讨 Purchase 和 Rental 类。除了目的明显不同之外，它们与刚刚讨论过的几个类在设计上也很相似：

```
class Purchase:
    def __init__(self, price='', taxes='', **kwargs):
        super().__init__(**kwargs)
        self.price = price
        self.taxes = taxes

    def display(self):
        super().display()
        print("PURCHASE DETAILS")
        print("selling price: {}".format(self.price))
        print("estimated taxes: {}".format(self.taxes))

    def prompt_init():
        return dict(
            price=input("What is the selling price? "),
            taxes=input("What are the estimated taxes? "))
    prompt_init = staticmethod(prompt_init)
```

```
cass Rental:
    def __init__(self, furnished='', utilities='',
            rent='', **kwargs):
        super().__init__(**kwargs)
        self.furnished = furnished
        self.rent = rent
        self.utilities = utilities

    def display(self):
        super().display()
        print("RENTAL DETAILS")
        print("rent: {}".format(self.rent))
        print("estimated utilities: {}".format(
            self.utilities))
        print("furnished: {}".format(self.furnished))

    def prompt_init():
        return dict(
            rent=input("What is the monthly rent? "),
            utilities=input(
                "What are the estimated utilities? "),
            furnished = get_valid_input(
                "Is the property furnished? ",
                    ("yes", "no")))
    prompt_init = staticmethod(prompt_init)
```

这两个类没有超类（除了 object 外），但是我们仍然调用了 super().__init__，因为它们将会与其他类组合，而我们并不知道组合之后 super 方法的调用顺序。它们的接口与 House 和 Apartment 很相似，这对于我们将这 4 个类的功能组合到不同的子类中非常有用，例如：

```
class HouseRental(Rental, House):
    def prompt_init():
        init = House.prompt_init()
        init.update(Rental.prompt_init())
        return init
```

```
prompt_init = staticmethod(prompt_init)
```

这有点意外，因为这个类中既没有自己的 __init__，也没有 display 方法！因为所有的父类都在这些方法中正确地调用了 super，我们只需要继承这些类，它们就能按照正确的顺序发挥作用。当然对于 prompt_init 方法来说，并不是这样的，因为它是静态方法，并没有调用 super，因此需要单独实现。我们需要在写另外 3 个组合之前测试这个类，以确保其准确运行：

```
>>> init = HouseRental.prompt_init()
Enter the square feet: 1
Enter number of bedrooms: 2
Enter number of baths: 3
Is the yard fenced? (yes, no) no
Is there a garage? (attached, detached, none) none
How many stories? 4
What is the monthly rent? 5
What are the estimated utilities? 6
Is the property furnished? (yes, no) no
>>> house = HouseRental(**init)
>>> house.display()
PROPERTY DETAILS
================
square footage: 1
bedrooms: 2
bathrooms: 3

HOUSE DETAILS
# of stories: 4
garage: none
fenced yard: no

RENTAL DETAILS
rent: 5
estimated utilities: 6
furnished: no
```

上面的代码看起来运行正常。prompt_init 方法的提示信息用于所有超类的初始化函数，display()方法同时也调用所有 3 个超类。

上面例子中类的继承顺序非常重要。如果我们将 classHouseRental (Rental, House) 写作 classHouse- Rental (House, Rental)，display()方法将不会调用 Rental.display()！当我们调用 HouseRental 版本的 display 方法时，它指向的是 Rental 版本中的 display，而它又通过调用 super.display() 获得 House 版本，再次调用 super.display() 获得 Property 版本。如果反过来，display 将指向 House 类的 display()。当调用 super 时，实际调用的是 Property 父类的方法。但 Property 不会调用 super 的 display 方法。这意味着 Rental 类中的 display 将不会被调用！通过将继承列表按照我们的顺序排列，确保 Rental 调用 super，然后再处理 House 的继承关系。你可能觉得我们已经在 Property.display() 中调用了 super，但是这将会出现错误，因为 Property 的下一个超类是 object，而 object 并没有 display 方法。另外一种修复方式是，让 Rental 和 Purchase 继承 Property 类而不是直接继承 object。（或者我们可以动态修改方法解析顺序，但是那已经超出本书的范围了。）

现在我们已经测试过了，可以创建剩下几个组合子类：

```
class ApartmentRental(Rental, Apartment):
    def prompt_init():
        init = Apartment.prompt_init()
        init.update(Rental.prompt_init())
        return init
    prompt_init = staticmethod(prompt_init)


class ApartmentPurchase(Purchase, Apartment):
    def prompt_init():
        init = Apartment.prompt_init()
        init.update(Purchase.prompt_init())
        return init
    prompt_init = staticmethod(prompt_init)
```

```
class HousePurchase(Purchase, House):
    def prompt_init():
        init = House.prompt_init()
        init.update(Purchase.prompt_init())
        return init
    prompt_init = staticmethod(prompt_init)
```

这已经是我们设计中最复杂的部分了！现在只需要创建 Agent 类，它负责创建新的项目以及展示已存在的项目。让我们先从简单的存储和展示房产开始：

```
class Agent:
    def __init__(self):
        self.property_list = []

    def display_properties(self):
        for property in self.property_list:
            property.display()
```

添加房产首先需要询问房产类型及其用于出售还是出租，可以通过呈现一个简单的菜单来实现。一旦确定了这些，我们可以提取出正确的子类并通过已经开发的 prompt_init 方法来询问所有细节信息。听起来很简单吗？是的，让我们为 Agent 类添加一个字典型的类变量：

```
type_map = {
    ("house", "rental"): HouseRental,
    ("house", "purchase"): HousePurchase,
    ("apartment", "rental"): ApartmentRental,
    ("apartment", "purchase"): ApartmentPurchase
    }
```

这些代码看起来很有趣。这是一个字典，其键是由两个不同字符串组成的元组类型，其值是类对象。类对象？是的，类也可以传递、重命名以及与正常的对象或基本类型一样存储在容器中。通过这个简单的字典，我们可以借用前面的 get_valid_input 方法来确保通过正确的字典键获取合适的类，就像下面这样：

```
def add_property(self):
    property_type = get_valid_input(
```

```
        "What type of property? ",
        ("house", "apartment")).lower()
payment_type = get_valid_input(
        "What payment type? ",
        ("purchase", "rental")).lower()

PropertyClass = self.type_map[
    (property_type, payment_type)]
init_args = PropertyClass.prompt_init()
self.property_list.append(PropertyClass(**init_args))
```

这看起来可能也有点滑稽！我们在字典中查询到类，然后存储在一个名为 PropertyClass 的变量中。我们不知道可用的是哪个类，但是这个类自己知道，因此我们只要多态地调用 prompt_init 来获取适当的字典值，并将其作为参数传递给构造函数。然后通过关键字参数语法将这个字典转化为参数并构造一个新的对象，从而加载正确的数据。

现在用户可以用 Agent 类添加和查看房产列表了。接下来很容易就可以添加标记房产为可用或不可用、编辑和移除房产等的特征。我们的原型现在足以提供给不动产 agent 并阐述其功能。通过下面的会话进行测试：

```
>>> agent = Agent()
>>> agent.add_property()
What type of property? (house, apartment) house
What payment type? (purchase, rental) rental
Enter the square feet: 900
Enter number of bedrooms: 2
Enter number of baths: one and a half
Is the yard fenced? (yes, no) yes
Is there a garage? (attached, detached, none) detached
How many stories? 1
What is the monthly rent? 1200
What are the estimated utilities? included
Is the property furnished? (yes, no) no
>>> agent.add_property()
What type of property? (house, apartment) apartment
What payment type? (purchase, rental) purchase
Enter the square feet: 800
```

```
Enter number of bedrooms: 3
Enter number of baths: 2
What laundry facilities does the property have? (coin, ensuite,
one) ensuite
Does the property have a balcony? (yes, no, solarium) yes
What is the selling price? $200,000
What are the estimated taxes? 1500
>>> agent.display_properties()
PROPERTY DETAILS
================
square footage: 900
bedrooms: 2
bathrooms: one and a half

HOUSE DETAILS
# of stories: 1
garage: detached
fenced yard: yes
RENTAL DETAILS
rent: 1200
estimated utilities: included
furnished: no
PROPERTY DETAILS
================
square footage: 800
bedrooms: 3
bathrooms: 2

APARTMENT DETAILS
laundry: ensuite
has balcony: yes
PURCHASE DETAILS
selling price: $200,000
estimated taxes: 1500
```

练习

看看你工作空间中的物体，你能否用继承层级的方式描述它们？几个世纪以来，人类都是以这样的分类方法划分世界的，所以这应该并不难。这些对象的类之间有没有不那么明显的继承关系？如果你要在计算机应用中模拟这些物体，它们应该共享哪些属性和方法？哪些可以多态地重写？哪些属性应该完全不同？

现在，写一些代码。不是为物理对象的继承层级，那很无聊。通常物理对象的属性要比方法多。只需要考虑过去你一直想做但没机会动手的一个玩具程序，不管你想要解决什么样的问题，试着考虑用一些基本的继承关系，然后实现它们。确保你也注意到一些不需要用到继承关系的地方。有哪些地方你需要用到多重继承吗？你确定吗？你能找到其他地方需要用到混入吗？试着快速写出一个原型。不需要真的有用甚至也不需要能运行。你已经知道怎样通过 python -i 测试代码，只需要写一些代码并在交互解释器中测试即可。如果能运行，就再写一些，如果不能就修复错误！

现在再回头看不动产应用，这时就能发现这个例子有效地运用了多重继承。但是我也不得不承认，我在设计的时候也有疑虑。看看最初的问题，如果你能用单独的继承设计解决，你会如何抽象基类？如果完全不用继承关系呢？哪一个才是最优雅的解决方案？优雅是 Python 程序开发中最主要的目标之一，但是不同的程序员对于什么方案才是最优雅的，有不同的观点。有些人认为用组合关系，而其他人认为多重继承才是最有用的模型。

最后，试着向这 3 个设计中添加新的特征，无论什么特征都可以。对于新手，我希望看到能够区分可用与不可用的房产的方法。至于是否已经出租对我来说没什么用。

哪种设计最容易扩展？哪种最难？如果有人问你为什么这样认为，你能解释吗？

总结

我们已经从面向对象程序员工具箱中最有用的工具，简单的继承关系，一直学习到最复杂的多重继承。通过继承关系，可以向已存在的类和内置类型中添加新的功能。将类似的代码抽象到一个父类中可以增加可维护性。父类的方法可以用 super 和参数列表进行调用，但是在多重继承中一定要用安全的形式进行调用。

在第 4 章中，我们将学习处理异常的艺术。

第 **4** 章
异常捕获

程序都是脆弱的。只有在理想状态下代码才能总是返回正确的结果，但是有时并不能计算出正确的结果。例如，不能除 0，也不能访问长度只有 5 的列表中的第 8 个元素。

在以前，只有严格地检查每个函数的输入并确保它们是合理的才行。通常，函数有一个特殊的返回值用于表明错误状态，例如，通过返回一个负值来表明无法计算得到正值。不同的数字可能意味着遇到了不同的错误，所有调用这一函数的代码必须明确地检查所有的错误状态并执行对应的动作。很多代码没能这么做，而程序就会崩溃。然而，在面向对象的世界中，情况就有所不同了。

在本章中，我们将学习**异常**（exception），特殊的错误对象只有在合理的时候才需要处理。特别地，我们将会学习：

- 如何找到异常出现的原因。
- 遇到异常时如何恢复。
- 如何以不同的方式处理不同的异常。
- 遇到异常时如何清理。
- 创建新的异常类型。
- 在控制流中使用异常语法。

抛出异常

本质上，异常只是一个对象。有很多不同的异常类，而且我们也可以很容易地定义我们自己的异常类。它们的共同之处是，都继承自同一个内置类 BaseException。这些异常对象在程序的流程控制中才变得与众不同。当发生异常时，所有本该发生的事都没有发生，除非是在遇到异常时才应该发生的事。说得通吗？不要担心，会的！

触发异常最简单的方式就是做一些愚蠢的事！很有可能你已经做过并且看过异常输出。例如，当 Python 在你的程序中遇到不能理解的代码时，它将抛出 SyntaxError，这也是一类异常。这里有一个常见的例子：

```
>>> print "hello world"
  File "<stdin>", line 1
    print "hello world"
                      ^
SyntaxError: invalid syntax
```

这个 print 语句在 Python 2 及之前的版本中是合法的，但是在 Python 3 中，由于 print 是一个函数，我们必须用括号将参数包围起来。因此，如果将前面的指令输入 Python 3 解释器中，我们将看到 SyntaxError。

除了 SyntaxError，通过下面的例子可以看到其他一些常见的异常：

```
>>> x = 5 / 0
Traceback (most recent call last):
  File "<stdin>", line 1, in <module>
ZeroDivisionError: int division or modulo by zero

>>> lst = [1,2,3]
>>> print(lst[3])
Traceback (most recent call last):
  File "<stdin>", line 1, in <module>
IndexError: list index out of range

>>> lst + 2
Traceback (most recent call last):
  File "<stdin>", line 1, in <module>
TypeError: can only concatenate list (not "int") to list

>>> lst.add
Traceback (most recent call last):
  File "<stdin>", line 1, in <module>
```

```
AttributeError: 'list' object has no attribute 'add'

>>> d = {'a': 'hello'}
>>> d['b']
Traceback (most recent call last):
  File "<stdin>", line 1, in <module>
KeyError: 'b'

>>> print(this_is_not_a_var)
Traceback (most recent call last):
  File "<stdin>", line 1, in <module>
NameError: name 'this_is_not_a_var' is not defined
```

有时候这些异常意味着我们的程序中存在某些错误（我们可以通过指示的行号来修改），但是也有可能发生在合法情况下。ZeroDivisionError 并不总是意味着不合理的输入，也有可能只是输入的内容不同而已。可能是用户错误或故意地输入了一个 0，也有可能代表的是一个合法的值，例如新生儿的空银行账户或年龄。

你可能已经注意到前面出现的所有内置异常的名字都以 Error 结尾。在 Python 中，error 和 exception 几乎是可以交换使用的。但有时错误比异常更严重，不过它们的处理方式完全相同。确实，前面例子中所有的错误类都继承自 Exception（它又继承自 BaseException）。

抛出一个异常

我们马上将会着手处理异常，但是首先探究一下如果我们写的程序需要通知用户或调用输入不合法的函数，应该怎么办？如果我们可以用跟 Python 所用的机制相同的方法那该多好？好吧，我们可以！这里有一个简单的类，只能添加偶数到列表中：

```
class EvenOnly(list):
    def append(self, integer):
        if not isinstance(integer, int):
            raise TypeError("Only integers can be added")
        if integer % 2:
            raise ValueError("Only even numbers can be added")
        super().append(integer)
```

这个类继承了内置的 `list` 对象，正如我们在第 2 章中所讨论的，通过重写 `append` 方法来检验两个条件以确保输入的是偶数。我们首先检查输入是否为 `int` 类型的实例，然后用模操作符确保它可以被 2 整除。只要其中任一条件不满足，`raise` 关键字将导致异常发生。`raise` 关键字后面跟的是需要被抛出的异常对象。在前面的例子中，我们构建了两个新的内置异常对象 `TypeError` 和 `ValueError`。被抛出的对象可以是我们自己创建的新异常类的实例（我们将会看到这有多简单），也可以是其他地方定义的异常，甚至可以是一个前面已经被抛出并处理过的异常对象。如果我们在 Python 解释器中测试这个类，当遇到异常时，可以看到它输出有用的错误信息，就和前面的例子一样：

```
>>> e = EvenOnly()
>>> e.append("a string")
Traceback (most recent call last):
  File "<stdin>", line 1, in <module>
  File "even_integers.py", line 7, in add
    raise TypeError("Only integers can be added")
TypeError: Only integers can be added

>>> e.append(3)
Traceback (most recent call last):
  File "<stdin>", line 1, in <module>
  File "even_integers.py", line 9, in add
    raise ValueError("Only even numbers can be added")
ValueError: Only even numbers can be added
>>> e.append(2)
```

 虽然这个类可以有效地演示异常的实践作用，但它本身的功能并不完善。我们仍然可能通过索引或切片语法将其他值添加到列表中。这可以通过重写其他方法来避免，其中有些是双下画线的特殊方法。

异常的作用

当抛出异常时，看起来好像立即停止了程序的执行。抛出异常之后的所有代码都不会被执行，除非处理了这一异常，程序将会退出并给出错误信息。看看下面这个简单的函数：

```
def no_return():
```

```
print("I am about to raise an exception")
raise Exception("This is always raised")
print("This line will never execute")
return "I won't be returned"
```

如果我们执行这个函数，可以看到执行了第一个 print 调用，然后抛出了异常。第二个 print 语句永远不会执行，而且 return 语句也永远不会执行：

```
>>> no_return()
I am about to raise an exception
Traceback (most recent call last):
  File "<stdin>", line 1, in <module>
  File "exception_quits.py", line 3, in no_return
    raise Exception("This is always raised")
Exception: This is always raised
```

更进一步，如果一个函数调用另外一个抛出了异常的函数，在前者中调用后者的位置之后的所有代码也不会执行。抛出异常会阻止函数调用栈中所有的执行，要么被正确地处理，要么导致解释器强制退出。为了说明这一点，用另外一个函数来调用前面的那个函数：

```
def call_exceptor():
    print("call_exceptor starts here...")
    no_return()
    print("an exception was raised...")
    print("...so these lines don't run")
```

当我们调用这个函数时，可以发现第一个 print 语句被执行，同时还有 no_return 函数的第 1 行。但是一旦抛出异常，将不会执行其他代码：

```
>>> call_exceptor()
call_exceptor starts here...
I am about to raise an exception
Traceback (most recent call last):
  File "<stdin>", line 1, in <module>
  File "method_calls_excepting.py", line 9, in call_exceptor
    no_return()
  File "method_calls_excepting.py", line 3, in no_return
    raise Exception("This is always raised")
```

Exception: This is always raised

很快将会看到，当解释器没有真的立即退出时，我们可以在任一方法中处理这一异常。的确，异常可以在抛出之后的任何一层被处理。

从下而上地看异常的输出（称为回溯），并且注意两个方法是如何被列出的。异常最初是在 no_return 方法内部抛出的。然后，在它的上面，我们看到在 call_exceptor 内部，那个讨厌的 no_return 函数在调用之后将异常传递给上层的调用函数。从那里，它进一步传递给更上层的解释器，而解释器不知道应该如何应对它，于是只能放弃并打印出回溯信息。

处理异常

现在来看异常对象的另一面。如果遇到一个异常情况，我们的代码应该如何应对或者从中恢复呢？我们通过将可能抛出异常的代码（要么是代码本身就可能出现异常，要么是调用一个可能抛出异常的函数或方法）包裹在 try...except 语句中来处理异常。最基本的语法看起来就像这样：

```
try:
    no_return()
except:
    print("I caught an exception")
print("executed after the exception")
```

如果我们用前面的 no_return 函数运行这段简单的脚本，就会知道 no_return 总会抛出异常，将会得到下面这样的输出：

```
I am about to raise an exception
I caught an exception
executed after the exception
```

no_return 函数愉快地通知我们它将会抛出一个异常，我们捕获了这一异常。一旦捕获了异常，就能够进行善后清理工作（在这个例子中，通过输出信息说明我们正在处理这种情况），并且继续执行代码，而不受异常函数的影响。no_return 函数中其余的代码仍然不会执行，但是调用这个函数的代码能够恢复并继续执行。

注意 try 和 except 语法中的缩进。try 语句包裹了所有可能抛出异常的代码，

except 语句回到与 try 相同水平的缩进。所有用于处理异常的代码都在 except 语句之后缩进一层。正常的代码又回到初始的缩进水平。

前面代码中的问题在于，它将捕获任何类型的异常。如果我们写的代码可能抛出 TypeError 或是 ZeroDivisionError 怎么办？我们可能只想要捕获 ZeroDivisionError，而让 TypeError 传递给控制台。你能猜到这里的语法吗？

这里有一个愚蠢的函数做了这件事：

```
def funny_division(divider):
    try:
        return 100 / divider
    except ZeroDivisionError:
        return "Zero is not a good idea!"


print(funny_division(0))
print(funny_division(50.0))
print(funny_division("hello"))
```

通过 print 语句测试这个函数，显示它的行为正如我们所预期的：

```
Zero is not a good idea!
2.0
Traceback (most recent call last):
  File "catch_specific_exception.py", line 9, in <module>
    print(funny_division("hello"))
  File "catch_specific_exception.py", line 3, in funny_division
    return 100 / anumber
TypeError: unsupported operand type(s) for /: 'int' and 'str'.
```

第 1 行输出显示，如果遇到 0，我们能够正确处理。如果用合法的数字（虽然不是整数，但仍然是一个合法的除数），可以正确执行。然而如果输入的是字符串（你刚刚还在想怎样才能得到一个 TypeError，是吧？），将会抛出异常。如果只用一个空的 except 语句而不指定 ZeroDivisionError，那么当我们传递一个字符串的时候，它将会指控我们正在除以 0，这是完全不合适的行为。

我们甚至可以用同样的代码一次处理两个或更多不同的异常。这里有一个可能抛出 3 种异常的例子。它用同一个异常处理器处理 TypeError 和 ZeroDivisionError，但是如果你传入数字 13，也可能抛出 ValueError 异常：

```
def funny_division2(anumber):
    try:
        if anumber == 13:
            raise ValueError("13 is an unlucky number")
        return 100 / anumber
    except (ZeroDivisionError, TypeError):
        return "Enter a number other than zero"


for val in (0, "hello", 50.0, 13):

    print("Testing {}:".format(val), end=" ")
    print(funny_division2(val))
```

for 循环遍历几个测试输入并打印出结果。如果你还在纳闷 print 语句中的 end 参数，它将默认的尾部换行符号替换为空格符，这样就能够与下一行的输出信息合并为一行。下面是执行程序的结果：

```
Testing 0: Enter a number other than zero
Testing hello: Enter a number other than zero
Testing 50.0: 2.0
Testing 13: Traceback (most recent call last):
  File "catch_multiple_exceptions.py", line 11, in <module>
    print(funny_division2(val))
  File "catch_multiple_exceptions.py", line 4, in funny_division2
    raise ValueError("13 is an unlucky number")
ValueError: 13 is an unlucky number
```

数字 0 和字符串都被 except 语句捕获，并打印出合适的错误信息。来自数字 13 的异常没有被捕获，因为它是一个 ValueError，它不属于要处理的异常类型。目前一切正常，但是如果我们想要分别捕获不同的异常并做出不同的反应，该怎么办？或者有可能我们想要针对某种异常执行某些操作之后上传给上层函数，就像从来没有捕获一样。针对这种情况，不需要新的语法，可以将 except 语句叠加起来，其中只有第一个匹配的异常类型才会被执行。对于第二个问题，用 raise 关键字，不加任何参数，在异常处理中将再次抛出该异常。观察下面的代码：

```
def funny_division3(anumber):
    try:
        if anumber == 13:
            raise ValueError("13 is an unlucky number")
        return 100 / anumber
    except ZeroDivisionError:
        return "Enter a number other than zero"
    except TypeError:
        return "Enter a numerical value"
    except ValueError:
        print("No, No, not 13!")
        raise
```

最后一行再次抛出 ValueError，也就是在输出 No,No, not 13!之后，将会再次抛出这一异常。我们将会在控制台看到原始的回溯信息。

如果像上面的例子一样，将异常处理语句叠加起来，只有第一个匹配的语句才会被执行，即使有多个对应的异常也不行。怎么可能出现多个异常同时匹配的情况？记住异常也是对象，因此可能存在子类。我们将会在下一节中看到，大部分异常继承自 Exception 类（它又继承自 BaseException）。如果我们在捕获 TypeError 之前捕获 Exception，那么只有 Exception 的处理语句会执行，因为从继承关系上来说，TypeError 也是一个 Exception。

如果我们想要针对特定的几个异常进行处理，然后将其他类型的异常统一处理，这种特性将会很好用。只需要在处理完所有特定类型的异常之后，捕获 Exception 即可。

有时候，当我们捕获一个异常时，需要用到对 Exception 对象的引用。这通常发生在我们自己定义的有特定参数的异常，但是也有可能与标准异常相关。大部分异常类的构造函数接收一组参数，而且可能需要在处理异常时获取这些属性。如果我们定义了自己的异常类，甚至可以在捕获到它的时候调用特定的方法。将捕获的异常作为变量的语法使用的是 as 关键字：

```
try:
    raise ValueError("This is an argument")
except ValueError as e:
    print("The exception arguments were", e.args)
```

如果我们运行这段简单的代码，将会打印出传递给 ValueError 用于初始化的字符串参数。

我们已经看到了异常处理语法的几种变式，但是仍然不知道如何做到无论是否遇到异常都执行某些代码，也不知道怎样才能在只有不发生任何异常时才执行某些代码。这需要另外两个关键字，finally 和 else，它们补充了缺失的部分。这两个关键字都不需要额外的参数。下面的例子随机选取一个异常并抛出，然后用一些不那么复杂的异常处理代码来说明新的语法：

```
import random
some_exceptions = [ValueError, TypeError, IndexError, None]

try:
    choice = random.choice(some_exceptions)
    print("raising {}".format(choice))
    if choice:
        raise choice("An error")
except ValueError:
    print("Caught a ValueError")
except TypeError:
    print("Caught a TypeError")
except Exception as e:
    print("Caught some other error: %s" %
        ( e.__class__.__name__))
else:
    print("This code called if there is no exception")
finally:
    print("This cleanup code is always called")
```

如果执行几次这个例子——几乎可以涵盖所有能想到的异常处理场景——每次都会得到不同的输出，这取决于 random 选择了哪个异常。下面是几个运行后的结果：

```
$ python finally_and_else.py
raising None
This code called if there is no exception
This cleanup code is always called
```

```
$ python finally_and_else.py
raising <class 'TypeError'>
Caught a TypeError
This cleanup code is always called

$ python finally_and_else.py
raising <class 'IndexError'>
Caught some other error: IndexError
This cleanup code is always called

$ python finally_and_else.py
raising <class 'ValueError'>
Caught a ValueError
This cleanup code is always called
```

注意，`finally` 语句下的 `print` 无论在什么条件下都会执行。如果我们需要在代码执行完成之后执行特定的任务（即便是遇到了异常），这将非常有用。一些常见的例子包括：

- 清除打开的数据库连接。
- 关闭打开的文件。
- 向网络发送一次关闭握手。

`finally` 语句对于我们在 `try` 中执行 `return` 语句也非常重要。`finally` 中的代码仍然会在返回值之前执行。

同时，注意没有抛出异常时的输出：`else` 和 `finally` 语句都被执行了。这里的 `else` 语句看起来似乎有点多余，因为只有当没有异常时才需要执行的代码可以直接放在整个 `try...except` 语法块之外。不同之处在于，如果有异常被捕获并处理，`else` 块仍然会被执行。当我们讨论用异常作为控制流时将会看到更多关于这一点的例子。

在 `try` 语法块后 `except`、`else` 和 `finally` 从句都是可以省略的（但是只出现 `else` 是不合法的）。如果同时包含多个从句，`except` 从句一定要在 `else` 前面，`finally` 在最后。`except` 从句出现的顺序通常是从特殊到一般的。

异常的层级

我们已经看到几个最常见的内置异常，你可能也已经在 Python 开发过程中遇见过其他的内置异常。正如前面提到的，大部分异常都是 Exception 类的子类，但并非所有异常都是。Exception 类本身实际上继承自 BaseException。事实上，所有异常必须继承Base Exception 类或是其子类。

有两个关键的异常，SystemExit 和 KeyboardInterrupt，它们直接继承自BaseException 而不是 Exception。SystemExit 异常在程序自然退出时抛出，通常是因为我们在代码中的某处调用了 sys.exit 函数（例如，当用户选择了菜单选项中的退出，或者是单击了窗口中的"关闭"按钮，或者是输入指令关闭服务器）。设计这个异常的目的是，在程序最终退出之前完成清理工作，而不需要显式地处理（因为清理代码发生在finally 语句中）。

如果我们确实想要处理这个异常，通常只是将其抛出，因为捕获这个异常将会导致我们的程序无法退出。当然，有时候我们确实可能希望阻止程序退出，例如，在还有未保存的更改时，我们需要询问用户他们是否真的想要退出。通常，想要处理 SystemExit 是因为我们有特殊的任务需要完成。我们特别不希望在捕获一般异常时意外地捕获到它，这就是它直接继承自 BaseException 的原因。

KeyboardInterrupt 异常常见于命令行程序。当用户执行依赖于系统的按键组合（通常是 *Ctrl+C*）中断程序时会抛出这个异常。这是用户故意中断一个正在运行的程序的标准方法，与 SystemExit 类似，应该以结束程序作为对它的响应。同时，与 SystemExit类似，处理它应该在 finally 块中完成清理任务。

下面的类图可以完整地说明异常之间的层级关系：

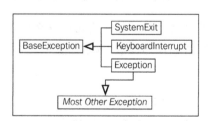

当我们仅用 except: 从句而不添加任何类型的异常时，将会捕获所有BaseException 的子类；也就是说将捕获所有异常，包括那两个特殊的异常对象。由于我们通常想要特殊对待它们，所以不加参数的 except: 从句不是一个明智的选择。如果你想要捕获所有除了 SystemExit 和 KeyboardInterrupt 之外的其他异常，你应该明确指明捕获 Exception。

更进一步，如果你真的想要捕获所有异常，我建议你使用 except BaseException: 语法而不是 except:。这样可以告诉未来的读者你是故意这样做以处理特殊异常的。

定义我们自己的异常

通常，当我们想要抛出一个异常时，会发现没有哪个内置的异常对象是合适的。幸运的是，定义我们自己的异常对象是很容易的。异常类的名字通常用于说明发生了什么错误，而且可以向初始化函数中添加任何参数来提供额外的信息。

我们只需要继承 Exception 类，甚至不需要向类中添加任何内容！当然也可以直接继承 BaseException，但是这将会导致它无法被 except Exception 从句捕获。

下面这个简单异常可能用于银行应用：

```
class InvalidWithdrawal(Exception):
    pass


raise InvalidWithdrawal("You don't have $50 in your account")
```

最后一行说明了如何抛出一个新定义的异常。我们可以给异常传入任意数量的参数，通常用一个字符串信息，但是任何可能用于后面异常处理的对象都是可以的。Exception.__init__ 方法设计成接收任意参数并将它们作为元组保存在一个名为 args 的属性中。这使得我们可以更容易地定义新的异常，而不需要重写 __init__ 方法。

当然，如果我们想要自定义初始化函数，也可以这么做。下面的这个异常类的初始化函数接收当前余额和用户取款数额作为参数。除此之外，它还有一个方法用于计算这次取款造成的透支数额：

```
class InvalidWithdrawal(Exception):
    def __init__(self, balance, amount):
        super().__init__("account doesn't have ${}".format(
            amount))
        self.amount = amount
        self.balance = balance
```

```
def overage(self):
    return self.amount - self.balance
```

raise InvalidWithdrawal(25, 50)

最后的 raise 语句说明了如何构造这一异常。如你所见，像其他对象一样，可以对异常做任何事。可以捕获异常，然后将其作为工作对象传递，不过通常用的是这个异常的引用作为属性，并将其传递下去。

下面的例子展示了如何处理 InvalidWithdrawal 异常：

```
try:
    raise InvalidWithdrawal(25, 50)
except InvalidWithdrawal as e:
    print("I'm sorry, but your withdrawal is "
        "more than your balance by "
        "${}".format(e.overage()))
```

这里我们看到 as 关键字的一个合理用法。按照惯例，Python 程序员通常将异常变量命名为 e，当然，你也可以命名为 ex、exception，甚至是 aunt_sally。

有很多理由让我们定义自己的异常。这样有助于向异常中添加信息或以其他形式记录日志。但是自定义异常的真正优势体现在，创建供他人使用的框架、库或 API 上。在这种情况下，需要注意确保你的代码抛出的异常对于客户端程序员来说是合理的。他们应该能够轻松地处理异常并清楚地描述当前的情况。客户端程序员应该能够轻松地看出如何修复这些错误（如果这导致他们的代码中出现错误）或者处理这些异常（如果是他们需要了解的情况）。

异常并不是例外。新手程序员通常会认为异常只有在例外情况下才有用。但是例外情况的定义是非常模糊的、需要解释的。考虑如下两个函数：

```
def divide_with_exception(number, divisor):
    try:
        print("{} / {} = {}".format(
            number, divisor, number / divisor * 1.0))
    except ZeroDivisionError:
        print("You can't divide by zero")
```

```
def divide_with_if(number, divisor):
    if divisor == 0:
        print("You can't divide by zero")
    else:
        print("{} / {} = {}".format(
            number, divisor, number / divisor * 1.0))
```

这两个函数的行为完全相同。如果 divisor 是 0，将会打印一条错误信息；否则，除法计算结果将会被打印出来。可以通过一个 if 语句进行检查，从而避免抛出 ZeroDivisionError。类似地，可以通过检查参数是否在列表范围内而避免 IndexError，通过检查字典中是否存在某键名而避免 KeyError。

但是我们不应该这么做。举一个例子，我们可能写一个 if 语句来检查索引是否小于列表长度，但是忘记检查负值。

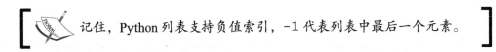 记住，Python 列表支持负值索引，-1 代表列表中最后一个元素。

最终，我们将会发现这一点而不得不找到所有检验代码的地方，但是如果只是简单地捕获并处理 IndexError，我们的代码将会正常运行。

Python 程序员倾向于追随"请求谅解，而不是许可"的原则，也就是说，他们先执行代码，然后解决错误。另外一种"三思而后行"的原则则是反其道而行之。这样做有很多理由，但是最主要的一点是，没有必要消耗 CPU 资源去检查一些很少才会出现的情况。因此，对于例外情况使用异常是很明智的，即使这些情况只是很少出现的例外。更深一步地探讨这一点，可以发现处理异常的语法也能够非常有效地用于流程控制。像 if 语句一样，异常可以用于决策、分支和信息传递。

想象一个库存应用，用于售卖小工具和部件的公司。当客户购买物品时，如果该物品存在，则从库存中将其移除并返回剩余数量，或者有可能缺货。对于库存应用来说，缺货是再正常不过的事，因此当然不是一种例外情况。但是如果缺货，我们应该返回什么？一个说明缺货的字符串？一个负数？不管是哪种情况，调用方法将必须检查返回值是正数或其他什么，从而判断是否缺货。这样看起来有点乱。我们可以抛出一个 OutOfStockException 异常并用 try 语句来指导程序的流程控制。有道理吗？除此之外，我们想要确保不会将同一个物品卖给两个客户，或者出售一个不存在的物品。一种方式是给每种类型的物品上锁以确保同一时间只有一个人可以更新它。用户必须给物品上锁，操作物品（购买、进货、清点）之后解锁。这里有一个不完整的 Inventory 例子，用文档字符串描述这些方法的功能：

```python
class Inventory:
    def lock(self, item_type):
        '''Select the type of item that is going to
        be manipulated. This method will lock the
        item so nobody else can manipulate the
        inventory until it's returned. This prevents
        selling the same item to two different
        customers.'''
        pass

    def unlock(self, item_type):
        '''Release the given type so that other
        customers can access it.'''
        pass

    def purchase(self, item_type):
        '''If the item is not locked, raise an
        exception. If the item_type does not exist,
        raise an exception. If the item is currently
        out of stock, raise an exception. If the item
        is available, subtract one item and return
        the number of items left.'''
        pass
```

可以将这个对象原型交给开发者，让他们按照文档实现这些方法，同时我们来完成购买所需的代码。根据不同的购买行为，我们将用到 Python 健全的异常处理功能来控制不同的分支：

```python
item_type = 'widget'
inv = Inventory()
inv.lock(item_type)
try:
    num_left = inv.purchase(item_type)
except InvalidItemType:
```

```
    print("Sorry, we don't sell {}".format(item_type))
except OutOfStock:
    print("Sorry, that item is out of stock.")
else:
    print("Purchase complete. There are "
            "{} {}s left".format(num_left, item_type))
finally:
    inv.unlock(item_type)
```

注意，如何通过处理所有可能的异常来确保在正确的时间执行正确的操作？即使 OutOfStock 异常并非是特别糟糕的情况，我们仍然可以用异常来处理。同样的代码可以用 if...elif...else 结构来完成，但是用异常处理结构更容易阅读和维护。

也可以通过异常在不同方法之间传递消息。例如，如果想要通知客户商品的到货日期，可以让 OutOfStock 异常在构造时要求一个必要参数 back_in_stock。在处理这个异常时，我们可以检查这个值以提供给用户额外的信息。赋予对象的信息可以方便地在程序的不同位置之间传递。这个异常甚至可以提供一个方法来让库存对象重新排序并返回一个物品。

用异常来进行流程控制可以完成一些非常好用的程序设计。本节讨论的重点在于异常并不是我们应该极力避免的坏事。发生异常并不意味着你必须努力阻止这种例外情况的发生，相反，它是一种在无法直接交流的代码块之间进行信息沟通的有力方式。

案例学习

我们已经学习了如何使用和处理异常的底层细节——语法和定义。本节的案例学习将会帮助我们将其与前面章节的内容联系起来，从而学习如何将异常用在更大的对象、继承以及模块等场景中。

现在，将设计一个简单的中央认证和授权系统。整个系统将置于同一个模块中，其他代码可以查询模块对象，用于认证和授权的目的。首先应该承认，我们不是安全专家，我们设计的系统可能充满了安全漏洞。我们的目的是学习异常，而不是系统安全，能实现其他代码与基本登录和授权系统交互就足够了。之后如果需要其他的代码让它更加安全，可以让安全或密码学专家来审查或重写模块内容，而不需要更改 API。

认证是确保用户是他们自己所声称的那个人的过程。我们将参考当前常见的网站系统，使用用户名和私人的密码组合来进行验证。其他的认证方法包括声音识别、指纹或虹膜扫描，以及身份证。

另一方面，授权则是用于决定一个特定的用户（通过验证的）是否有权执行某项操作。我们将会创建一个基本的许可列表系统，用于保存可以执行每项操作的特定用户列表。

此外，将添加一些管理员特性，允许将新用户添加到系统中。为保持简单，将忽略修改密码或更改已添加的权限等操作，但是这些（非常必要的）特征当然可以在未来添加。

以上就是简单的分析过程，现在让我们处理设计部分。我们明显需要一个 User 类来保存用户名和加密密码。这个类同时将检查提供的密码是否正确，用于决定是否允许用户登录。可能不需要 Permission 类，因为可以直接通过字典中的字符串映射到用户列表来表示。应该需要一个处于中心的 Authenticator 类，用于处理用户管理以及登入和登出。拼图的最后一块则是一个 Authorizor 类，用于处理授权和检查用户是否可以执行某项操作。将在 auth 模块中单独为每个类提供一个实例，从而使其他模块可以通过这一中央机制完成所有的认证与授权。当然，如果他们想要私下实例化这些类，用作非中心化的授权，也是可以的。

我们将会定义一些异常类，先从特殊的 AuthException 基类开始，它接收一个 username 和一个可选的 user 对象作为参数，大部分我们自定义的异常都将继承自这个基类。

让我们首先创建 User 类，它看起来足够简单。可以通过用户名和密码初始化一个新用户。密码将会在加密之后存储，以防被窃取。也需要一个 check_password 方法来检测所提供的密码是否正确。以下是完整代码：

```
import hashlib

class User:
    def __init__(self, username, password):
        '''Create a new user object. The password
        will be encrypted before storing.'''
        self.username = username
        self.password = self._encrypt_pw(password)
        self.is_logged_in = False
```

```python
    def _encrypt_pw(self, password):
        '''Encrypt the password with the username and return
        the sha digest.'''
        hash_string = (self.username + password)
        hash_string = hash_string.encode("utf8")
        return hashlib.sha256(hash_string).hexdigest()

    def check_password(self, password):
        '''Return True if the password is valid for this
        user, false otherwise.'''
        encrypted = self._encrypt_pw(password)
        return encrypted == self.password
```

由于加密密码的代码在 __init__ 和 check_password 方法中都需要用到，将它放在一个单独的方法中。通过这种方式，如果有人觉得它不够安全需要升级，那么只需要在一个地方进行修改即可。这个类可以很容易地进行扩展，只要提供必要或可选的个人信息即可，例如名字、联系信息和生日日期。

在写添加用户的代码之前（将写在还未定义的 Authenticator 类中），应该先检查一些用例。如果一切正常，可以通过用户名和密码添加用户，创建 User 对象且将其插入一个字典。但是如何才能确保一切正常？显然我们不希望将已存在的用户名添加到字典中。如果这样做，将会覆盖已存在用户的数据，新用户可能得到那个用户的权限。因此，我们将需要一个 UsernameAlreadyExists 异常。同时，出于安全考虑，当密码太短时，可能也需要抛出一个异常。所有这些异常都将继承自我们前面提到的 AuthException。因此，在写 Authenticator 类之前，先定义如下这 3 个异常类：

```python
class AuthException(Exception):
    def __init__(self, username, user=None):
        super().__init__(username, user)
        self.username = username
        self.user = user

class UsernameAlreadyExists(AuthException):
    pass
```

```
class PasswordTooShort(AuthException):
    pass
```

AuthException 需要一个用户名和一个可选的用户作为参数。第二个参数应该是一个与用户名关联的 User 对象的实例。我们定义的两个特殊的异常，只需通知调用类出现了异常情况，因此不需要额外的方法。

现在让我们从 Authenticator 类开始。它只需要将用户名映射到用户对象，因此在初始化函数中通过一个字典来实现。添加用户的方法在创建新的 User 实例并插入字典中之前需要检查两个条件（密码长度和已存在的用户）：

```
class Authenticator:
    def __init__(self):
        '''Construct an authenticator to manage
        users logging in and out.'''
        self.users = {}

    def add_user(self, username, password):
        if username in self.users:
            raise UsernameAlreadyExists(username)
        if len(password) < 6:
            raise PasswordTooShort(username)
        self.users[username] = User(username, password)
```

当然，如果密码由于其他原因太容易破解，也可以扩展密码验证的方法以抛出异常。现在让我们准备 login 方法。如果还没考虑过使用异常，可能想要这个方法基于登录过程是否成功返回 True 或 False。但是我们正在考虑使用异常，而且这正是在不那么异常的情况下使用异常的好例子。我们可以抛出不同的异常，例如，用户名不存在或者与密码不匹配。通过 try/except/else 语句，可以让任何想要用户登录的人优雅地处理这些情况。因此，先添加这两个新异常：

```
class InvalidUsername(AuthException):
    pass


class InvalidPassword(AuthException):
    pass
```

　　然后可以为 Authenticator 类定义一个简单的 login 方法，并在必要的情况下抛出这些异常。如果没有异常，将会标记 user 为已登录并返回：

```
def login(self, username, password):
    try:
        user = self.users[username]
    except KeyError:
        raise InvalidUsername(username)

    if not user.check_password(password):
        raise InvalidPassword(username, user)

    user.is_logged_in = True
    return True
```

　　注意，KeyError 是如何处理的。这里可以用 if username not in self.users: 来处理，但是我们选择直接处理这个异常。我们消除这一异常并抛出一个我们自己定义的、能够更好地符合面向用户 API 的新异常。

　　可以添加一个方法来检查特定的用户名是否已经登录。在这里决定是否使用异常就更棘手了。如果用户名不存在应该抛出异常吗？如果用户没有登录应该抛出异常吗？

　　为了回答这些问题，我们需要考虑未来将如何访问这一方法。通常，这一方法将会用于回答一个是或否的问题，"我应该允许他们访问<某些东西>吗？"，其回答么是"是，这个用户名有权限且已登录"，或者"不，这个用户名没有权限或者尚未登录"。因此，返回布尔型的值就足够了。这里不需要特意为了用到异常而使用异常。

```
def is_logged_in(self, username):
    if username in self.users:
        return self.users[username].is_logged_in
    return False
```

　　最后，在模块中添加一个默认的验证器实例，这样客户端代码就能通过 auth.authenticator 轻松访问它了：

```
authenticator = Authenticator()
```

　　这一行写在模块层，在所有类定义之外，因此验证器变量可以通过

auth.authenticator 访问。现在可以开始写 Authorizor 类，它保存的是权限与用户之间的映射关系。如果用户没有登录，Authorizor 类不应该授予其任何权限，因此需要对特定验证器的引用。我们需要在初始化过程中设定这一权限字典：

```
class Authorizor:
    def __init__(self, authenticator):
        self.authenticator = authenticator
        self.permissions = {}
```

现在可以写添加权限及设置每种权限关联用户的方法了：

```
def add_permission(self, perm_name):
    '''Create a new permission that users
    can be added to'''
    try:
        perm_set = self.permissions[perm_name]
    except KeyError:
        self.permissions[perm_name] = set()
    else:
        raise PermissionError("Permission Exists")


def permit_user(self, perm_name, username):
    '''Grant the given permission to the user'''
    try:
        perm_set = self.permissions[perm_name]
    except KeyError:
        raise PermissionError("Permission does not exist")
    else:
        if username not in self.authenticator.users:
            raise InvalidUsername(username)
        perm_set.add(username)
```

第一个方法可以添加一个新权限，如果已经存在，将抛出异常。第二个方法可以向某权限添加一个用户名，除非该权限或用户名不存在。

我们用 set 而不是 list 来存放用户名，这样即使多次为同一个用户授权，集合的特性也只会使这个用户出现一次。我们将在后续的章节中讨论集合。

两个方法中均抛出了 PermissionError 异常。这个异常不需要用户名，因此可以直接继承 Exception，而不是继承我们自己定义的 AuthException：

```
class PermissionError(Exception):
    pass
```

最后，添加一个方法来检查用户是否拥有某项特定的 permission。为了确保用户拥有访问权限，他们必须通过验证器登录并且存在于该权限所对应的用户集合中。如果其中任一条件不满足，将会抛出异常：

```
def check_permission(self, perm_name, username):
    if not self.authenticator.is_logged_in(username):
        raise NotLoggedInError(username)
    try:
        perm_set = self.permissions[perm_name]
    except KeyError:
        raise PermissionError("Permission does not exist")
    else:
        if username not in perm_set:
            raise NotPermittedError(username)
        else:
            return True
```

这里出现了两个新异常，它们均需要用户名作为参数，因此可以定义为 AuthException 的子类：

```
class NotLoggedInError(AuthException):
    pass


class NotPermittedError(AuthException):
    pass
```

最后，可以通过默认的验证器添加默认的 authorizor：

```
authorizor = Authorizor(authenticator)
```

以上就是一个基本的验证/授权系统。可以在 Python 解释器中测试这个系统，检查一个用户 joe 是否有权在喷漆车间执行任务：

```
>>> import auth
>>> auth.authenticator.add_user("joe", "joepassword")
>>> auth.authorizor.add_permission("paint")
>>> auth.authorizor.check_permission("paint", "joe")
Traceback (most recent call last):
  File "<stdin>", line 1, in <module>
  File "auth.py", line 109, in check_permission
    raise NotLoggedInError(username)
auth.NotLoggedInError: joe
>>> auth.authenticator.is_logged_in("joe")
False
>>> auth.authenticator.login("joe", "joepassword")
True
>>> auth.authorizor.check_permission("paint", "joe")
Traceback (most recent call last):
  File "<stdin>", line 1, in <module>
  File "auth.py", line 116, in check_permission
    raise NotPermittedError(username)
auth.NotPermittedError: joe
>>> auth.authorizor.check_permission("mix", "joe")
Traceback (most recent call last):
  File "auth.py", line 111, in check_permission
    perm_set = self.permissions[perm_name]
KeyError: 'mix'

During handling of the above exception, another exception occurred:
Traceback (most recent call last):
  File "<stdin>", line 1, in <module>
  File "auth.py", line 113, in check_permission
    raise PermissionError("Permission does not exist")
auth.PermissionError: Permission does not exist
>>> auth.authorizor.permit_user("mix", "joe")
Traceback (most recent call last):
  File "auth.py", line 99, in permit_user
    perm_set = self.permissions[perm_name]
KeyError: 'mix'
```

```
During handling of the above exception, another exception occurred:

Traceback (most recent call last):
  File "<stdin>", line 1, in <module>
  File "auth.py", line 101, in permit_user
    raise PermissionError("Permission does not exist")
auth.PermissionError: Permission does not exist
>>> auth.authorizor.permit_user("paint", "joe")
>>> auth.authorizor.check_permission("paint", "joe")
True
```

虽然啰唆，但上面的输出信息通过实践展示了我们的代码和大部分的异常，不过想真的理解我们定义的 API，应该写一些异常处理代码来真正地使用它们。下面是一个基本的菜单接口，允许特定用户更改或测试程序：

```python
import auth

# 设置测试用户和权限
auth.authenticator.add_user("joe", "joepassword")
auth.authorizor.add_permission("test program")
auth.authorizor.add_permission("change program")
auth.authorizor.permit_user("test program", "joe")

class Editor:
    def __init__(self):
        self.username = None
        self.menu_map = {
                "login": self.login,
                "test": self.test,
                "change": self.change,
                "quit": self.quit
        }

    def login(self):
        logged_in = False
        while not logged_in:
            username = input("username: ")
            password = input("password: ")
```

```python
            try:
                logged_in = auth.authenticator.login(
                        username, password)
            except auth.InvalidUsername:
                print("Sorry, that username does not exist")
            except auth.InvalidPassword:
                print("Sorry, incorrect password")
            else:
                self.username = username
    def is_permitted(self, permission):
        try:
            auth.authorizor.check_permission(
                permission, self.username)
        except auth.NotLoggedInError as e:
            print("{} is not logged in".format(e.username))
            return False
        except auth.NotPermittedError as e:
            print("{} cannot {}".format(
                e.username, permission))
            return False
        else:
            return True

    def test(self):
        if self.is_permitted("test program"):
            print("Testing program now...")

    def change(self):
        if self.is_permitted("change program"):
            print("Changing program now...")

    def quit(self):
        raise SystemExit()

    def menu(self):
        try:
            answer = ""
            while True:
                print("""
```

```
Please enter a command:
\tlogin\tLogin
\ttest\tTest the program
\tchange\tChange the program
\tquit\tQuit
""")
                    answer = input("enter a command: ").lower()
                    try:
                        func = self.menu_map[answer]
                    except KeyError:
                        print("{} is not a valid option".format(
                            answer))
                    else:
                        func()
            finally:
                print("Thank you for testing the auth module")

Editor().menu()
```

这是一个相当长的例子，但其概念非常简单。is_permitted 方法可能是最有趣的地方，它是 test 和 change 最内部的方法，用于确保用户拥有访问权限。当然，这两个方法也是简化的，此处我们并不是想写编辑器，而是通过测试认证和授权框架来说明异常和异常处理的使用。

练习

如果你以前从来没和异常打过交道，你需要做的第一件事就是，看看你之前写过的 Python 代码，并注意哪些地方应该使用异常处理。你可以如何处理？你需要处理所有的异常吗？有时，让异常信息传递给控制台才是与用户沟通的最好方法，尤其是当用户也是这个脚本的程序员时。有时，你可以从错误中恢复并让程序继续运行。有时，你仅仅重新格式化错误信息，展示给用户并使其更容易理解。一些常见的地方，如文件 I/O（你的代码是否会尝试读取一个不存在的文件？）、数学表达式（是否可能除 0？）、列表索引（列表是否为空？）以及字典（键是否存在？）。问问你自己，如果忽略了这些问题，是应该先检测值的准确性还是通过异常来处理？特别注意，你可能用到 finally 和 else 的地方，确保在所有情况下都会执行正确的代码。

现在写一些新的代码。考虑一个程序需要认证和授权，并且尝试写一些能够用上我们在案例学习中创建的 auth 模块的代码。如果它的灵活度还不够，你可以随意更改模块。试着通过合理的方式处理所有的异常。如果你想不到需要用到认证的例子，试着为第 2 章中的笔记本例子添加授权机制，或者为 auth 模块本身添加授权机制——如果任何人都可以添加权限，那么这并不是一个很好用的模块！也许在允许使用添加或改动权限之前，需要管理员的用户名和密码作为验证。

最后，考虑你的代码中的哪些地方可以抛出异常。可以是你写过的或者正在写的代码，或者可以写一个新的项目作为练习。你将可能有幸设计一个小的框架或 API，其可以被其他人使用，异常是你的代码与其他人的代码之间非常棒的沟通工具。记住将所有自己抛出的异常设计为 API 的一部分并做文档说明，否则别人无法知道如何处理它们！

总结

在本章中，我们学习了大量抛出、处理、定义以及操作异常的细节。异常是与不常见情况或错误条件进行沟通的有力方式，使得可以不需要明确检查调用函数的返回值。有许多内置异常，抛出它们非常简单。处理不同的异常事件有很多不同的语法。

在第 5 章中，到目前为止，我们学习过的所有内容将会整合到一起，讨论如何才能最好地将面向对象编程的准则和结构应用到 Python 应用中。

第 **5** 章
何时使用面向对象编程

在前面的章节中，我们已经学习了许多面向对象编程的定义性特征。我们现在知道面向对象设计的准则和范式，也学习了 Python 中面向对象编程的语法。

然而，我们还不知道具体如何及何时在实践中使用这些准则和语法。在本章中，我们将讨论如何应用已经学习过的知识，同时讨论一些新的话题：

- 如何识别对象。
- 再一次讨论数据和行为。
- 用属性将数据包裹在行为中。
- 用行为约束数据。
- 不要重复你自己的准则。
- 找出重复代码。

将对象看作对象

这看起来似乎是显而易见的，你应该将你的代码中问题领域的不同对象分配到不同的类中。我们已经在第 4 章的案例学习中看到了一些例子。首先，找出问题中的对象，然后模拟它们的数据和行为。

找出对象是面向对象分析与编程中非常重要的任务。但是这并不总是像数出一段话中的名词那么简单。记住，对象既有数据又有行为。如果我们只需要处理数据，那么通常更好的方法是存储在列表、集合、字典或其他的 Python 数据结构中（我们将在第 6 章中讨论）。另一方面，如果我们只需要用到行为，不需要存储数据，那么简单的函数就足够了。

然而，一个对象，同时拥有数据和行为。一个有经验的 Python 程序员，除非（或直到）在明显必须定义类时，通常使用内置数据结构。如果不能帮助我们更好地组织代码，那就没有必要添加一层新的抽象。另一方面，所谓的"明显"需求也不总是不言自明的。

我们通常以将数据存储在一些变量中作为 Python 程序的开始。随着程序的扩展，通常会发现在不停地将同一批相关变量传递给一些函数。这时候就可以考虑将这些变量和函数组合到一个类中。如果我们正在设计一个模拟二维空间中多边形的程序，一开始可能用一个由点组成的列表来代表多边形。这里的点可以用一个二元组(x,y)来表示它的位置。这就是所有的数据，存储在嵌套数据结构的集合中（分别是元组的列表）：

```python
square = [(1,1), (1,2), (2,2), (2,1)]
```

现在，如果想要计算多边形的周长，可以累加两点之间的距离。要做到这一点，我们也需要一个计算两点之间距离的函数。下面是这两个函数：

```python
import math

def distance(p1, p2):
    return math.sqrt((p1[0]-p2[0])**2 + (p1[1]-p2[1])**2)

def perimeter(polygon):
    perimeter = 0
    points = polygon + [polygon[0]]
    for i in range(len(polygon)):
        perimeter += distance(points[i], points[i+1])
    return perimeter
```

现在，作为一个面向对象程序员，我们已经明显发现 polygon 类可以封装点（数据）的列表和 perimeter 函数（行为）。还有，如我们在第 2 章中定义的 point 类，可能封装 x 和 y 坐标以及 distance 方法。问题是这样做有价值吗？

对于前面的代码，也许有，也许没有。基于我们之前面向对象准则的经验，可以写一个面向对象的版本进行比较：

```python
import math

class Point:
```

```python
    def __init__(self, x, y):
        self.x = x
        self.y = y

    def distance(self, p2):
        return math.sqrt((self.x-p2.x)**2 + (self.y-p2.y)**2)

class Polygon:
    def __init__(self):
        self.vertices = []

    def add_point(self, point):
        self.vertices.append((point))

    def perimeter(self):
        perimeter = 0
        points = self.vertices + [self.vertices[0]]
        for i in range(len(self.vertices)):
            perimeter += points[i].distance(points[i+1])
        return perimeter
```

可以从加粗部分看出，这一版本比上一版本的代码量多出 1 倍，虽然我们可以说 add_point 方法并不是必要的。

现在，为了更好地理解，让我们在使用过程中比较这两个 API。下面是如何用面向对象代码来计算正方形的周长：

```python
>>> square = Polygon()
>>> square.add_point(Point(1,1))
>>> square.add_point(Point(1,2))
>>> square.add_point(Point(2,2))
>>> square.add_point(Point(2,1))
>>> square.perimeter()
4.0
```

你可能觉得相当简练且易读，但是与基于函数的代码相比：

```python
>>> square = [(1,1), (1,2), (2,2), (2,1)]
```

```
>>> perimeter(square)
4.0
```

也许面向对象版本的 API 并没有那么简练！对于这种说法，我要论证面向对象比函数式的例子更易读：如何知道第二个版本中的元组列表代表了什么？怎么能记住需要传递什么对象（二元元组列表？这不是直觉！）给 perimeter 函数？我们需要许多文档来解释应该如何使用这些函数。

相比之下，面向对象代码是自我注释的，我们只需要观察这些方法及其参数的列表就可以知道这个对象是什么以及如何使用。如果写出函数式版本的所有文档，可能比面向对象的代码更长。

最后，代码长度并不是一个好的衡量代码复杂程度的标准。一些程序员在复杂的"一行流"——在一行代码中完成难以想象的复杂工作——上耽搁时间，这可以作为一个有趣的练习，但是其结果往往是很难读懂的，即使对原作者来说，过几天之后可能也是这样的。最小化代码量通常可以让程序更容易读，但是不要盲从这一结论。

幸运的是，这种权衡是没有必要的。我们可以让面向对象的 Polygon API 与函数式的实现用起来一样简单。我们只需要更改 Polygon 类，使其能够通过多个点来构造。让我们为其初始化函数添加 Point 对象的列表为参数。实际上，如果需要，也可以允许它接收元组作为参数，然后我们自己将其构造成 Point 对象：

```
def __init__(self, points=None):
    points = points if points else []
    self.vertices = []
    for point in points:
        if isinstance(point, tuple):
            point = Point(*point)
        self.vertices.append(point)
```

初始化函数遍历列表并确保所有的元组都转换成点对象。如果传入参数不是元组，我们就不要管它，假设它要么是 Point 对象或者其他与 Point 对象行为相似的未知的鸭子类型对象。

面向对象版本和面向数据版本的代码之间仍然没有一个明显的优胜者。它们做了同样的事。如果我们有一个新的函数接收多边形作为参数，例如 area(polygon) 或

point_in_polygon(polygon, x, y)，面向对象代码的优势就更加明显。类似地，如果我们为多边形添加其他属性，例如 color 或 texture，将数据封装到一个类中就显得更加合理了。

这其中的差别就是设计决策，但是通常来说，数据集合越复杂，越有可能赋予数据更多的函数，使用包含属性和方法的类就越有用。

在做出这一决策时，也非常有必要考虑这些类将会如何使用。如果我们只是想在一个更大的问题背景下计算一个多边形的周长，使用函数可能写起来更快而且更方便"一次性"使用。另一方面，如果我们的程序需要以各种不同的方式操作大量的多边形（计算周长、面积、与其他多边形的交点、移动或缩放它们，等等），我们更加确定需要一个极通用的对象。

除此之外，还需要注意对象之间的交互。找出继承关系，不通过类很难优雅地模拟继承关系，所以找出类。找出其他在第 1 章中讨论的关系：关联和组合。组合可以只通过数据结构进行模拟，例如，我们可以用字典列表，其中存储了一些元组类型的值，但是通常创建几个对象的类会更简单一些，尤其是如果存在一些与数据相关的行为。

> 不要仅仅因为你可以使用对象就急着用，但是也永远不要在你需要用到类的时候疏于使用。

通过属性向类数据添加行为

在本书中，我们关注于分离行为和数据。这对于面向对象编程来说非常重要，但是我们将会看到，在 Python 中，两者之间的差别异常模糊。Python 非常善于模糊差别，这确实不能很好地帮助我们"跳出思想框框"。相反，它教我们不要再考虑这些条条框框。

在深入细节之前，先来讨论一些坏的面向对象理论。许多面向对象语言（最臭名昭著的就是 Java）告诉我们永远不要直接访问属性。它们强迫我们这样来访问属性：

```python
class Color:
    def __init__(self, rgb_value, name):
        self._rgb_value = rgb_value
        self._name = name
```

```
    def set_name(self, name):
        self._name = name

    def get_name(self):
        return self._name
```

以下画线开头的变量意味着它们是私有的（其他语言会强制要求它们是私有的），然后提供取值和赋值方法来访问这些变量。实践中将会这样使用：

```
>>> c = Color("#ff0000", "bright red")
>>> c.get_name()
'bright red'
>>> c.set_name("red")
>>> c.get_name()
'red'
```

这与 Python 偏好的直接访问，在可读性上完全没有可比性：

```
class Color:
    def __init__(self, rgb_value, name):
        self.rgb_value = rgb_value
        self.name = name

c = Color("#ff0000", "bright red")
print(c.name)
c.name = "red"
```

那么为什么还会有人坚持用基于方法的语法呢？他们的理由是，将来我们可能想要在取值或赋值的时候添加一些额外的代码。例如，我们可能决定缓存一个值并将其返回，或者可能想要验证一个输入值的准确性。

在代码中，我们可能决定修改 set_name() 方法：

```
def set_name(self, name):
    if not name:
        raise Exception("Invalid Name")
    self._name = name
```

对于 Java 或类似的语言来说，如果我们的原始代码是直接访问属性的，那么之后如果改成像前面那种基于方法的形式，将会遇到这样一个问题：所有直接访问的代码都必须改为通过方法访问的形式，否则代码就会崩溃。这些语言的准则是永远不要讲公共成员私有化，但这在 Python 中是不成立的，因为在 Python 中并没有真正的私有成员的概念！

Python 给我们提供了一个 property 关键字用于将方法变得看起来像属性。因此可以用直接成员访问的形式来写代码，如果我们意外地需要在取属性值或赋属性值过程中改变一些计算的实现，也可以不用更改接口就做到。下面看看如何做到这一点：

```python
class Color:
    def __init__(self, rgb_value, name):
        self.rgb_value = rgb_value
        self._name = name

    def _set_name(self, name):
        if not name:
            raise Exception("Invalid Name")
        self._name = name

    def _get_name(self):
        return self._name

    name = property(_get_name, _set_name)
```

如果我们已经写了前面那种不基于方法的类，也就是直接设定 name 属性，之后就可以像上面这样修改代码。首先将 name 改为（半）私有的_name 属性，然后添加两个（半）私有的方法来获取或设置这个变量，并在赋值过程中完成验证操作。

最后，在最下方使用了 property 声明，这就是其中的魔法。它为 Color 类创建一个新属性，名为 name，它取代了之前的 name 属性，然后设定其在被访问或更改的时候访问那两个刚刚创建的方法。这个新版本的 Color 类用起来和前面的那个版本一模一样，不过它现在可以在对 name 属性赋值时进行验证：

```python
>>> c = Color("#0000ff", "bright red")
>>> print(c.name)
bright red
>>> c.name = "red"
```

```
>>> print(c.name)
red
>>> c.name = ""
Traceback (most recent call last):
  File "<stdin>", line 1, in <module>
  File "setting_name_property.py", line 8, in _set_name
    raise Exception("Invalid Name")
Exception: Invalid Name
```

因此，如果前面已经写了一些访问 name 属性的代码，然后用 property 对象进行了修改，那么前面的代码仍然可以正常运行，除非赋予它一个空 property 值，也就是我们想要禁止的行为。我们成功了！

记住即使对于 name 属性，前面的代码也不是百分之百的安全，人们仍然可以通过直接访问 _name 属性来将其设置为空字符串。但是如果他们访问了一个我们通过下画线表示为私有的变量，那么他们应该负责处理这种状况，而不是我们。

属性的细节

可以将 property 函数看作返回了一个对象，这个对象代理任何通过指定方法来设定或访问属性值的请求。property 关键字就像是这个对象的构造函数，而这个对象则被设定为该给定属性的一个公共成员。

property 构造函数实际上还可以接收另外两个参数，一个删除函数和该属性的文档字符串。在实践中，很少需要提供 delete 函数，但是在记录某个值被删除时很有用，或者如果需要也可以阻止删除。文档字符串用于描述该属性的作用，和我们在第 2 章中讨论的文档字符串一样。如果不提供这一参数，文档字符串将会复制第一个参数——取值函数——的文档字符串。下面的例子在这些方法被调用时进行声明：

```
class Silly:
    def _get_silly(self):
        print("You are getting silly")
        return self._silly
    def _set_silly(self, value):
        print("You are making silly {}".format(value))
        self._silly = value
```

```
    def _del_silly(self):
        print("Whoah, you killed silly!")
        del self._silly

    silly = property(_get_silly, _set_silly,
            _del_silly, "This is a silly property")
```

如果真的使用这个类，将会打印出我们想要看到的字符串：

```
>>> s = Silly()
>>> s.silly = "funny"
You are making silly funny
>>> s.silly
You are getting silly
'funny'
>>> del s.silly
Whoah, you killed silly!
```

此外，如果查看 Silly 类的帮助文档（在解释器中通过 help(silly) 命令查看），将会看到我们为 Silly 属性自定义的字符串文档：

```
Help on class Silly in module __main__:

class Silly(builtins.object)
 |  Data descriptors defined here:
 |
 |  __dict__
 |      dictionary for instance variables (if defined)
 |
 |  __weakref__
 |      list of weak references to the object (if defined)
 |
 |  silly
 |      This is a silly property
```

一切再一次如我们所料。在实践中，属性通常只通过前两个参数进行定义：取值和赋值方法。如果想要为属性提供文档字符串，可以在取值方法中定义；property 属性代理会将其复制为属性自身的文档字符串。删除函数通常是空缺的，因为我们很少需要删除一个对象属性。如果要删除一个没有指定删除函数的属性，将会抛出异常。因此，如果有合理的理由需要删除属性，应该提供删除函数。

装饰器——另一种创建属性的方法

如果你之前从没用过 Python 装饰器，你可以先跳过本节，在看完第 10 章中的装饰器模式之后再回来。不过，你现在需要知道装饰器语法可以让属性方法可读性更强，不需要理解这一语法背后的原理。

属性方法可以用于装饰器语法，将一个取值函数转化为一个属性：

```
class Foo:
    @property
    def foo(self):
        return "bar"
```

这里将 property 函数作为一个装饰器，与前面的 foo = property(foo) 语法是等价的。主要的区别在于可读性上，这里我们在方法的上部将 foo 函数标记为一个属性，而不是在定义完之后再转化，这样它很容易被忽略。同时这也意味着我们不需要再为定义一个个属性而创建以下画线开头的私有方法。

再进一步，可以用下面的方法给这个新属性指定一个赋值函数：

```
class Foo:
    @property
    def foo(self):
        return self._foo

    @foo.setter
    def foo(self, value):
        self._foo = value
```

这个语法看起来有点奇怪，尽管它的目的是很明显的。首先，将 foo 方法装饰为取值函数。然后，将第二个同名方法用第一个被装饰的 foo 方法的 setter 属性进行装饰！property 函数返回一个对象，这个对象有一个 setter 属性，它可以作为其他函数的装饰器。用取值和赋值方法的同名方法并不是必需的，但是有助于将访问同一属性的多个方法组合到一起。

也可以用@foo.deleter 指定一个删除函数。不能用 property 装饰器指定文档字符串，因此需要依赖于从取值方法中复制文档字符串的属性。

下面是用 property 装饰器重写了前面那个 Silly 类：

```python
class Silly:
    @property
    def silly(self):
        "This is a silly property"
        print("You are getting silly")
        return self._silly

    @silly.setter
    def silly(self, value):
        print("You are making silly {}".format(value))
        self._silly = value

    @silly.deleter
    def silly(self):
        print("Whoah, you killed silly!")
        del self._silly
```

这个类与前面那个版本操作完全一样，包括帮助文档。你觉得哪个语法更易读和优雅就用哪个。

决定何时使用属性

通过使用内置 property 能够模糊行为和数据之间的界限，有时候可能会让人疑惑，不知道该选用哪个。前面看到的用例是 property 最常见的用途之一，有一些类中的数据可能需要添加一些行为。另外也有一些因素可用于决定是否需要用到 property。

从理论上来说，Python 中的数据、property 和方法都属于类的属性。虽然方法是可调用的，但并不因此而有别于其他类型的属性，我们将会在第 7 章中看到可以创建一个普通的对象，使其能够像函数一样被调用，也会发现函数和方法本身也是普通的对象。

事实上，方法只是可调用的属性，而 property 是可定制化的属性，用于帮助我们做出决定。方法应该代表的是动作，可以在对象上执行或由对象执行的东西。当你调用方法时，即使只用一个参数，它都应该做点什么。方法的名字通常都是动词。

一旦确定了属性不是动作，我们需要在标准数据属性和 property 之间做出选择。一般来说，除非你需要控制 property 的访问过程，都用标准属性即可。不管用什么，属性一般是名词。属性与 property 之间的区别在于，当 property 被读取、赋值或删除时，自动执行某些特定的操作。

让我们看一个更加实际的例子。一个常见的需要自定义行为的地方是，缓存某个较难计算或访问需要耗时的值（例如网络请求或数据库查询）。目标在于，将这个值存于本地以避免重复调用耗时的计算。

可以通过给 property 自定义一个取值方法来实现这一点。当第一次访问这个值时，执行搜索或计算。然后可以将这个值在本地缓存为对象的私有属性（或专用的缓存软件中），当下一次需要这个值时，直接返回存储的数据。可以用下面的方法缓存一个网页：

```python
from urllib.request import urlopen


class WebPage:
    def __init__(self, url):
        self.url = url
        self._content = None

    @property
    def content(self):
        if not self._content:
            print("Retrieving New Page...")
            self._content = urlopen(self.url).read()
        return self._content
```

可以测试这段代码看看网页是否只被访问了一次：

```python
>>> import time
>>> webpage = WebPage("http://ccphillips.net/")
>>> now = time.time()
>>> content1 = webpage.content
Retrieving New Page...
>>> time.time() - now
```

```
22.43316888809204
>>> now = time.time()
>>> content2 = webpage.content
>>> time.time() - now
1.9266459941864014
>>> content2 == content1
True
```

在最开始测试这段代码的时候，网络连接很差，用了将近 20 秒的时间才完成了第一次内容加载。第二次，只用了 2 秒就得到了结果（实际上，就是我在解释器中敲下这几行所用的时间）。

自定义取值方法对于需要根据其他对象属性实时计算的属性也很有用。例如，我们可能想要计算一个整数列表的平均值：

```
class AverageList(list):
    @property
    def average(self):
        return sum(self) / len(self)
```

这个简单的类继承自 list，因此可以任意使用与列表相似的行为。我们只是给类添加了一个 property，我们的列表奇迹般地拥有了平均值属性：

```
>>> a = AverageList([1,2,3,4])
>>> a.average
2.5
```

当然，可以将其定义为一个方法，不过那样的话，应该命名为 calculate_average()，因为方法代表的是动作。但是用一个被称为 average 的 property 更合适，易写又易读。

自定义赋值方法常用于验证，我们在前面已经见过了，但是其也常用于将一个值代理到另外一个位置。例如，可以为 WebPage 类添加一个内容赋值方法，它可以在每次被赋值时自动登录 Web 服务器并上传一个新页面。

管理员对象

我们已经关注了对象和它们的属性及方法。现在来看看如何设计更高层次的对象：管理其他对象的对象。这些对象将一切整合到一起。

这些对象与我们到目前为止遇到的大部分对象的不同之处在于，我们例子中的对象代表的是实际的具体想法。管理员对象更像是办公室经理，他们不做那些实际上"可见"的工作，但是没有他们，部门之间就无法沟通交流，也没人知道他们应该做什么（不过，如果组织管理混乱的话也会这样！）。类似地，管理类中的属性更倾向于指向其他能做"可见"工作的对象，这种类的行为都是在合适的时候导向其他的类，或者在它们之间传递信息。

作为例子，我们将写一个程序，它能够对 ZIP 中压缩的文本文件执行查找和替换操作。我们将需要代表 ZIP 文件和每个文本文件的对象（幸运的是，我们不需要写这些类，它们可以从 Python 标准库中获取）。管理员对象将负责确保下面 3 个步骤可以按顺序执行：

1. 解压缩压缩文件。

2. 执行查找和替换行为。

3. 压缩新文件。

这个类使用.zip 文件名、需要查找和替换的字符串进行初始化，我们创建一个临时目录来存储解压出来的文件，这样就能保持文件夹干净。Python 3.4 的 pathlib 库帮助我们完成目录和文件相关的操作。我们将在第 8 章中对其进行更深入的学习，下面例子中用到的接口应该都非常清晰易懂：

```python
import sys
import shutil
import zipfile
from pathlib import Path

class ZipReplace:
    def __init__(self, filename, search_string, replace_string):
        self.filename = filename
        self.search_string = search_string
        self.replace_string = replace_string
        self.temp_directory = Path("unzipped-{}".format(
                filename))
```

接下来，为每个步骤创建一个全局的"管理员"方法。这个方法将任务分配给其他方法。显然，可以在一个方法中完成这 3 个步骤，或者全部放到脚本中不需要创建对象。区分这 3 个步骤有如下这些好处。

- **可读性**：每个步骤的代码都在一个自我包含的单元中，非常容易阅读和理解。方法的名字描述了这个方法是做什么的，不需要更多额外的文档说明。
- **扩展性**：如果子类想要使用压缩的 TAR 文件而不是 ZIP 文件，它可以重写 zip 和 unzip 方法，而不需要重复 find_replace 方法。
- **隔离**：外部类可以创建这个类的实例并直接调用其 find_replace 方法，用于其他目录而不需要 zip 操作。

下面的代码中首先出现的是委托方法，为保证完整性，后面的代码是其他方法：

```python
def zip_find_replace(self):
    self.unzip_files()
    self.find_replace()
    self.zip_files()

def unzip_files(self):
    self.temp_directory.mkdir()
    with zipfile.ZipFile(self.filename) as zip:
        zip.extractall(str(self.temp_directory))

def find_replace(self):
    for filename in self.temp_directory.iterdir():
        with filename.open() as file:
            contents = file.read()
        contents = contents.replace(
                self.search_string, self.replace_string)
        with filename.open("w") as file:
            file.write(contents)

def zip_files(self):
    with zipfile.ZipFile(self.filename, 'w') as file:
        for filename in self.temp_directory.iterdir():
            file.write(str(filename), filename.name)
    shutil.rmtree(str(self.temp_directory))
```

```
if __name__ == "__main__":
    ZipReplace(*sys.argv[1:4]).zip_find_replace()
```

为简单起见，压缩和解压缩文件的代码没有过多文档说明。我们目前关注的是面向对象设计，如果你对 zipfile 模块的内部细节感兴趣，可以去标准库文档中查找，可以在线查看，也可以在交互解释器中输入 import zipfile; help(zipfile)。注意，这个例子只搜索了 ZIP 文件中最上层目录的文件，如果压缩内容中包含其他目录，那么它们及其内部文件都将不会被扫描。

上面例子中的最后两行让我们可以在命令行中执行程序时传递 zip 文件名、需要搜索的字符串以及替换字符串作为参数：

python zipsearch.py hello.zip hello hi

当然，并不一定要通过命令行来创建这一对象，也可以通过其他模块来导入（实现批量处理 ZIP 文件），或者作为 GUI 接口的一部分来访问，或者作为一个更高等级的管理员对象（例如，从 FTP 服务器获取或备份到外部磁盘）的一部分来访问。

随着程序变得越来越复杂，被模拟的对象变得越来越不像是物理对象。property 也变成其他的抽象对象，方法用于改变这些抽象对象的状态。但是在每个对象的中心，不管它有多复杂，都是一些具体的 property 和定义好的行为。

移除重复代码

通常来说，像 ZipReplace 这样的管理型类的代码都是比较一般化的，可以用于多种用途。可以通过组合或继承来让代码保持在一个位置，从而减少重复代码。在我们看这样的例子之前，先来讨论一下其中的理论。具体来说，为什么重复代码不是一件好事？

有几个原因，但最终都落脚于可读性和可维护性上。当我们新写的代码段和之前的很像时，最简单的方式就是直接复制过来，把需要改的地方改掉（变量名、逻辑、注释等），使其适用于新的位置。不过，如果我们新写的代码只是相似，但与项目中其他地方的代码都不完全一样，通常完全重写新的相似行为代码要比想办法提取其中重叠的功能简单。

不过当有人不得不阅读并理解这些代码时，如果他们发现一些重复的代码块，他们将陷入窘境。他们不得不想办法理解刚刚弄懂的代码。这些重复代码之间有何区别？为什么会相同？什么情况下会调用这一部分？什么时候调用另一部分？你可能觉得只有你自己会阅读你的代码，但是如果你在几个月之后再来看这些代码，将会发现它们和别人写的一样难以理解。当我们试着阅读两段相似的代码时，我们不得不理解它们为何不同，以及是如何不同的。这会浪费阅读者的时间，在写代码时可读性永远应该放在第一位。

> 我曾经不得不试着理解别人写的代码，其中有 300 行写得很烂的地方重复复制了 3 次。直到用了 1 个月之后，我才最终明白了这 3 处"完全一样"的代码实际上执行的是稍有不同的税额计算。有些细微的不同之处是故意为之，但是有些地方很明显是有人只更新了其中一部分而没有更新另外两处。这段代码中微小、不可理喻的错误数不胜数。我最终用一个 20 行左右易读的函数替代了所有 900 行的内容。

阅读这样重复的代码会令人厌倦，但是维护这样的代码更令人厌烦。前面的故事说明，保持两段相似代码同时更新将是一场噩梦。我们不得不记住在任何需要更新一处代码的时候同时更新两处代码，而且不得不记住它们之间的区别，从而进行相应的更改。如果忘记同时更新，我们将会陷入令人极度懊恼的错误，"我明明已经改过了，为什么还是会出错？"

结果就是如果别人来读或者维护我们写的代码，相比我们开始用不重复的形式写，他们需要额外花费大量的时间来理解、测试。如果是我们自己来进行维护，那就更令人沮丧了，我们会对自己说："为什么一开始我不能好好写？"我们通过复制粘贴所节省下来的时间，都会在维护的时候又浪费掉。阅读和修改代码的次数和频率总是高于写代码，代码的可理解性应该总是被放在重要位置。

这就是为什么程序员，尤其是 Python 程序员（他们更看重代码的优雅性）会遵循**不要重复你自己（Don't Repeat Yourself，DRY）**的准则。DRY 的代码是可维护的代码。我给入门级程序员的建议是，永远不要使用编辑器中的复制粘贴功能。对于中级程序员，我建议他们在按下 *Ctrl+C* 之前三思而后行。

但是如何避免代码重复？最简单的方案就是，把代码放到一个函数中，通过参数来处理不同的情况。这样做不是很符合面向对象方案，但通常是最优的方案。

例如，如果我们有两段代码，将 ZIP 文件分别解压到不同的目录中，我们可以轻松地写一个函数接收解压的目标目录作为参数。这样可能会导致函数本身的可读性稍受影响，但是好的函数名以及文档字符串可以轻松弥补，同时所有调用这个函数的代码可读性将会提升。

这些理论已经够多了！这些理论的寓意在于：努力重构你的代码，让它们更易读而不是写一些容易写出来的烂代码。

实践

让我们探索两种可以重用代码的方式。在写了可以替换 ZIP 文件的文本文件中字符串的代码之后，我们还想将其中所有的图片缩放至 640×480。看起来可以用跟 ZipReplace 很像的范式，首先可能就是保存文件的备份并将 find_replace 方法替换为 scale_image 或者其他类似的方法。

但是，这样做一点儿都不酷。如果有一天我们想要修改 unzip 和 zip 方法来打开 TAR 文件呢？或者可能想要用一个确保独一无二的文件名保存临时文件。不管是哪种情况，都需要同时修改两处！

先来示范一个基于继承的解决方案。首先修改原始的 ZipReplace 类，将其作为一个超类来处理一般的 ZIP 文件：

```python
import os
import shutil
import zipfile
from pathlib import Path

class ZipProcessor:
    def __init__(self, zipname):
        self.zipname = zipname
        self.temp_directory = Path("unzipped-{}".format(
                zipname[:-4]))

    def process_zip(self):
        self.unzip_files()
        self.process_files()
        self.zip_files()

    def unzip_files(self):
        self.temp_directory.mkdir()
        with zipfile.ZipFile(self.zipname) as zip:
            zip.extractall(str(self.temp_directory))
```

```
def zip_files(self):
    with zipfile.ZipFile(self.zipname, 'w') as file:
        for filename in self.temp_directory.iterdir():
            file.write(str(filename), filename.name)
    shutil.rmtree(str(self.temp_directory))
```

将 filename 属性修改为 zipname，以避免与其他方法中的局部变量 filename 弄混。这样虽然没有改变设计，但也能使代码更易读。

同时去掉 ZipReplace 的 __init__ 方法中的两个参数（search_string 和 replace_string），然后将 zip_find_replace 方法更名为 process_zip 并让它调用 process_files（虽然还没定义）而不是 find_replace。这些名字的更改有助于显示新类更一般化的特性。注意，我们删除了 find_replace 方法，这些代码应该在 ZipReplace 中而不是这里。

新的 ZipProcessor 类并没有定义 process_files 方法，因此如果直接执行，将会抛出异常。因为它并不是用于直接运行的，我们也删除了原始脚本最下方的主函数调用。

现在，在开发图片处理应用之前，让我们修复原始的 zipsearch 类，并使用上面定义的父类：

```
from zip_processor import ZipProcessor
import sys
import os

class ZipReplace(ZipProcessor):
    def __init__(self, filename, search_string,
            replace_string):
        super().__init__(filename)
        self.search_string = search_string
        self.replace_string = replace_string

    def process_files(self):
        '''perform a search and replace on all files in the
        temporary directory'''
        for filename in self.temp_directory.iterdir():
```

```
        with filename.open() as file:
            contents = file.read()
        contents = contents.replace(
                self.search_string, self.replace_string)
        with filename.open("w") as file:
            file.write(contents)


if __name__ == "__main__":
    ZipReplace(*sys.argv[1:4]).process_zip()
```

这段代码比原始版本短一些，因为它从父类中继承了 ZIP 处理能力。我们首先导入刚刚写的基类并用 ZipReplace 继承这个类，然后用 super() 初始化父类。find_replace 方法还在这里，但是我们将其重命名为 process_files，这样父类可以在管理员接口中调用它。因为这个名字的意义不如前一个清楚，因此添加了文档字符串来进行说明。

现在，考虑到此时程序的功能和开始的版本没有什么区别，我们已经写了不少代码了！但是做了这些之后，再写其他基于 ZIP 文件操作的类就简单多了，例如（假设有需求）图片缩放功能。而且，如果我们想要修复或改善现有功能，只需要修改 ZipProcessor 这个基类就可以了。维护起来就高效多了。

看看利用 ZipProcessor 的功能来创建缩放图片类有多简单。（注意，这个类需要第三方的 pillow 库来获取 PIL 模块，你可以通过 pip install pillow 来安装。）

```
from zip_processor import ZipProcessor
import sys
from PIL import Image


class ScaleZip(ZipProcessor):

    def process_files(self):
        '''Scale each image in the directory to 640x480'''
        for filename in self.temp_directory.iterdir():
            im = Image.open(str(filename))
            scaled = im.resize((640, 480))
            scaled.save(str(filename))


if __name__ == "__main__":
```

```
ScaleZip(*sys.argv[1:4]).process_zip()
```

看这个类有多简单！我们前面所有的付出都是值得的。我们只需要打开每个文件（假设是图片文件，如果文件打不开将会崩溃），缩放之后再保存回去。ZipProcessor 类处理了所有的压缩和解压缩功能，我们在这里不需要做额外的工作。

案例学习

在本章的案例学习中，我们将会试着进一步深入探索一个问题，"我什么时候需要选择创建对象而不是用内置类型？"我们将模拟一个 Document 类，可能用于文本编辑器或文字处理工具。它应该拥有什么对象、函数或属性？

可以以 str 作为 Document 内容开始，但是在 Python 中，字符串是不可变的（不能被更改）。一旦定义了一个 str 类型，它将永远保持不变。在没有创建新字符串对象的情况下，无法插入或移除字符。这会导致越来越多的 str 对象占据内存，直到 Python 的垃圾回收器在后台将它们清理掉。

因此，我们将用字符列表代替字符串，可以随意修改它。除此之外，Document 类应该需要知道列表中当前所处的位置，同时可能需要保存这个文档的文件名。

 真正的文本编辑器通常使用基于二叉树的数据结构，被称为 rope，来模拟文档内容。本书的书名不是"高级数据结构"，所以如果你对这类话题感兴趣，你可以去网上搜索 rope 数据结构。

现在，它应该拥有哪些方法呢？对于一个文本文档，我们可能有很多想要做的事，包括插入、删除和选中字符、剪切、复制、粘贴，以及保存或关闭文档等。看起来似乎有大量的数据和行为需要考虑，所以把它们全都收归 Document 类是合理的。

一个相关问题是，这个类应该由一堆 Python 基本对象组成吗？例如 str 类型的文件名、int 类型的光标位置和 list 存储的字符。还是这些也要用单独定义的对象？每一行和字符都需要考虑吗？它们是否也需要由类来表示？

我们会在接下来的过程中解释这些问题，但是先从最简单的 Document 类开始：

```
class Document:
    def __init__(self):
        self.characters = []
        self.cursor = 0
        self.filename = ''

    def insert(self, character):
        self.characters.insert(self.cursor, character)
        self.cursor += 1

    def delete(self):
        del self.characters[self.cursor]

    def save(self):
        with open(self.filename, 'w') as f:
            f.write(''.join(self.characters))

    def forward(self):
        self.cursor += 1

    def back(self):
        self.cursor -= 1
```

这个简单的类已经可以完全控制一个基本的文档编辑过程。让我们在实践中看看：

```
>>> doc = Document()
>>> doc.filename = "test_document"
>>> doc.insert('h')
>>> doc.insert('e')
>>> doc.insert('l')
>>> doc.insert('l')
>>> doc.insert('o')
>>> "".join(doc.characters)
'hello'
>>> doc.back()
>>> doc.delete()
```

```
>>> doc.insert('p')
>>> "".join(doc.characters)
'hellp'
```

看起来运行顺利。可以将键盘上所有字母以及方向键关联到这些方法上，这个文档类可以很好地处理它们。

但是如果我们想要关联的不止方向键，那该怎么办？如果我们也想要关联 *Home* 和 *End* 键呢？可以添加更多的方法到 Document 类中，用来在字符串中向前或向后搜索换行符（在 Python 中，换行符或者\n 代表一行的结束和新一行的开始），然后跳到它们所在的位置。但是如果为所有可能的移动操作（按单词移动，按句子移动，*PageUp*，*PageDown*，跳到文件结尾，跳到空格前，等等）关联一个方法，这个类将会变得很庞大，可能最好将这些方法放到一个单独的对象中。因此，让我们把光标属性变成一个对象，可以知道并且能够控制自己所在的位置。可以用这个类向前和向后移动，也可以为 *Home* 和 *End* 键添对应的方法：

```
class Cursor:
    def __init__(self, document):
        self.document = document
        self.position = 0

    def forward(self):
        self.position += 1

    def back(self):
        self.position -= 1

    def home(self):
        while self.document.characters[
                self.position-1] != '\n':
            self.position -= 1
            if self.position == 0:
                # 回到文件的开始
                break

    def end(self):
        while self.position < len(self.document.characters
```

```
            ) and self.document.characters[
                self.position] != '\n':
        self.position += 1
```

这个类以 document 作为初始化参数，从而方法可以获取文档字符列表的内容。然后提供简单的向前和向后移动的方法，包括移动到 *home* 和 *end* 的位置。

> 这段代码并不是很安全。你可以很容易地移动到超出最后的位置，如果你尝试跳转到空白文件的 *home* 位置，它也会崩溃。这些例子尽量保持简短，以确保可读性，但是这并不意味着它们是安全的！你可以将改善一段代码的错误检查作为练习，这是一个扩展你异常捕获技术的好机会。

Document 类本身几乎没有改变，除了删除了两个移动到 Cursor 类中的方法：

```python
class Document:
    def __init__(self):
        self.characters = []
        self.cursor = Cursor(self)
        self.filename = ''

    def insert(self, character):
        self.characters.insert(self.cursor.position,
                character)
        self.cursor.forward()

    def delete(self):
        del self.characters[self.cursor.position]

    def save(self):
        f = open(self.filename, 'w')
        f.write(''.join(self.characters))
        f.close()
```

用新的对象替代原有的整数类型的光标属性，可以发现 home 方法真的移动到了换行符的位置：

```
>>> d = Document()
>>> d.insert('h')
>>> d.insert('e')
>>> d.insert('l')
>>> d.insert('l')
>>> d.insert('o')
>>> d.insert('\n')
>>> d.insert('w')
>>> d.insert('o')
>>> d.insert('r')
>>> d.insert('l')
>>> d.insert('d')
>>> d.cursor.home()
>>> d.insert("*")
>>> print("".join(d.characters))
hello
*world
```

现在，由于已经用了很多次 join 函数（将实际文档内容的所有字符串联起来），我们可以给 Document 类添加一个属性来给出完整的字符串：

```
@property
def string(self):
    return "".join(self.characters)
```

这可以让我们的测试更简单些：

```
>>> print(d.string)
hello
world
```

目前这个框架很容易（尽管可能需要一点儿时间来消化！）扩展，以创建和编辑一个完整的纯文本文档。现在，让我们扩展到富文本：文本可以添加**加粗**、<u>下画线</u>或斜体格式。

有两种方式可以做到。一种方式是插入"假的"字符到我们的字符列表中，当作指示符，例如"加粗这些字符，直到遇见停止加粗的指示符"。第二种方式是为每个字符添加说明信息，用于指明它们应该是什么格式的。虽然第一种方式更常见，但此处将实现第二种方式。很显然我们需要一个字符类，它要有用于表示字符的属性，还需要有 3 个布尔值属性来表示这个字符是否需要加粗、斜体或下画线。

等一下！这个 Character 类会需要任何方法吗？如果不需要，也许应该用 Python 众多的数据结构之一来实现。元组或命名元组可能就足够了。需要对一个字符执行任何操作吗？

显然，我们可能想对字符执行删除或复制的操作，不过这些是在 Document 层面需要处理的事，因为它们需要修改字符列表。有需要针对单个字符的操作吗？

实际上，现在正在将 Character 类看作……可以说其是字符串吗？也许应该用继承关系？这样就能利用 str 实例的许多方法了。

有哪些方法呢？例如 startswith、strip、find、lower 以及很多其他方法。大部分这样的方法都是针对超过一个及以上字符的字符串的。相反，如果 Character 是 str 的子类，如果提供的是多字符字符串，我们可能需要重写 __init__ 以抛出异常。既然所有这些方法都不能用到我们的 Character 类上，那就没必要使用继承关系了。

这让我们回到了最初的问题，Character 应该是一个类吗？在表示我们的字符时有一个非常重要的 Object 类的特殊方法可以加以利用，称为__str__（双下画线，像__init__一样），用在如 print 和 str 构造函数一样的字符操作函数中，将类转换为字符串。默认的方法只是打印出模块和类的名字以及其内存地址。但是如果重写这个方法，我们可以让它打印出任何我们想要的东西。对于我们的实现，可以是在前缀位置添加特殊的字符用于表示它们是加粗、斜体或下画线格式的。因此，将会创建一个类来表示字符，如下面所示：

```
class Character:
    def __init__(self, character,
            bold=False, italic=False, underline=False):
        assert len(character) == 1
        self.character = character
        self.bold = bold
        self.italic = italic
        self.underline = underline

    def __str__(self):
        bold = "*" if self.bold else ''
```

```
    italic = "/" if self.italic else ''
    underline = "_" if self.underline else ''
    return bold + italic + underline + self.character
```

这个类所创建的字符在用于 str() 函数时，将会在前缀位置添加特殊字符，仅此而已。只需对 Document 和 Cursor 类进行几处简单的修改，就能与这个类和平共处。在 Document 类中，在 insert 方法前添加这两行：

```
def insert(self, character):
    if not hasattr(character, 'character'):
        character = Character(character)
```

这段代码有点奇怪。其基本目的在于检查传入的字符是 Character 还是 str。如果是字符串，将用 Character 类进行封装，这样一来列表中所有的对象就都是 Character 对象了。然而，用我们代码的人完全有可能希望用一个既不是 Character 也不是字符串的类，而是使用鸭子类型。如果这个对象拥有一个字符属性，我们就假设它是一个“类似于 Character”的对象；否则就是一个“类似于 str”的对象，然后也是通过 Character 进行封装。这帮助我们的程序利用鸭子类型和多态的优点，只要一个对象拥有字符属性，就可以用于 Document 类。

这个一般检查非常有用，例如，如果我们想要做一个带有语法高亮的程序员编辑器，需要字符拥有额外的数据，如这个字符属于什么类型的语法标记。注意，如果会用到大量这样的检验，可能最好将其实现为一个带有合适的 __subclasshook__ 的抽象基类 Character，就像我们在第 3 章中讨论过的一样。

除此之外，需要修改 Document 的字符串属性以接收新的 Character 值。我们只需要在串联字符之前对其调用 str() 方法即可：

```
@property
def string(self):
    return "".join((str(c) for c in self.characters))
```

这段代码用到了生成器表达式，我们将会在第 9 章中讨论。它是对一系列对象执行特定操作的快捷方式。

最后，在 home 和 end 函数中检查是否是换行符时，也需要检查 Character.character，而不止是之前存储的字符串字符：

```
    def home(self):
        while self.document.characters[
                self.position-1].character != '\n':
            self.position -= 1
            if self.position == 0:
                # 回到文件的开始
                break

    def end(self):
        while self.position < len(
                self.document.characters) and \
                self.document.characters[
                        self.position
                        ].character != '\n':
            self.position += 1
```

这样就完成了格式化字符，可以测试看看是否成功：

```
>>> d = Document()
>>> d.insert('h')
>>> d.insert('e')
>>> d.insert(Character('l', bold=True))
>>> d.insert(Character('l', bold=True))
>>> d.insert('o')
>>> d.insert('\n')
>>> d.insert(Character('w', italic=True))
>>> d.insert(Character('o', italic=True))
>>> d.insert(Character('r', underline=True))
>>> d.insert('l')
>>> d.insert('d')
>>> print(d.string)
he*l*lo
/w/o_rld
>>> d.cursor.home()
>>> d.delete()
>>> d.insert('W')
>>> print(d.string)
he*l*lo
```

```
W/o_rld
>>> d.characters[0].underline = True
>>> print(d.string)
_he*l*lo
W/o_rld
```

正如所料，当打印字符串时，每个加粗字符都带有一个*字符，每个斜体字符都带有/字符，每个下画线字符都带有_字符。所有的函数看起来都能正常工作，我们也可以在事后修改列表中的字符。这个正常工作的富文本对象可以用在一个合适的用户界面中，和键盘输入以及屏幕输出连在一起。我们自然想要真的把加粗、斜体或下画线的字符显示在屏幕上，而不是使用__str__方法，但是这已经足够满足基本的测试需要了。

练习

我们已经看过不少面向对象的 Python 程序中对象、数据以及方法彼此之间是如何相互作用的方式了。和往常一样，你的第一个想法应该是如何将这些准则应用到自己的工作中。你手边有没有一些混乱的代码可以用面向对象管理员来重写？从你的旧代码中找出那些没有执行任何操作的方法。如果它的名字不是动词，试着用 property 来重写。

考虑你（用任何语言）写过的代码，是否违背了 DRY 准则？是否存在重复代码？有没有复制粘贴代码的地方？有没有因为你不想理解原始代码而用了两段相似的代码？回顾你之前的代码，看看是否能够用继承或组合关系重构重复代码。试着挑一个你仍然有兴趣继续维护的项目，而不是那些已经老到你不想碰的代码。改善代码可以帮助你保持兴趣。

现在，回顾本章的几个例子。从网页缓存的例子开始，它用 property 来缓存获取的数据。这个例子中一个明显的问题在于，缓存数据永远不会刷新。为这个属性的取值方法添加一个超时特征，只有在未过期之前才返回缓存页面。你可以用 time 模块（time.time()-an_old_time 返回自 an_old_time 之后经历的时间）来确认缓存是否过期。

现在再来看基于继承关系的 ZipProcessor，可能用组合关系更合理。可以将 ZipReplace 和 ScaleZip 类的实例传递给 ZipProcessor 构造函数并且调用它们完成处理的部分，而不是继承这个父类。练习实现这个版本。你觉得哪个版本更容易使用？哪个更优雅？哪个版本可读性更强？这些是主观性的问题，其答案因人而异，不过知道答案是非常重要的。如果你觉得自己更喜欢用继承而不是组合，你需要额外注意在日常编码中不要过度使用继承关系。如果你更喜欢组合关系，确保你不会错失使用优雅的继承方案的机会。

最后，为前面案例学习中的各个类添加一些异常处理。确保每次只输入单个字符，不要试图将光标移动到超出文件范围的位置，不要删除一个不存在的字符，不要存储没有文件名的文件。想出尽可能多的边界条件，并说明原因（找出边界条件是专业程序员 90% 的工作！）。考虑用不同的方式处理它们，当用户试图移出文件最后的位置时，你应该抛出异常，还是让其留在最后的位置？

在你的日常编码过程中，谨慎使用复制和粘贴命令。每次你在编辑器中使用它们的时候，请考虑改进程序的组织使你只有一个要复制的代码版本是否是一个好主意。

总结

在本章中，我们主要关注如何鉴别对象，尤其是那些并不十分明显的对象，用于管理和控制的对象。对象应该既有数据又有行为，但是 property 可以用于模糊二者的界限。DRY 准则是衡量代码质量的重要指标，继承和组合关系可以用于减少代码重复。

在第 6 章中，我们将会学习一些 Python 内置的数据结构和对象，重点关注它们的面向对象属性以及如何扩展或应用。

第6章

Python 数据结构

在到目前为止的例子中，我们已经在实践中看过很多内置 Python 数据结构了。你可能也从一些介绍书籍或教程中对它们有了很多了解。在本章中，将会讨论这些数据结构的面向对象特征，什么时候应该用它们而不是一般的类，什么时候不应该用。具体来说，我们将会学习：

- 元组和命名元组。
- 字典。
- 列表与集合。
- 如何以及为何扩展内置对象。
- 3 种类型的队列。

空对象

让我们从最基本的 Python 内置类型开始，之前已经见过很多次，我们创建的每一个类都继承自它：object。实际上，可以不用创建子类，直接实例化 object：

```
>>>o = object()
>>> o.x = 5
Traceback (most recent call last):
  File "<stdin>", line 1, in <module>
AttributeError: 'object' object has no attribute 'x'
```

不幸的是，正如你所见，直接实例化的 object 无法设定任何属性。不是因为 Python 开发者想要强迫我们写自己的类，也没有其他邪恶的原因。他们这么做是为了节省内存，可以节省许多内存。当 Python 允许一个对象拥有任意属性的时候，需要消耗一定的系统内存来追踪每个对象有哪些属性，用于保存属性的名字和值。即使没有属性，也需要为潜在的新属性分配内存。考虑到在一般的 Python 程序中可能会有几十个、几百个甚至几千个对象（每个继承自 object 的类），每个对象占用少量内存也会很快累积成很大的内存。因此，Python 默认禁止向 object 以及其他几个内置类型添加任意属性。

 我们可以通过使用**插槽(slot)**来限制我们自己的类拥有任意属性。这已经超出本书的范围，但是你可以检索这个术语来查找更多内容。在一般情况下，使用插槽并没有太大益处，但是如果要写一个将会在系统中被重复上千次的对象，可以用它来节省内存，就像 object 一样。

不过，也可以很容易地创建自己的空对象，我们已经在前面的例子中见到过：

```
class MyObject:
    pass
```

而且我们已经见过，可以为这样的类添加任意属性：

```
>>> m = MyObject()
>>> m.x = "hello"
>>> m.x
'hello'
```

如果想要将属性归为一组，可以像这样将它们存储到一个空对象中，但是通常用其他的内置类型来存储数据比较好。我们在这本书中一直强调只有当你想要同时指定数据和行为的时候，才需要用到类和对象。使用空对象的目的在于，快速封装某些属性，并且知道后面将会添加一些行为。相比用对象来替换一个数据结构并且修改所有的引用，向类中添加行为容易很多。因此，从一开始就明确数据究竟是数据还是伪装的对象，就非常重要了。一旦做出了设计决策，剩余部分的设计将会自然而然地向下推演。

元组和命名元组

元组是一种可以按照顺序存储一定数量其他对象的对象。它们是不可变的，也就是说在运行过程中我们不能添加、移除或替换其中的对象。这看起来可能有些限制重重，但事实上，如果你需要修改一个元组，那说明你选错了数据类型（通常在这种情况下列表更合适）。元组类型不可变性的最大好处在于，可以将其用作字典类型的键，以及用在其他要求对象拥有哈希值的地方。

元组是用于存储数据的，不能存储行为。如果需要某个行为来操纵元组，必须将元组传递给函数（或者其他对象的方法）来执行这一操作。

通常来说，元组应该存储彼此不同的值，例如，可能不会将 3 只股票代码放到一个元组中，而是将股票代码、当前股价、当天最高值和最低值放到一个元组中。元组的主要目的在于，将不同数据整合到一个容器中。因此，元组是用来替换"没有数据的对象"最简单的工具。

我们可以用以逗号分隔的值来创建一个元组，通常会使用括号，这样更方便阅读，也可以和其他语句区分开来，但这并不是强制的。下面两种赋值语法是相同的（记录一家相当赚钱公司的股票当前股价、最高值与最低值）：

```
>>> stock = "FB", 75.00, 75.03, 74.90
>>> stock2 = ("FB", 75.00, 75.03, 74.90)
```

如果在其他对象内部使用元组，如函数调用、列表推导或生成器，则括号是必需的。否则，解释器就没办法知道这是一个元组还是下一个函数参数。例如，接下来这个函数接收一个元组和一个日期，并返回日期和股价最高值与最低值的中间值所组成的元组：

```
import datetime
def middle(stock, date):
    symbol, current, high, low = stock
    return (((high + low) / 2), date)

mid_value, date = middle(("FB", 75.00, 75.03, 74.90),
        datetime.date(2014, 10, 31))
```

元组直接在函数调用时创建，通过逗号分隔并用括号包围。元组之后是由一个逗号将其与第二个参数分隔开的。

这个例子也说明了元组解包的过程。在函数内部的第 1 行，stock 参数被分解为 4 个不同的变量。元组的长度必须与变量数完全一致，否则将会抛出异常。在最后一行，我们也看到另外一个元组解包的例子,函数内返回的元组被分解为两个值,mid_value 和 date。当然,这样做很奇怪,是我们在第一个地方将日期传递给函数的。不过这让我们有机会看到解包是如何工作的。

解包是 Python 中非常有用的一个特征。可以将变量组合到一起来进行简单的存储传递,然后当需要访问所有这些变量的时候,可以将其分解为多个不同的变量。当然,有时候只需要访问元组中的某一个变量,可以用与其他序列类型(例如列表和字符串)相同的语法来访问单个值:

```
>>> stock = "FB", 75.00, 75.03, 74.90
>>> high = stock[2]
>>> high
75.03
```

也可以用切片符号来提取元组中的一部分数据:

```
>>> stock[1:3]
(75.00, 75.03)
```

虽然这些例子说明了元组的灵活性,但是同时也暴露出它最主要的缺点之一:可读性差。我们没办法通过阅读代码知道某个元组第二个位置上的数据是什么,只能通过所赋值变量的名称来猜测,例如 high,但是如果直接在计算过程中访问元组的值而不是赋值给某个变量,就没办法做出这样的推断。读者只能向前追溯到元组声明的地方来找出它的含义。

在有些情况下可以直接访问元组成员,但是不要养成这种习惯。所谓的"神奇数字"(代码中凭空而来且没有明确含义的数字)会导致代码错误和数小时令人崩溃的调试。只有当你知道所有的值都会立即用到并且是通过解包的形式访问其中的值时,你才应该试图使用元组。如果你直接使用其中的成员或使用切片的方式,并且值的用途并不是那么明显,至少需要用注释说明它们的出处。

命名元组

那么,如果我们想要将一些值组合起来,但是又需要频繁地访问它们,要怎么办呢?当然可以用一个空对象,就像上一节中所讨论的(但是除非之后会给它添加行为,不然是没什么用的),或者用字典(当我们不知道要存储多少和哪些特定数据时,特别有用),我们将在下一节讨论。

不过，如果既不需要为对象添加行为，也提前知道要存储哪些数据，那么就可以用命名元组。命名元组是一种带有属性的元组，它们是组合只读数据的很好的方式。

相比一般的元组，构造命名元组需要稍微多一点儿工作。首先，需要导入 namedtuple，因为它并不在默认的命名空间里。然后通过名字和属性来定义一个命名元组。这会返回一个像类一样的对象，可以用所需的值随便实例化它多少次：

```
from collections import namedtuple
Stock = namedtuple("Stock", "symbol current high low")
stock = Stock("FB", 75.00, high=75.03, low=74.90)
```

namedtuple 构造函数接收两个参数。第一个是这个命名元组的名称，第二个是由空格分隔的属性的字符串，这些属性就是命名元组可以有的属性。首先列出第一个属性，之后跟一个空格（如果你喜欢也可以用逗号），接着是第二个属性，然后再一个空格，以此类推。结果返回一个对象，它可以和普通类一样调用，实例化其他对象。构造函数中的参数数量必须与传入的参数或关键字参数数量一致。和普通对象一样，可以对这个"类"创建任意多个实例，每个实例的值各不相同。

namedtuple 可以被打包、解包以及做所有可以对普通元组做的事，并且还可以像一个对象一样访问它的某个单一属性：

```
>>> stock.high
75.03
>>> symbol, current, high, low = stock
>>> current
75.00
```

 记住创建一个命名元组需要两步，首先用 collections. namedtuple 创建一个类，然后构造这个类的实例。

命名元组非常适合表示"只有数据"的情况，但并不是对所有情况来说都非常理想。和元组及字符串一样，命名元组也是不可变的，因此一旦为属性设定了值之后就不能更改。例如，公司股票已经跌了下来，但是没办法设定新的值：

```
>>> stock.current = 74.98
Traceback (most recent call last):
```

```
    File "<stdin>", line 1, in <module>
AttributeError: can't set attribute
```

如果需要修改存储的数据，可能用字典类型更合适。

字典

字典是非常好用的容器，它可以用来直接将一个对象映射到另一个对象。一个拥有属性的空对象在某种程度上说就是一个字典，属性名映射到属性值。实际上，它们的关系比这更接近，在内部，对象通过字典来表示属性，其值为属性的值或对象的方法（如果你不相信，就看看__dict__属性吧）。甚至连模块的属性也是以字典的形式存储的。

从字典中查询一个值是极高效的，因为某一键对象是直接映射到值上的。如果你想要通过一个对象找到另一个对象，那你应该用字典。存储的对象被称为**值**（value），作为索引的对象被称为**键**（key）。我们已经在前面的一些例子中见过字典语法。

字典可以用 dict() 构造函数或者 {} 语法来创建。在实践中，最常用的还是后者。构造字典时我们用冒号分隔键和值，用逗号分隔键/值对。

例如，在股票应用中，可能需要经常根据股票代号查找价格。可以创建一个以股票代号为键，以当前价格、最高价格和最低价格所组成的元组为值的字典：

```
    stocks = {"GOOG": (613.30, 625.86, 610.50),
              "MSFT": (30.25, 30.70, 30.19)}
```

正如我们在前面例子中所看到的，可以用方括号来查询字典中某个键所对应的值。如果字典中不存在该键名，则会抛出异常：

```
>>> stocks["GOOG"]
(613.3, 625.86, 610.5)
>>> stocks["RIM"]
Traceback (most recent call last):
    File "<stdin>", line 1, in <module>
KeyError: 'RIM'
```

当然，可以捕获这一 keyEarror 并处理掉，但是我们还有别的选择。记住，字典是对象，尽管它的主要用途是存储其他对象。它们本身也有一些相关行为。最常用的方法之一就是 get 方法，它的第一个参数是键名，另一个可选的参数是当键名不存在时所返回的默认值：

```
>>> print(stocks.get("RIM"))
None
>>> stocks.get("RIM", "NOT FOUND")
'NOT FOUND'
```

为了进一步控制，可以用 setdefault 方法。如果键名存在于字典中，这个方法就和 get 一样，返回这个键名所对应的值。反之，如果键名不存在，它不但会返回方法调用中提供的默认值（就像 get 方法一样），还会将键名的值设定为这一默认值。或者你也可以把 setdefault 想象成，只有在此之前没有设定过值的时候，才将这一键名设定为这一默认值。然后它会返回字典中的值，要么是之前已经存在的，要么是刚刚提供的这个新的默认值：

```
>>> stocks.setdefault("GOOG", "INVALID")
(613.3, 625.86, 610.5)
>>> stocks.setdefault("BBRY", (10.50, 10.62, 10.39))
(10.50, 10.62, 10.39)
>>> stocks["BBRY"]
(10.50, 10.62, 10.39)
```

GOOG 股票已经存在于这个字典里了，因此当我们尝试用 setdefault 方法给它赋一个无效值时，它只会返回那个已存在于字典中的值。BBRY 不存在于字典中，因此 setdefault 方法返回我们提供的默认值并将其设定为字典中这个键名的值。然后通过检查发现这只新股票确实已经在字典中了。

另外 3 个有用的字典方法分别是 keys()、values() 和 items()。前两个分别返回字典中所有键名和值所组成的迭代器。如果想要处理这些键或值，可以向列表一样或者用 for 循环语句。itmes() 方法可能是最有效的，它返回的是 (key, value) 元组所组成的迭代器。配合元组解包功能，这个方法可以非常好地用在 for 循环中，来遍历相应的键和值。这个例子打印出字典中所有的股票及其当前价格：

```
>>> for stock, values in stocks.items():
...     print("{} last value is {}".format(stock, values[0]))
...
GOOG last value is 613.3
```

BBRY last value is 10.50
MSFT last value is 30.25

每一组键/值元组都会被解包为两个变量：stock 和 values（可以用任何想用的变量名，但是这两个看起来就很合适），然后格式化为字符串打印出来。

注意，这些股票并不是按照之前插入的顺序打印出来的。为了提高查询速度而用到的高效算法（哈希算法），使得字典数据结构在本质上是无序的。

因此，在实例化字典数据之后，有很多种方法可以获取其中的数据，可以用方括号进行索引的语法，可以用 get 方法、setdefault 方法，或者遍历 items() 方法，等等。

最后，可能你已经知道，可以用同样的取值索引语法来设定字典中的值：

```
>>> stocks["GOOG"] = (597.63, 610.00, 596.28)
>>> stocks['GOOG']
(597.63, 610.0, 596.28)
```

Google 的股票今天跌了，所以我已经更新了字典中对应的元组值。可以用这一索引语法来设定字典中任意键的值，不管这个键是否存在。如果存在，旧的值将被替换，否则，将会添加一个新的键/值对。

目前已经用过字符串作为字典的键，但是键可以不用局限于字符串。通常用字符串作为键，尤其是当我们想要将数据整合存储在字典中时（而不是用带有命名属性的对象），但是我们也可以用元组、数字甚至是自己定义的对象作为字典的键。我们甚至可以在同一个字典中用不同类型的键：

```
random_keys = {}
random_keys["astring"] = "somestring"
random_keys[5] = "aninteger"
random_keys[25.2] = "floats work too"
random_keys[("abc", 123)] = "so do tuples"

class AnObject:
    def __init__(self, avalue):
        self.avalue = avalue

my_object = AnObject(14)
```

```
random_keys[my_object] = "We can even store objects"
my_object.avalue = 12
try:
    random_keys[[1,2,3]] = "we can't store lists though"
except:
    print("unable to store list\n")

for key, value in random_keys.items():
    print("{} has value {}".format(key, value))
```

这段代码展示了几种不同的类型都可以作为字典的键，同时也展示了一种不能使用的对象。我们已经用过很多次列表了，并且在下一节中还会看到更多关于列表的细节。由于列表是随时可变的（例如添加或移除元素），故无法得到一个特定的哈希值。

能够计算哈希值的对象可以通过特定的算法将这个对象转换成一个唯一的整数，用于快速查找。这个哈希值用于字典中的快速查值。例如，字符串基于其中包含的字符映射到整数上，而元组通过组合其中的元素来计算哈希值。任意两个被认为是相同的对象（例如拥有相同字符的字符串或值相同的元组）应该拥有相同的哈希值，而且一个对象的哈希值是永远不会变的。然而，列表的内容是可变的，因此也会改变其哈希值（两个列表只有在所有内容完全相同时，才是相等的）。正因如此，列表不能用作字典键。同样，字典也不能用作其他字典的键。与此不同的是，字典中的值对对象类型没有任何限制。我们可以将字符串键映射到一个列表值，或者可以在字典中嵌套别的字典。

字典用例

字典类型有非常多的用途，主要有两种形式的用法。首先是将其键用作小型对象的实例，例如我们的股票字典例子。这是一个索引系统，将股票代号作为其他值的索引。这里的值甚至可以是复杂的自定义对象，可以做出购买和抛售决定或者设定一个止损值，而不是一个简单的元组。

字典的另一种设计方案是，每个键代表某种结构的一方面。在这种情况下，我们可能需要用不同的字典来代表不同的对象，它们都将拥有类似的（虽然通常并不是完全相同的）键。后一种情况通常也可以通过命名元组实现。不过这种情况通常是我们已经知道了具体需要存储哪些属性，而且知道所有数据必须一次性给出（在构建字典时）。但是如果我们需要不停地创建或者修改字典的键，或者不知道可能有哪些键，用字典类型会更合适。

使用 defaultdict

我们已经看过如何使用 `setdefault` 来设定当键不存在时的默认值,但是如果每次查询值时都需要这样操作,那就有点乏味了。例如,如果写一段计算一句话中字母出现频率的代码,我们可能会这样做:

```
def letter_frequency(sentence):
    frequencies = {}
    for letter in sentence:
        frequency = frequencies.setdefault(letter, 0)
        frequencies[letter] = frequency + 1
    return frequencies
```

每次访问字典时,我们需要检查它是否已经有了某个值,如果没有,那么将其设定为 0。如果每次遇到一个空键时,都需要这么做,我们可以用另外一个版本的字典,称为 `defaultdict`:

```
from collections import defaultdict
def letter_frequency(sentence):
    frequencies = defaultdict(int)
    for letter in sentence:
        frequencies[letter] += 1
    return frequencies
```

这段代码看起来好像不能执行一样。`defaultdict` 构造函数需要一个函数作为参数。每当访问一个字典中不存在的键时,将会不带参数地调用这个函数,并将其结果设定为默认值。

在上例中,所调用的函数是 `int`,也就是整数对象的构造函数。在正常情况下,整数对象都是通过直接在代码中输入整数来创建的,如果用 `int` 构造函数,会传递一个想要转为整数的参数(例如,将一个数字组成的字符串转换成整数)。但是如果不带参数地调用 `int`,默认会返回数字 0。在这段代码中,如果字母不在 `defaultdict` 中,将在访问它时返回数字 0。然后会在这个数字的基础上加 1,表示我们发现了一个该字母的实例,下一次再发现一个,将会返回这个数字,而我们就可以再次增加这个数字。

`defaultdict` 在创建容器字典时非常有用。如果我们想要创建一个存储最近 30 天股价的字典，可以以股票代号为键将价格存储在 list 中；第一次访问某一股价时，可能需要创建一个空列表，只要将 list 传递给 defaultdict 即可，它将会在每次遇见不存在的键时被调用。类似地，也可以用集合，或者如果需要关联一个键的时候，也可以传入一个空字典。

当然，也可以自己写一个函数，然后传递给 defaultdict。假如我们想要创建一个 defaultdict,其中每个新元素是一个由当前已插入项目的数量和存储其他东西的空列表所组成的元组。没人知道我们为什么要创建这样一个对象，但是可以看看如何实现：

```python
from collections import defaultdict
num_items = 0
def tuple_counter():
    global num_items
    num_items += 1
    return (num_items, [])
```

```python
d = defaultdict(tuple_counter)
```

当运行这段代码时，可以用一条语句访问空键并向列表中插入值：

```python
>>> d = defaultdict(tuple_counter)
>>> d['a'][1].append("hello")
>>> d['b'][1].append('world')
>>> d
defaultdict(<function tuple_counter at 0x82f2c6c>,
{'a': (1, ['hello']), 'b': (2, ['world'])})
```

在最后打印 dict 的时候，可以看到这个计数器确实正常工作。

这个例子成功地阐明了如何为 defaultdict 创建我们自己的函数，但其并不是一段非常好的代码。使用全局变量意味着如果创建了 4 个不同的 defaultdict 语句，每个都用到了 tuple_counter，它将会计算所有字典中的项目数。更好的做法是，创建一个类，然后将这个类的一个方法传递给 defaultdict。

计数器

你可能认为没办法写出一个比 defaultdict(int) 更简单的版本，但是"我想在迭代过程中记录特定实例的数量"这一用例已经足够常见，因此 Python 开发者为它开发了一个特定的类。前面计算字符串中字母出现次数的代码可以用简单的一行代码来实现：

```
from collections import Counter
def letter_frequency(sentence):
    return Counter(sentence)
```

Counter 对象就像一个加强版的字典类型，它的键是传入对象所包含的项目，而其值是该项目出现的数量。其中最有用的方法之一就是 most_common() 方法，它会返回由 (key, count) 元组组成的列表并按照计数排序。你可以传入一个可选的整数参数到 most_common() 中，用于只获取出现次数最多的元素。例如，你可以写一个简单的投票应用：

```
from collections import Counter

responses = [
    "vanilla",
    "chocolate",
    "vanilla",
    "vanilla",
    "caramel",
    "strawberry",
    "vanilla"
]

print(
    "The children voted for {} ice cream".format(
        Counter(responses).most_common(1)[0][0]
    )
)
```

在正常情况下，你可能需要从数据库获取答案或者通过一个复杂的视觉算法来统计举手的孩子。在这里，将答案硬编码到程序中来测试 most_common 方法。它返回只有一个元素的列表（因为我们要求通过参数只返回一个元素）。这个元素将顶部选择的名称存储在

0 位，因此在调用结束时为双[0][0]。你的计算机可能会惊讶，因为可以如此简单地统计数据。这一定会让它的祖先，1890 年用于美国人口普查的霍尔瑞斯制表机非常嫉妒。

列表

列表是 Python 数据结构中最不面向对象的，不过列表本身也是对象，Python 中有很多语法可以让你在使用列表的时候轻松自如。和其他面向对象的语言不同，Python 中的列表可以直接使用，不需要导入也很少需要调用方法。不需要显示请求迭代器对象就能遍历一个列表，也可以用定制语法来构造一个列表（像字典一样）。除此之外，列表推导和生成器表达式堪称实现各种计算功能的瑞士军刀。

我们不会太深入这些语法的细节，你肯定已经在一些网站教程和本书前面的例子中见到过相关的介绍。如果没有学习如何使用列表，那肯定你写 Python 代码的时间还不长！我们将会学习的是，何时应该使用列表，以及它作为对象的本质。如果你不知道如何创建或向列表中追加元素，如何从列表中检索项目，或者"切片符号"是什么，我建议你马上参考官方教程，在线地址是 http://docs.python.org/3/tutorial/。

在 Python 中，列表通常用于存储一些"相同"类型对象的实例；字符串或数字的列表。更常见的是，我们自己定义的对象所组成的列表。如果我们想要按照某种顺序存储一些项目，那么就该使用列表。通常是按照这些元素被插入的顺序，但是它们也可以按照某种标准进行排序。

我们在第 5 章的案例学习中已经看到，如果需要修改内容，列表也是非常有用的：在列表的任意位置删除或插入一个元素，或者更新列表中的某个值。

和字典一样，Python 列表使用非常高效的内部数据结构，因此不需要担心如何存储，只需考虑要存储什么。许多面向对象语言都会提供不同的数据结构来实现队列、栈、链表以及基于数组的列表等。如果需要优化对大量数据的访问，Python 也为其中某几类提供了特殊的实例。然而，通常来说，列表数据结构已经足以应付这些用途，而且程序员可以完全控制如何访问其中的数据。

不要使用列表来收集单独项目的不同属性。例如，我们需要一个特定形状所有属性的列表。对于这种情况，元组、命名元组、字典以及对象都是更合适的选择。在一些语言中，可能会交替使用不同类型的元素来创建一个列表，例如，可能用['a','1','b',3]来存储字母频率列表。它们会用一种奇怪的迭代方式每次访问列表中的两个元素，或者使用模操作符来确定访问的位置。

　　在 Python 中不要这么做。我们可以用字典将不同的相关元素组合到一起，就像我们在上一节中所做的（如果排序不重要的话），或者使用元组构成的列表。下面这个相对复杂的例子展示了我们可以如何用列表来完成频率统计的例子。它比字典的例子复杂得多，同时说明选择正确（或错误）的数据结构可以影响代码的可读性：

```python
import string
CHARACTERS = list(string.ascii_letters) + [" "]


def letter_frequency(sentence):
    frequencies = [(c, 0) for c in CHARACTERS]
    for letter in sentence:
        index = CHARACTERS.index(letter)
        frequencies[index] = (letter,frequencies[index][1]+1)
    return frequencies
```

　　这段代码的开头首先是一个由可能字母组成的列表。string.ascii_letters 属性提供了所有字母，按照顺序，包括小写和大写，所组成的字符串。我们将其转化为列表，然后用列表连接符（加号用于将两个列表合并到一起）添加一个新的字符，即空格。这些就是我们的频率列表中所有可能出现的字符（如果试图添加一个不在这个列表中的字符，代码将会崩溃，但是可以用异常处理来解决）。

　　函数中的第 1 行用列表推导将 CHARACTERS 转化为一个由元组构成的列表。列表推导是 Python 的一个非常重要的非面向对象工具，我们将在第 7 章中讨论。

　　然后遍历句子中的每个字符。首先找到字符在 CHARACTERS 列表中的索引位置，我们已经知道这个索引位置与频率列表中的相同，因为后者是根据前者创建得来的。然后创建一个新元组来替换频率列表上的这一索引位置的原值。即便不考虑垃圾回收和内存浪费，这段代码看起来也相当难读。

　　和字典一样，列表也是对象，可以对它执行许多方法。下面是常用的几个方法。

- append(element) 方法在列表最后添加一个元素。
- insert(index, element) 方法在指定位置插入一个元素。

- count(element)方法告诉我们某个元素在列表中出现的次数。
- index()方法告诉我们某个元素在列表中的索引位置，如果没有则抛出异常。
- find()方法和 index 方法一样，只不过当不存在这个元素时，将会返回-1 而不是抛出异常。
- reverse()方法正如方法名一样——将列表顺序倒置。
- sort()方法拥有一些相对复杂的面向对象行为，接下来马上就会介绍。

列表排序

不带任何参数的话，sort 方法将会完成意料之中的事。如果针对字符串列表，将会使其按照字母表顺序排列。这个操作是大小写敏感的，所有的大写字母都会排在小写字母前面，也就是 Z 在 a 前面。如果针对数字列表，将会使其按照数字顺序进行排列。如果针对元组列表，将会使其按照所有元组的第一个元素进行排列。如果混合了一些无法互相比较的元素，sort 方法将会抛出 TypeError 异常。

如果想要将我们自己定义的对象放到列表中并进行排序，那么需要一点额外的工作。需要为该对象的类定义一个代表"小于"的__lt__特殊方法，从而使其实例可以相互比较。列表的 sort 方法将会访问每个对象的这一方法，来决定这个对象在列表中的位置。如果传入参数大于我们的类，则该方法应该返回 True，否则返回 False。下面这个例子中的类可以基于字符串或数字进行排序：

```
class WeirdSortee:
    def __init__(self, string, number, sort_num):
        self.string = string
        self.number = number
        self.sort_num = sort_num

    def __lt__(self, object):
        if self.sort_num:
            return self.number < object.number
        return self.string < object.string

    def __repr__(self):
        return"{}:{}".format(self.string, self.number)
```

__repr__方法让我们可以在打印列表时更容易看到这两个值。__lt__方法的实现比较该对象与同类的另一个实例（或者其他拥有 string、number 以及 sort_num 属性的鸭子类型对象；如果没有这些属性，这一方法将失败）。下面的输出结果说明了在排序时这个类的特性：

```
>>> a = WeirdSortee('a', 4, True)
>>> b = WeirdSortee('b', 3, True)
>>> c = WeirdSortee('c', 2, True)
>>> d = WeirdSortee('d', 1, True)
>>> l = [a,b,c,d]
>>> l
[a:4, b:3, c:2, d:1]
>>> l.sort()
>>> l
[d:1, c:2, b:3, a:4]
>>> for i in l:
...     i.sort_num = False
...
>>> l.sort()
>>> l
[a:4, b:3, c:2, d:1]
```

当我们第一次调用 sort 方法时，因为所有进行比较的对象的 sort_num 属性都是 True，所以会按照数字进行排序。第二次则按照字母顺序进行排序。只需要实现 __lt__ 方法，就可以对该对象进行排序。从理论上来说，如果你实现了这个方法，那么这个类也应该实现类似的 __gt__、__eq__、__ne__、__ge__ 以及 __le__ 方法，分别对应<、>、==、!=、>= 以及 <=操作符。你可以实现 __lt__ 和 __eq__ 方法之后，通过 @total_ordering 类装饰器来免费获取其他所有方法：

```
from functools import total_ordering

@total_ordering
class WeirdSortee:
    def __init__(self, string, number, sort_num):
        self.string = string
        self.number = number
        self.sort_num = sort_num
```

```
        def __lt__(self, object):
            if self.sort_num:
                return self.number < object.number
            return self.string < object.string

        def __repr__(self):
            return"{}:{}".format(self.string, self.number)

        def __eq__(self, object):
            return all((
                self.string == object.string,
                self.number == object.number,
                self.sort_num == object.number
            ))
```

如果我们想要对我们的对象使用操作符，那这个方法非常有用。不过，如果我们只想要自定义排序顺序，即便这么简单也是浪费了。在这种用例中，sort 方法可以接收一个可选的 key 参数，这个参数是一个函数，可以将列表中的对象转化成能比较的对象。例如，可以用 str.lower 作为 key 参数来实现大小写不敏感的字符串列表排序：

```
>>> l = ["hello", "HELP", "Helo"]
>>> l.sort()
>>> l
['HELP', 'Helo', 'hello']
>>> l.sort(key=str.lower)
>>> l
['hello', 'Helo', 'HELP']
```

记住，即便 lower 是一个字符串对象的方法，它也是可以接收一个 self 参数的函数。也就是说，str.lower(item) 与 item.lower() 是一样的。当以这个函数作为 key 时，将会实现基于小写值的比较而不是默认的大小写敏感的比较。

有几种非常常用的排序键的操作，Python 开发团队提供了实现而不需要用户自己编写。例如，经常需要对一个元组构成的列表进行排序，但不是按照列表的第一项进行排序的。operator.itemgetter 方法可以作为键用在这里：

```
>>> from operator import itemgetter
```

```
>>> l = [('h', 4), ('n', 6), ('o', 5), ('p', 1), ('t', 3), ('y', 2)]
>>> l.sort(key=itemgetter(1))
>>> l
[('p', 1), ('y', 2), ('t', 3), ('h', 4), ('o', 5), ('n', 6)]
```

itemgetter 函数是最常用的（对象是字典，它也能工作），但是在有些情况下，用 attrgetter 和 methodcaller 返回对象的某个属性或调用对象的某个方法，也可以达到相同的目的。可以查看 operator 模块的文档来获得更多信息。

集合

列表是拥有非常多功能的工具，几乎可以覆盖大部分容器对象的应用。但是如果想要确保一个列表中的对象必须是唯一的，列表就不那么好用了。例如，一个曲库可能包含同一位艺术家的许多歌曲，我们必须检查列表是否已经添加了该艺术家，这样才能避免重复添加。

这就需要用到集合。集合源自数学概念，它们代表一组无序的唯一数字。可以向集合中多次加入同一个数字，但是集合中只会保留一次。

在 Python 中，集合可以保存任意可求哈希值的对象，而不只是数字。可求哈希值对象是和能够用作字典类型的键一样的对象，因此列表和字典被排除在外。和数学集合一样，它们只会存储对象的一份备份。因此如果想要创建一个歌唱艺术家的列表，我们可以创建一组字符串构成的名字，然后添加其到集合中。这个例子首先创建一个(song, artist)元组所构成的列表，然后创建艺术家的集合：

```
song_library = [("Phantom Of The Opera", "Sarah Brightman"),
        ("Knocking On Heaven's Door", "Guns N' Roses"),
        ("Captain Nemo", "Sarah Brightman"),
        ("Patterns In The Ivy", "Opeth"),
        ("November Rain", "Guns N' Roses"),
        ("Beautiful", "Sarah Brightman"),
        ("Mal's Song", "Vixy and Tony")]

artists = set()
for song, artist in song_library:
    artists.add(artist)
```

```
print(artists)
```

对于空集来说，没有一个像列表或字典一样的内置语法，我们用 set() 构造函数创建一个集合。不过只要集合中存在一些值，那么就可以用花括号（从字典语法那借来的）来创建。如果用冒号来分隔键/值对，那么就是字典，就像 {'key':'value','key2': 'value2'}。如果只是用逗号来分隔值，那么就是集合，就像 {'value', 'value2'}。可以用 add 方法向集合中加入单个元素。如果执行下面这段代码，可以看到集合的运行正如我们宣称的一样：

```
{'Sarah Brightman', "Guns N' Roses", 'Vixy and Tony', 'Opeth'}
```

如果你注意输出的内容，就会发现打印出的项目与添加它们的顺序不一样。集合和字典一样，是无序的。它们都利用底层的基于哈希值的数据结构来保证高效。因为它们是无序的，故集合无法通过索引来查找元素。使用集合的主要目的是，将世界一分为二："存在于集合中的"和"集合之外的"。很容易就可以检查某个项目是在集合中的或者遍历集合中所有的项目，但是如果想要对它们进行排序，则必须先将集合转换为列表。下面的输出展示了这些操作：

```
>>> "Opeth" in artists
True
>>> for artist in artists:
...     print("{} plays good music".format(artist))
...
Sarah Brightman plays good music
Guns N' Roses plays good music
Vixy and Tony play good music
Opeth plays good music
>>> alphabetical = list(artists)
>>> alphabetical.sort()
>>> alphabetical
["Guns N' Roses", 'Opeth', 'Sarah Brightman', 'Vixy and Tony']
```

虽然唯一性是集合的主要特征，但这并不是它的主要目的。集合最常用于两个或多个集合组合的时候。集合类型的大部分方法都需要作用于另外一个集合，让我们可以高效地组合或比较两个或多个集合中的元素。这些方法的名字比较奇怪，因为都是借用数学上的术语。首先从 3 个方法开始，它们的结果无论谁是调用者谁是被操作者都是相同的。

union 方法是最常用也是最易于理解的。其接收另外一个集合作为参数，并返回一个新集合，其中包含了所有两个集合的元素。如果某个元素同时存在于两个集合中，那么当然在结果中它仍然只会出现一次。并集就像逻辑 or 操作符，而且也确实，如果你不想调用方法的话，|操作符可以用于两个集合来实现并集。

相反地，求交集的方法接收另外一个集合作为参数并返回一个新集合，其中包含同时存在于两个集合中的元素。就像逻辑 and 操作一样，也可以使用&操作符。

最后，symmetric_difference 方法返回剩下的元素，也就是只出现在其中一个集合而不同时出现的所有元素。下面的例子通过比较我和我妹妹曲库中的艺术家集合来说明这些操作：

```
my_artists = {"Sarah Brightman", "Guns N' Roses",
        "Opeth", "Vixy and Tony"}

auburns_artists = {"Nickelback", "Guns N' Roses",
        "Savage Garden"}

print("All: {}".format(my_artists.union(auburns_artists)))
print("Both: {}".format(auburns_artists.intersection(my_artists)))
print("Either but not both: {}".format(
    my_artists.symmetric_difference(auburns_artists)))
```

如果执行这段代码，将会打印出这些操作的结果：

```
All: {'Sarah Brightman', "Guns N' Roses", 'Vixy and Tony',
'Savage Garden', 'Opeth', 'Nickelback'}
Both: {"Guns N' Roses"}
Either but not both: {'Savage Garden', 'Opeth', 'Nickelback',
'Sarah Brightman', 'Vixy and Tony'}
```

无论用哪个集合作为方法调用者，这些方法的结果都是一致的。我们可以说 my_artists.union(auburns_artists)或 auburns_artists.union(my_artists) 返回相同的结果，也有一些方法会因为调用者和参数的不同而返回不同的结果。

这些方法包括 issubset 和 issuperset，它们是彼此相反的两个方法。它们都返回

bool 类型值。issubset 在调用集合中的所有元素都存在于参数集合中时返回 True。
issuperset 方法在参数集合中的所有元素都存在于调用集合中时返回 True。因此
s.issubset(t) 与 t.issuperset(s) 是完全一样的。如果 t 包含 s 中的所有元素，则
它们均返回 True。

最后，difference 方法返回所有存在于调用集合中但不存在于参数集合中的元素，
就像是 symmetric_difference 方法结果的一半。difference 方法也可以用-操作符
表示。下面的代码说明了这些方法的用法：

```python
my_artists = {"Sarah Brightman", "Guns N' Roses",
        "Opeth", "Vixy and Tony"}

bands = {"Guns N' Roses", "Opeth"}

print("my_artists is to bands:")
print("issuperset: {}".format(my_artists.issuperset(bands)))
print("issubset: {}".format(my_artists.issubset(bands)))
print("difference: {}".format(my_artists.difference(bands)))
print("*"*20)
print("bands is to my_artists:")
print("issuperset: {}".format(bands.issuperset(my_artists)))
print("issubset: {}".format(bands.issubset(my_artists)))
print("difference: {}".format(bands.difference(my_artists)))
```

这段代码打印出每个方法被不同集合调用并以另一个集合为参数时的结果，运行之后
将会得到下面的结果：

```
my_artists is to bands:
issuperset: True
issubset: False
difference: {'Sarah Brightman', 'Vixy and Tony'}
********************
bands is to my_artists:
issuperset: False
issubset: True
difference: set()
```

第二个例子中的 difference 方法返回一个空集，因为没有哪个元素存在于 bands 集合但不存在于 my_artists 集合。

union、intersection 和 difference 方法都可以接收多个集合作为参数，我们可以猜想，它们将会返回的集合是将该方法对应的操作施加到所有参数上的结果。

因此集合的方法明显说明集合是用于和其他集合进行运算的，而不仅仅是一个容器。如果有一些来自两个不同源的数据，并需要快速以某种形式组合起来，以确定数据是否重合或不同，我们可以用集合操作来快速地比较它们。或者如果输入数据可能包含重复的已经加工过的数据，我们可以用集合来比较并只处理新数据。

最后，需要知道当用 in 关键字检查元素是否存在于容器中时，集合比列表的效率更高。在对一个列表或集合容器使用 value in container 语法时，如果 Container 中有元素等于 value，则返回 True，否则返回 False。在列表中，这将会遍历所有对象直到找到相同的值，而对于集合来说，只需要求出哈希值并检查是否存在即可。这意味着无论集合有多大，查找一个值是否存在所需要的时间是固定的，但是对于列表来说列表长度越长搜索一个值所需要的时间就越长。

扩展内置类型

我们在第 3 章中简单讨论过，内置数据类型可以通过实例进行扩展。现在，将会深入了解更多细节，包括什么时候需要这么做。

当想要向一个内置容器对象中添加功能时，我们有两个选项。可以创建一个新对象，并保存一个容器对象作为属性（组合关系），或者可以创建内置对象的子类并添加方法来实现我们想要做的事（继承关系）。

当我们只想要用容器存储一些对象并利用它的一些特征时，组合关系通常是最好的选项。用这种方式，很容易将这一数据结构传递给其他方法，这些方法知道如何与之交互。但是如果需要修改容器对象实际的运作方式，就需要用到继承关系。例如，如果想要确保 list 中的所有元素都必须是由 5 个字符组成的字符串，需要继承 list 并重写 append() 方法，对于不合法的输入抛出异常。我们也需要最低限度地重写 __setitem__(self, index, value) 方法，这是一个当我们用 x[index] = "value"语法时对列表进行调用的特殊方法，以及 extend() 方法。

是的，列表也是对象。所有像访问列表或字典的键、遍历容器，以及其他类似的任务，所用的那些看起来不是面向对象的特殊语法，实际上是一些"语法糖"，它们在底层仍然会映射到面向对象范式。我们可能会问 Python 的设计者，为什么要这样做，难道面向对象编程不总是更好的吗？这个问题很容易回答。在下面这个假设的例子中，对一个程序员来说，哪个更容易读？哪个的输入更少？

```
c = a + b
c = a.add(b)

l[0] = 5
l.setitem(0, 5)
d[key] = value
d.setitem(key, value)

for x in alist:
    # 对x进行一些操作
it = alist.iterator()
while it.has_next():
    x = it.next()
    # 对x进行一些操作
```

加粗的部分显示的是面向对象版本的代码可能的样子（在实践中，这些方法实际上是一些双下画线包围的特殊方法，绑定在对应的对象上）。Python 程序员同意非面向对象的语法更容易读/写，不过，所有这些 Python 语法在背后都会映射为面向对象的方法。这些方法拥有特殊的名字（前后都有双下画线），以提示我们存在更好的语法。然而，它也让我们可以重写这些行为。例如，创建一个特殊的整数，每当将两个这种整数相加时都会返回 0：

```
class SillyInt(int):
    def __add__(self, num):
        return 0
```

必须承认这样做是非常古怪的，但是能够很好地说明这些面向对象的准则：

```
>>> a = SillyInt(1)
>>> b = SillyInt(2)
>>> a + b
0
```

　　最酷的是 __add__ 方法可以添加到任何我们自己写的类中，如果我对这个类的实例使用+操作符，将会调用 __add__。例如，字符串、元组以及列表的连接就是这么实现的。

　　所有的特殊方法都是这样的。如果想要对自定义的对象使用 x in myobj 语法，可以实现 __contains__ 方法。如果想要用 myobj[i] = value 语法，只需要提供 __setitem__ 方法。如果想用 something = myobj[i]，需要实现 __getitem__。

　　list 类一共有 33 个这样的特殊方法。可以用 dir 函数来查看：

```
>>> dir(list)

['__add__', '__class__', '__contains__', '__delattr__','__delitem__',
'__doc__', '__eq__', '__format__', '__ge__', '__getattribute__', '__
getitem__', '__gt__', '__hash__', '__iadd__', '__imul__', '__init__',
'__iter__', '__le__', '__len__', '__lt__', '__mul__', '__ne__', '__new__',
'__reduce__', '__reduce_ex__', '__repr__', '__reversed__', '__rmul__',
'__setattr__', '__setitem__', '__sizeof__', '__str__', '__subclasshook__',
'append', 'count', 'extend', 'index', 'insert', 'pop', 'remove', 'reverse',
'sort'
```

此外，如果想要知道如何使用这些方法，可以用 help 函数：

```
>>> help(list.__add__)
Help on wrapper_descriptor:


__add__(self, value, /)
Return self+value.
```

　　列表的加号操作符连接两个列表。我们没办法在这本书中讨论所有这些特殊方法，但是你可以通过 dir 和 help 来探索它们的功能。Python 官方在线文档（https://docs.python.org/3/）也提供了很多有用的信息。特别关注一下，collections 模块中对抽象基类的讨论。

　　那么，回到最初的问题上，什么时候应该用组合关系或继承关系：如果需要修改类中的任何方法——包括特殊方法——那么肯定应该用继承关系。如果使用组合关系，可以编写一些方法进行验证或修改，并要求调用者使用这些方法，但是没有任何办法可以阻止他们对属性的直接访问。他们可以将一个不是 5 个字符的项目插入到列表中，而这可能让列表的其他方法感到困惑。

通常来说，如果需要扩展内置数据类型，很有可能说明我们选错了数据结构。虽然并不总是这样，但如果想要扩展内置类型，需要慎重考虑其他的数据结构是否更合适。

例如，考虑创建一个字典来记录插入键的顺序。一种方法是保存存储在特定派生子类 dict 中的键的有序列表。然后可以重写 keys、values、__iter__ 以及 items 等方法，从而有顺序地返回。当然，也需要重写 __setitem__ 和 setdefault 来保持有序列表可以实时更新。在 dir(dict) 的输出中，可能还有其他一些方法需要重写，以保持列表和字典的一致（clear 和 __delitem__ 来追踪项目何时被移除），但是在这个例子中先不去考虑它们。

我们将扩展 dict 并添加一个有序键的列表。还有一点儿细节，我们应该在哪里创建这个列表呢？可以在 __init__ 方法中，但是必须保证任意子类也能调用这个初始化方法。还记得在第 2 章中我们讨论过的 __new__ 方法吗？我说过它通常只会用在非常特殊的情况下。现在就是一种特殊情况，我们知道 __new__ 将只会被调用一次，可以对新实例创建一个列表，使得所有类都可以访问它。想着这一点，下面就是整个有序字典的实现：

```python
from collections import KeysView, ItemsView, ValuesView
class DictSorted(dict):
    def __new__(*args, **kwargs):
        new_dict = dict.__new__(*args, **kwargs)
        new_dict.ordered_keys = []
        return new_dict

    def __setitem__(self, key, value):
        '''self[key] = value syntax'''
        if key not in self.ordered_keys:
            self.ordered_keys.append(key)
        super().__setitem__(key, value)

    def setdefault(self, key, value):
        if key not in self.ordered_keys:
            self.ordered_keys.append(key)
        return super().setdefault(key, value)
```

```
        def keys(self):
            return KeysView(self)

        def values(self):
            return ValuesView(self)

        def items(self):
            return ItemsView(self)

        def __iter__(self):
            '''for x in self syntax'''
            return self.ordered_keys.__iter__()
```

　　__new__ 方法创建一个新的字典，然后为它添加一个空列表属性。我们没有重写 __init__ 方法，因为默认的实现已经足够了（实际上，只有当初始化空的 DictSorted 对象时，这样做才有效，这是标准行为。如果想要支持其他 dict 构造函数的变式，例如接收字典或元组列表为参数，我们需要修改 __init__ 来更新 ordered_keys 列表）。两个设定元素值的方法很相似，它们都是在未添加键之前更新键列表，我们不希望列表中出现重复元素，但是又不能在这里使用集合，因为它是无序的。

　　keys、values 和 items 方法都返回了字典的视图。collections 库提供了 3 个针对字典的只读 View 对象，它们用 __iter__ 方法来遍历所有的键，然后用 __getitem__（我们不需要重写）来取值。因此，只需要自己定义 __iter__ 方法使 3 个视图工作即可。你可以认为超类通过多态来创建合适的视图，但是如果不重写这 3 个方法，就没办法返回合适的有序视图。

　　最后，__iter__ 方法才是真正特殊的方法，它确保我们遍历字典的键（用 for...in 语法），值按照正确的顺序返回。它通过返回 ordered_keys 列表的 __iter__ 来实现，而 ordered_keys.__iter__() 返回的就是我们在 for...in 中使用的迭代器对象。由于 ordered_keys 是所有可用键的列表（因为我们已经重写了其他方法），这个迭代器也是字典的正确迭代器对象。

　　让我们和普通的字典相比较，看这几个方法的使用实例：

```
>>> ds = DictSorted()
>>> d = {}
```

```
>>> ds['a'] = 1
>>> ds['b'] = 2
>>> ds.setdefault('c', 3)
3
>>> d['a'] = 1
>>> d['b'] = 2
>>> d.setdefault('c', 3)
3
>>> for k,v in ds.items():
...     print(k,v)
...
a 1
b 2
c 3
>>> for k,v in d.items():
...     print(k,v)
...
a 1
c 3
b 2
```

哈！我们的字典是有序的，而普通字典不是。

> 如果在生产环境中使用这个类，还必须重写其他一些特殊方法来确保在所有情况下键都能及时更新。然而，你不需要这样做，Python 已经提供了这个类的功能，你可以使用 collections 模块的 OrderedDict 对象。试着从 collections 导入这个类并用 help(OrderedDict) 查看更多信息。

队列

　　队列是一种特殊的数据结构，和集合一样，完全可以用列表实现它的功能。不过，由于列表是一种用途广泛的工具，有时对于容器相关的操作来说，它们并不是最高效的数据结构。如果你的程序正使用一个小型的数据库（以当今的处理器能力，可以包含几百甚至几千个元素），那么列表可能完全满足你的需求。不过，如果你需要将数据扩展到百万级，你可能需要一个效率更高的容器。根据访问类型的不同，Python 提供 3 种队列数据结构。它们都使用相同的 API，但是在行为和数据结构上有所不同。

在开始队列之前，还是先考虑基于列表数据结构的实现。Python 列表对于很多应用场景有非常大的优势：

- 支持对列表中的任意元素进行高效的随机访问。
- 元素之间存在严格的顺序。
- 支持高效的向后追加操作。

但是如果不是向列表最后的位置插入元素，可能会比较慢（尤其是向列表的开始位置）。正如我们在集合一节中讨论的，检查一个元素是否存在于列表中也是较慢的，由此推断，搜索的速度也是较慢的。按照顺序存储数据或重新排序的效率也不是很高。

接下来看看 Python 的 queue 模块所提供的 3 种队列容器类型。

FIFO 队列

FIFO 代表**"先进先出"**（First In First Out），也是对"队列"一词最常见的理解定义。想象一些人在银行或取款机前排成一队，排在最前面的人最先接受服务，排在第二的人第二个接受服务，新来的人需要加入队伍的最后等待。

Python 的 Queue 类就像上面描述的一样。它们通常用作某种沟通媒介，其中一些对象产生数据而另外一些对象消耗这些数据，并且可能是以不同的速度。想象一个消息应用从网络接收消息，但是同一时间只能向用户展示一条消息。其他的消息会按照接收顺序缓存在队列中。在这种并发应用中 FIFO 队列用得非常多。（我们将在第 12 章中讨论更多关于并发的内容）

如果在下一个对象被消耗的时候你才需要访问数据结构中的数据，Queue 类是非常好的选择。在这种情况下，使用列表效率会很低，因为在底层，在列表的头部插入（或移除）数据需要移动剩余所有的元素。

队列的 API 非常简单，Queue 的容量是"无限"的（直到计算机的内存耗尽为止），不过通常会限定一个最大的范围。主要的方法有 put() 和 get()，用于向队列最后添加元素和从队列开头取出元素。如果队列为空（无法取出）或已满（无法添加），无法执行这些方法，那么它们都接收一个可选参数，用于在这种情况下执行相应的操作。默认的行为是

阻止或一直等到 Queue 对象拥有足够的数据或空间来完成这些操作。如果传递
block=False 参数，就可以抛出异常，或者可以通过传递 timeout 参数来定义一定的等
待时间，超时之后才抛出异常。

该类同时也提供两个检查 Queue 是否为空或满的方法：full() 和 empty()，另外还
有几个方法用于处理并发访问，我们在这里就不进行讨论了。下面的交互式会话展示了这
些用法：

```
>>> from queue import Queue
>>> lineup = Queue(maxsize=3)
>>> lineup.get(block=False)
Traceback (most recent call last):
  File "<ipython-input-5-a1c8d8492c59>", line 1, in <module>
    lineup.get(block=False)
  File "/usr/lib64/python3.3/queue.py", line 164, in get
    raise Empty
queue.Empty
>>> lineup.put("one")
>>> lineup.put("two")
>>> lineup.put("three")
>>> lineup.put("four", timeout=1)
Traceback (most recent call last):
  File "<ipython-input-9-4b9db399883d>", line 1, in <module>
    lineup.put("four", timeout=1)
  File "/usr/lib64/python3.3/queue.py", line 144, in put
raise Full
queue.Full
>>> lineup.full()
True
>>> lineup.get()
'one'
>>> lineup.get()
'two'
>>> lineup.get()
'three'
>>> lineup.empty()
True
```

在底层，Python 在 `collections.deque` 数据结构顶部实现队列。双向队列（deques）是一种高级数据结构，可以保证从集合两端进行高效访问。它提供比 `Queue` 更灵活的接口，如果你想要尝试一下，可以去 Python 的官方文档查看。

LIFO 队列

LIFO 代表"后进先出"（Last In First Out），队列通常被称为栈。想象一摞纸，你每次只能拿到最上面的一张。你可以往上面放另外一张纸，使它成为最上层，或者可以拿走最上层的纸露出下面的一张。

按照惯例，对栈进行的操作被称为 push 和 pop，但是 Python 的 `queue` 模块使用的是与 FIFO 队列完全相同的 API：`put()` 和 `get()`。只不过在 LIFO 队列中，这些方法作用于栈"顶"而不是队伍的前后端。这是多态的一个绝佳的例子。如果你去看 Python 标准库中 `Queue` 的源码，你可以看到 FIFO 和 LIFO 队列子类拥有共同的超类，其实现了一些彼此完全不同的操作（作用于栈顶而不是 `deque` 实例的前后位置）。

下面是 LIFO 队列的使用实例：

```
>>> from queue import LifoQueue
>>> stack = LifoQueue(maxsize=3)
>>> stack.put("one")
>>> stack.put("two")
>>> stack.put("three")
>>> stack.put("four", block=False)
Traceback (most recent call last):
  File "<ipython-input-21-5473b359e5a8>", line 1, in <module>
    stack.put("four", block=False)
  File "/usr/lib64/python3.3/queue.py", line 133, in put
    raise Full
queue.Full

>>> stack.get()
'three'
>>> stack.get()
'two'
>>> stack.get()
```

```
'one'
>>> stack.empty()
True
>>> stack.get(timeout=1)
Traceback (most recent call last):
  File "<ipython-input-26-28e084a84a10>", line 1, in <module>
    stack.get(timeout=1)
  File "/usr/lib64/python3.3/queue.py", line 175, in get
    raise Empty
queue.Empty
```

你可能会想为什么不直接用标准列表的 append() 和 pop() 方法。坦白来说，我就会这么做。我很少在生产环境代码中使用 LifoQueue 类。实际上，使用对列表尾部进行的操作是非常高效的，LifoQueue 在底层使用的就是一个标准的列表！

有几个原因可能导致你想要用 LifoQueue 而不是列表。最重要的一点是，LifoQueue 支持多线程并发访问。如果你需要在并发环境下进行类栈行为，你不应该用列表。第二点，LifoQueue 强制使用栈接口。你无法随意地向 LifoQueue 中的错误位置插入值（当然，作为练习，你可以试试看如何能做到随意插入）。

优先级队列

优先级队列强制使用一种与之前的队列实现迥然不同的排序风格。它们仍然使用相同的 get() 和 put() API，不过不同的是，它们不是按照加入顺序来返回的，而是首先返回"最重要"的元素。按照约定，最重要或者说优先级最高的元素是通过小于操作排在最低位的元素。

通常是将一个元组存储到优先级队列中，其中元组的第一个元素代表其优先级，第二个元素是数据。另一种常用范式是实现 __lt__ 方法，如我们在本章前面讨论过的一样。队列中多个元素拥有相同的优先级是完全可以接受的情况，不过这时就无法保证哪个会最先返回。

优先级队列的应用场景，例如，可以用于搜索引擎来确保优先刷新最流行的网页内容，然后抓取较少搜索的站点。产品推荐工具可以用优先级队列来展示评分最高的商品信息，同时加载那些评分较低商品的数据。

　　注意优先级队列总是返回当前队列中最重要的元素。如果队列是空的，get()方法将会阻塞（默认情况下）；如果队列非空，就不会阻塞，也不会等待优先级更高的元素添加进来。队列对于还未添加的元素（甚至是已经被提取出来的元素）毫不关心，仅仅基于队列当前内容做出决定。

　　下面的交互式会话展示了优先级队列的用法，用元组来表示权重以确定所处理项目的顺序：

```
>>> heap.put((3, "three"))
>>> heap.put((4, "four"))
>>> heap.put((1, "one") )
>>> heap.put((2, "two"))
>>> heap.put((5, "five"), block=False)
Traceback (most recent call last):
  File "<ipython-input-23-d4209db364ed>", line 1, in <module>
    heap.put((5, "five"), block=False)
  File "/usr/lib64/python3.3/queue.py", line 133, in put
    raise Full
Full
>>> while not heap.empty():
    print(heap.get())
(1, 'one')
(2, 'two')
(3, 'three')
(4, 'four')
```

　　优先级队列的通用实现都是基于 heap 数据结构的。Python 实现利用了 heapq 模块来高效地将 heap 存储在一个寻常的列表中。如果想要了解更多关于堆以及其他没有介绍到的数据结构，我建议你去找一本算法与数据结构的书来看一下。不管是什么样的数据结构，你总是可以用面向对象的准则来封装相关的算法（行为），例如那些由 heapq 模块所提供的算法（行为），这些算法绑定在一些结构化存储于计算机内存中的数据上，例如标准库中的 queue 模块为我们做到的。

案例学习

把所有这些整合起来，下面来写一个简单的链接收集器，它将会访问一个站点，然后收集该站点上所有页面的链接。不过在开始之前，需要一些测试数据。简单地写一些 HTML 文件，包含一些彼此相连的链接和一些指向互联网其他网站的链接，就像这样：

```html
<html>
    <body>
        <a href="contact.html">Contact us</a>
        <a href="blog.html">Blog</a>
        <a href="esme.html">My Dog</a>
        <a href="/hobbies.html">Some hobbies</a>
        <a href="/contact.html">Contact AGAIN</a>
        <a href="http://www.archlinux.org/">Favorite OS</a>
    </body>
</html>
```

将其中一个文件命名为 index.html，从而在服务器启动时第一个显示。确保别的文件都存在，为了更复杂一点，让它们相互之间的链接多一些。如果你不想自己去做，本章的例子可以在 case_study_serve 目录下找到（有史以来最无聊的个人网站之一！）。

现在启动一个简单的 Web 服务器，在包含所有这些文件的目录下执行下面的命令：

python3 -m http.server

这将会启动一个运行在 8000 端口的服务器，你可以通过 Web 浏览器访问 http://localhost:8000/看到这些页面。

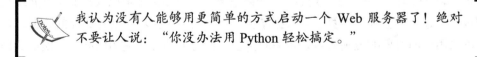

我认为没有人能够用更简单的方式启动一个 Web 服务器了！绝对不要让人说："你没办法用 Python 轻松搞定。"

我们的目标将是传递网站最基本的 URL（在这个例子中是 http://localhost:8000/）给收集器，然后让它创建一个该站点所有唯一链接所组成的列表。我们将考虑 3 种类型的 URL（外站链接，其以 http://开头；绝对内部链接，其以/字符开头；相对链接，所有其他情况）。也需要知道页面之间可能循环连接，必须保证不会对同一个页面处理多次，否则将永远停不下来。需要确保这些唯一性，看起来我们将会需要用到集合。

在此之前，先从最基本的开始。如何连接到一个页面并解析页面中所有的链接？

```python
from urllib.request import urlopen
from urllib.parse import urlparse
import re
import sys
LINK_REGEX = re.compile(
        "<a [^>]*href=['\"]([^'\"]+)['\"][^>]*>")


class LinkCollector:
    def __init__(self, url):
        self.url = "" + urlparse(url).netloc

    def collect_links(self, path="/"):
        full_url = self.url + path
        page = str(urlopen(full_url).read())
        links = LINK_REGEX.findall(page)
        print(links)

if __name__ == "__main__":
    LinkCollector(sys.argv[1]).collect_links()
```

考虑到完成的工作，这段代码并不算长。它通过传递到命令行的参数连接服务器，下载该页面，然后提取页面中所有的链接。`__init__` 方法使用 urlparse 函数从 URL 中提取主机名，即使你传递的参数是 `http://localhost:8000/some/page.html`，仍然会在主机 `http://localhost:8000/` 的顶层进行操作。这样做是合理的，因为我们想要收集的是当前站点的所有链接，尽管它假定所有页面都通过一系列链接连接到主页。

`collect_links` 方法连接并下载服务器上的指定页面，然后用正则表达式找出页面中所有的链接。正则表达式是非常有力的字符串处理工具。不幸的是，它的学习曲线很陡峭，如果你之前没有用过，我强烈建议你通过一整本书或网站来学习。如果你觉得没有必要学，试试不用它们自己编写代码来实现上面的功能，这将会改变你的想法。

这个例子在打印所有链接值的 `collect_links` 方法中间就停下来了，这是我们一边写程序一边测试程序的常用方法：停下并输出结果以确保与预期相符。下面是我们例子的输出：

```
['contact.html', 'blog.html', 'esme.html', '/hobbies.html',
'/contact.html', 'http://www.archlinux.org/']
```

现在已经有了首页所有链接的集合。要怎么处理？不能仅仅从列表中依次弹出链接并插入集合以去除重复值，因为链接有可能是相对路径，也有可能是绝对路径。例如，contact.html 和/contact.html 指向的是同一个页面。所以首先应该将所有链接统一改为完整的 URL，包括主机名和相对路径。可以为对象添加一个 normalize_url 方法：

```
def normalize_url(self, path, link):
    if link.startswith("http://"):
        return link
    elif link.startswith("/"):
        return self.url + link
    else:
        return self.url + path.rpartition(
            '/')[0] + '/' + link
```

这个方法将每个 URL 转化为完整地址，包括协议名称和主机名称。现在两个联系人页面有相同的值，然后可以将它们存于集合中。必须修改 __init__ 方法创建一个集合，然后通过 collect_links 将所有链接插入集合。

然后，要访问所有的非外部链接，也收集其中的链接。不过等一等，要怎样避免重复访问同一个链接？看起来需要两个集合：一个用于收集链接，另一个保存访问过的链接。这说明选择集合表示我们的数据是明智的，我们知道集合在进行多个操作时最有用。下面把这些添加进来：

```
class LinkCollector:
    def __init__(self, url):
        self.url = "http://+" + urlparse(url).netloc
        self.collected_links = set()
        self.visited_links = set()

    def collect_links(self, path="/"):
        full_url = self.url + path
        self.visited_links.add(full_url)
```

```
page = str(urlopen(full_url).read())
links = LINK_REGEX.findall(page)
links = {self.normalize_url(path, link
    ) for link in links}
self.collected_links = links.union(
        self.collected_links)
unvisited_links = links.difference(
        self.visited_links)
print(links, self.visited_links,
        self.collected_links, unvisited_links)
```

创建标准链接列表的那行代码用的是 set 推导，和列表推导一样，只不过结果是值的集合。我们将在第 7 章学习这方面的细节。这个方法再一次停止并打印出当前值，以确保我们没有将集合用混，而且通过调用 difference 获得了 unvisited_links。可以添加几行代码遍历所有未访问过的链接并将它们也收集起来：

```
for link in unvisited_links:
    if link.startswith(self.url):
        self.collect_links(urlparse(link).path)
```

if 语句确保只收集当前网站的链接，我们还不想收集整个互联网上所有页面的链接（除非我们是 Google 或者 Internet Archive！）。如果修改程序最下方的代码，将收集到的链接打印出来，将会看到似乎已经全部收集到了：

```
if __name__ == "__main__":
    collector = LinkCollector(sys.argv[1])
    collector.collect_links()
    for link in collector.collected_links:
        print(link)
```

这会展示收集到的所有链接，虽然例子中的许多页面多次彼此互联，但每个链接只出现一次：

```
$ python3 link_collector.py http://localhost:8000
http://localhost:8000/
http://en.wikipedia.org/wiki/Cavalier_King_Charles_Spaniel
http://beluminousyoga.com
http://archlinux.me/dusty/
```

```
http://localhost:8000/blog.html
http://ccphillips.net/
http://localhost:8000/contact.html
http://localhost:8000/taichi.html
http://www.archlinux.org/
http://localhost:8000/esme.html
http://localhost:8000/hobbies.html
```

虽然它也收集了指向外站页面的链接，但是并没有从那些外站页面上收集链接。如果我们想要收集一个站点上的所有页面，这个小程序将非常有用。但是如果想要创建站点地图，那它给出的信息还不够，它只告诉我们哪些页面而没有告诉我们这些页面彼此之间是如何联系的。如果我们想要这些信息，就不得不做出一些修改。

首先应该观察我们的数据结构。用集合收集链接的方法就不好用了，我们想要知道哪些链接指向了哪些页面。首先可以将集合转换成一个我们访问的每一页的集合字典，这个字典的键与当前集合中的数据完全相同，其值将会是该页面上所有链接的集合。下面就是改动的地方：

```python
from urllib.request import urlopen
from urllib.parse import urlparse
import re
import sys
LINK_REGEX = re.compile( "<a [^>]*href=['\"]([^'\"]+)['\"][^>]*>")

class LinkCollector:
    def __init__(self, url):
        self.url = "http://%s" % urlparse(url).netloc
        self.collected_links = {}
        self.visited_links = set()

    def collect_links(self, path="/"):
        full_url = self.url + path
        self.visited_links.add(full_url)
        page = str(urlopen(full_url).read())
        links = LINK_REGEX.findall(page)
        links = {self.normalize_url(path, link
            ) for link in links}
```

```
            self.collected_links[full_url] = links
            for link in links:
                self.collected_links.setdefault(link, set())
            unvisited_links = links.difference(
                    self.visited_links)
            for link in unvisited_links:
                if link.startswith(self.url):
                    self.collect_links(urlparse(link).path)

    def normalize_url(self, path, link):
        if link.startswith("http://"):
            return link
        elif link.startswith("/"):
            return self.url + link
        else:
            return self.url + path.rpartition('/'
                    )[0] + '/' + link
if __name__ == "__main__":
    collector = LinkCollector(sys.argv[1])
    collector.collect_links()
    for link, item in collector.collected_links.items():
        print("{}: {}".format(link, item))
```

令人惊喜的是，不需要太多改动，最初创建两个集合并集的操作替换为三行更新字典的操作。首先告诉字典当前页面的已收集链接，然后用 setdefault 方法为未添加到字典的任意项创建一个空集。结果会得到一个字典，包含所有链接作为键，内部链接将映射到该页面上所有链接的集合，外部链接则指向一个空集。

最后，用一个队列来存储所有还未处理过的链接，而不是递归调用 collect_links。虽然目前的实现还不支持，不过已经做好准备来创建多线程版本，可以同时并行发出多个请求以节约时间。

```
from urllib.request import urlopen
from urllib.parse import urlparse
import re
import sys
from queue import Queue
```

```python
LINK_REGEX = re.compile("<a [^>]*href=['\"]([^'\"]+)['\"][^>]*>")

class LinkCollector:
    def __init__(self, url):
        self.url = "http://%s" % urlparse(url).netloc
        self.collected_links = {}
        self.visited_links = set()

    def collect_links(self):
        queue = Queue()
        queue.put(self.url)
        while not queue.empty():
            url = queue.get().rstrip('/')
            self.visited_links.add(url)
            page = str(urlopen(url).read())
            links = LINK_REGEX.findall(page)
            links = {
                self.normalize_url(urlparse(url).path, link)
                for link in links
            }
            self.collected_links[url] = links
            for link in links:
                self.collected_links.setdefault(link, set())
            unvisited_links = links.difference(self.visited_links)
            for link in unvisited_links:
                if link.startswith(self.url):
                    queue.put(link)

    def normalize_url(self, path, link):
        if link.startswith("http://"):
            return link.rstrip('/')
        elif link.startswith("/"):
            return self.url + link.rstrip('/')
        else:
            return self.url + path.rpartition('/')[0] + '/' + link.rstrip('/')
```

```
if __name__ == "__main__":
    collector = LinkCollector(sys.argv[1])
    collector.collect_links()
    for link, item in collector.collected_links.items():
        print("%s: %s" % (link, item))
```

在这个版本中，我不得不在 `normalize_url` 方法中手动去除尾部的斜杠以避免重复链接。

由于最后的结果是一个无序字典，对于链接的处理顺序就没有任何限制了。因此，可以用 `LifoQueue` 来替代这里的 `Queue`。在这里用优先级队列并没太多意义，因为在本例中每个链接没有明显的优先级。

练习

学习如何选择正确的数据结构最好的方式就是试几次错。选择你最近写过的几段代码，或者用列表写一段新的代码。试着用其他的数据结构来重写它们。哪种数据结构更合理？哪种更不合理？哪种写法更优雅？

试着用这种方法比较其他数据结构。你可以从前面章节的练习中找到例子。有没有哪些带有方法的对象可以用 `namedtuple` 或 `dict` 来代替？试着都用用看。有没有哪些字典可能因为你并不需要访问其值而用集合来代替？你有用列表来检查重复项吗？换成集合会更有效吗？或者用几个集合试试？哪种队列的实现更高效？将 API 限定在栈顶操作而不是随意访问列表是否更有用？

如果你想要一些更具体的例子来尝试，可以将链接收集器修改为保存每个链接对应的标题。或者你可以生成一个 HTML 版本的网站地图，列举站点所有的页面，并且包含一个指向其他页面的链接列表，它们以相同的链接标题命名。

你最近有没有写过容器对象，可以通过继承内置数据结构并重写一些"特殊"双下画线方法以进行优化？你可能通过检索（`dir`、`help` 或 Python 库手册）找出有哪些方法需要重写。你确定继承关系是正确的吗？基于组合的解决方案是否更有效？（如果可能）在做决定之前两个都试试。试着找出每个方法更合适的场景。

如果你在学习本章之前就已经熟悉各种 Python 数据结构及其用法，你可能已经觉得厌烦了。如果是这样，很有可能你已经过多地使用这些数据结构了！找出一些你写过的代码，用自定义的对象来重写。仔细考虑替代方案并把它们都实现出来，哪种方案最易读、最容易维护？

永远严格地评估你的代码和设计决定。养成审查旧代码的习惯，如果你对"好设计"的理解发生了改变，那最好做下记录。软件设计包含很大的美学因素，就像艺术家用水彩在画布上作画一样，我们也必须找到最适合我们自己的风格。

总结

我们学习了几种内置数据结构并试着理解在不同应用中如何选择它们。有时候，不得不创建一类新对象，但是通常来说，内置类型中的某一个就可能提供我们想要的东西。如果不能，也可以用继承或组合的方式来将它们应用到我们的案例中。甚至可以通过重写特殊方法来完全改变内置语法的行为。

在第 7 章中，我们将讨论如何整合 Python 的面向对象与非面向对象两个方面。同时，将会发现它比第一眼看上去更加面向对象！

第 **7** 章
Python 面向对象的捷径

Python 有很多方面看起来更容易让人联想到结构化编程或函数式编程，而不是面向对象编程。尽管面向对象编程在过去二十几年里比前面两种都要抢眼，不过旧派模型最近获得了复兴。就像 Python 的数据结构，它们的大部分工具都是映射到底层面向对象实现的语法糖，我们可以将它们看作基于面向对象范式之上进一步的抽象层（尽管面向对象范式已经进行了抽象）。在本章中，我们将会学习 Python 的各种不那么严格面向对象的特征：

- 内置函数通过一次调用完成常规任务。
- 文件 I/O 与上下文管理器。
- 方法重载的替代方案。
- 函数也是对象。

Python 内置函数

Python 中有许多函数可以针对特定类型的对象执行某些任务或计算结果，这些函数不需要是某些底层类的方法。它们通常是抽象出来的一些常用计算，可以应用于多种类型的类。这是鸭子类型最好的地方，这些函数所接收的对象拥有特定的属性或方法，并且可以利用这些方法执行一般化的操作。很多方法，但不是全部，是双下画线的特殊方法。我们已经用过很多这样的内置函数了，让我们快速浏览几个比较重要的函数并学习一些奇技淫巧。

len()函数

最简单的例子就是 len() 函数，它可以数出某种容器对象中的项目数，例如字典或列表。你之前已经见过：

```
>>> len([1,2,3,4])
4
```

为什么这些对象没有长度属性而需要调用一个函数来计算？从理论上来说，它们是有的。len() 应用到的大部分对象都有一个被称为 __len__() 的方法，其返回同样的值。因此 len(myobj) 就是调用 myobj.__len__()。

为什么不用 __len__ 方法而要用 len() 函数？很明显 __len__ 是一个特殊的双下画线方法，这意味着我们不应该直接调用它。这一定有合理的解释，Python 开发者不会轻率地做出这样的设计决策。

主要的原因是效率。当调用一个对象的 __len__ 方法时，对象首先需要在命名空间中查找这一方法，如果定义了特殊的 __getattribute__ 方法（每次访问对象的属性或方法时都需要调用），必须先调用它。而且，__getattribute__ 所返回的方法可能是用户乱写的，例如拒绝让我们访问 __len__ 特殊方法！而 len() 函数没有这些问题。它实际上调用的是底层类的 __len__ 函数，因此 len(myobj) 实际指向的是 MyObj.__len__(myobj)。

另一个原因是可维护性。Python 开发者可能会在未来修改 len() 来计算没有 __len__ 方法的对象的长度，例如，通过计数迭代器返回的项目。那么他们只需要修改一个函数而不是所有的 __len__ 方法。

另外，len() 作为外部函数还有一个非常重要而且常常被忽视的原因：向后兼容。这一点通常被文章引用为"由于历史原因"，这是一个带有轻微不屑意味的说法，作者通常想要表示我们由于很久之前的错误而困在这里。严格来说，len() 并不是一个错误，而是一个设计决策，只不过是在面向对象还没那么主流的时候做出的决策。它依然经受住了时间的考验并且表现出优势，因此应试着习惯使用它。

反转函数

reversed() 函数以任何序列作为输入，并返回一个该序列倒序的复制品。通常用于 for 循环语句，来从后向前遍历项目。

和 len 类似，reversed 调用传入参数所属类的 __reversed__() 函数。如果这一方法不存在，reversed 会通过调用 __len__ 和 __getitem__ 自己构建一个倒序序列，其用于定义序列。如果想要自定义或优化倒序过程，只需要重写 __reversed__ 即可：

```
normal_list=[1,2,3,4,5]

class CustomSequence():
    def __len__(self):
        return 5

    def __getitem__(self, index):
        return "x{0}".format(index)

class FunkyBackwards():

    def __reversed__(self):
        return "BACKWARDS!"

for seq in normal_list, CustomSequence(), FunkyBackwards():
    print("\n{}: ".format(seq.__class__.__name__), end="")
    for item in reversed(seq):
        print(item, end=", ")
```

最后的 for 循环打印出正常列表、两个自定义序列实例的倒序版本。结果显示 reversed 作用于它们 3 个，但是当我们自己定义了 __reversed__ 时，reversed 的作用结果截然不同：

```
list: 5, 4, 3, 2, 1,
CustomSequence: x4, x3, x2, x1, x0,
FunkyBackwards: B, A, C, K, W, A, R, D, S, !,
```

当倒排 CustomSequence 时，每一项都会调用 __getitem__ 方法，它只是在索引之前插入一个 x。对于 FunkyBackwards 来说，__reversed__ 方法返回一个字符串，然后通过 for 循环将每个字符输出。

上面两个类都不是很好的序列，因为都没有定义合适的 __iter__ 版本，因此如果直接用 for 语句遍历它们，将陷入死循环。

枚举

有时候，在我们用 for 语句遍历一个容器的时候，可能想要访问当前项的索引（在列表中的位置）。for 循环不提供索引，不过 enumerate 函数提供更好的选择：它创建一个元组序列，每个元组的第一个对象是索引，第二个对象是原始的元素。

如果需要直接用索引数字，这将很有用。考虑下面这段简单的代码，输出一个文件中的每一行并带上行号：

```
import sys
filename = sys.argv[1]

with open(filename) as file:
    for index, line in enumerate(file):
        print("{0}: {1}".format(index+1, line), end='')
```

用这段代码所在的文件名作为输入执行它：

```
1: import sys
2: filename = sys.argv[1]
3:
4: with open(filename) as file:
5:     for index, line in enumerate(file):
6:         print("{0}: {1}".format(index+1, line), end='')
```

enumerate 函数返回一系列元组，for 循环将每个元组分为两个值，print 语句再将它们一起格式化。由于 enumerate 和其他序列一样，都是从零开始索引的，所以在遍历过程中对每一个索引的数字加 1 才是行号。

我们仅仅接触了 Python 中少数几个更重要的内置函数，正如你所见，其中很多指向面向对象的概念，而其他一些则是纯粹的函数式或过程式范式。标准库中还有很多这样的函数，下面列出其中一些更有趣的：

- all 和 any，均接收可迭代对象作为参数，如果所有（all）或任一（any）元素为真（例如非空的字符串或列表、非零的数字、不是 None 的对象，或者是文本 True）时，返回 True。
- eval、exec 和 compile，可以在解释器中将字符串当作代码执行。但是要小心使用，它们并不安全，所以不要执行未知用户提供的代码（一般来说，应该假设所有未知用户都是心存恶意或无知的，也可能两者兼存）。
- hasattr、getattr、setattr 和 delattr，可以通过字符串名字修改对象的属性。
- zip，以两个或更多序列作为参数并返回一个新的由元组构成的序列，其中每个元组包含每个参数序列中的值。
- 还有更多！可以通过 dir(__builtins__) 列出所有内置函数，然后查看每个函数的帮助文档。

文件 I/O

到目前为止，我们所有接触到文件系统的例子全部是基于文本文件的，而没有考虑过底层机制。不过，操作系统实际上是通过字节序列来表示文件的，而不是文本。我们将在第 8 章深入探讨字节和文本的关系。目前来说，只需要知道从文件中读取文本数据是一个相当复杂的过程。Python，特别是 Python 3，帮我们处理了大部分背后的工作。我们是不是很幸运？

文件的概念在面向对象编程这个术语提出前很久就已经存在了。不过，Python 已经将操作系统提供的抽象封装成接口，让我们可以直接操作文件对象（或者说是类文件，也就是鸭子类型）。

内置 open() 函数用于打开一个文件并返回一个文件对象。如果要从文件中读取文本，我们只需要向函数传递文件名即可。这个文件打开后用于读取，然后文件中的字节将会依据操作系统的默认编码转化为文本。

当然，我们并不总是想要读取文件，也经常需要向文件写入数据！打开一个要写入的文件，我们需要传递一个 mode 参数，放在第二个参数位置上，值为"w"：

```
contents = "Some file contents"
file = open("filename", "w")
file.write(contents)
file.close()
```

也可以提供值"a"作为模式参数，用于向文件尾部追加内容，而不是完全覆盖已有的文件内容。

用内置函数封装好的文件在将字节转化为文本时很棒，但是如果想要打开的文件是图片、可执行文件或其他二进制文件，就会变得非常不方便了，不是吗？

要打开二进制文件，我们需要修改模式字符串以追加'b'。所以，'wb'可以打开一个文件并直接写入字节，而'rb'则可以读取二进制文件。它们就像文本文件一样，只不过不能自动地将文本转化为字节。当读取这样一个文件时，将会返回 bytes 类型的对象而不是str；当写入文件时，如果想要用文本对象则会报错。

> 这些控制文件打开方式的模式字符串既不是 Pythonic 的也不是面向对象的，而是加密的。不过，它们与其他编程语言的用法是一致的。文件 I/O 是操作系统需要处理的基本任务，而所有的编程语言都必须通过同样的系统调用来与操作系统交流。Python 返回文件对象和一些有用的方法，而没有返回大部分操作系统用于鉴别文件句柄的整数。

一旦打开文件进行读取，可以调用 read、readline 或 readlines 方法来获取文件的内容。read 方法返回文件的全部内容，根据是否提供'b'模式返回 str 或 bytes 对象。注意，不要对大文件直接使用不带参数的这个方法。你肯定不想直接将那么多数据加载到内存中！

可以传递一个整数参数给 read 方法来说明我们想要读取多少字节。下一次调用 read 将继续加载下一序列的字节，以此类推。我们可以通过 while 循环每次读取可控的组块来读全文。

readline 方法返回文件中的单独一行（根据创建文件的操作系统不同，每一行都是以新行或（和）回车键结尾的）。可以重复这一操作读取后续行。复数形式的 readlines 方法返回文件中所有行的列表。和 read 方法一样，如果用于非常大的文件并不安全。这两个方法甚至可以在以 bytes 模式打开文件时起作用，但是只有当我们解析类似文本的且在合适的位置有换行符的数据时才合理。如果是一个图片或音频文件，就没有换行符（除非换行字节刚好代表一个特定的像素或音符），因此使用 readline 就没有意义了。

为了保证可读性，并且避免一次向内存中读入大块文件，通常用 for 循环来直接遍历文件对象是更好的选择。对于文本文件来说，将会每次读取一行，并且可以在循环体内部进行处理。对于二进制文件，最好每次用 read() 方法读取定量大小的数据块，通过传递一个参数指定读取字节的最大数量。

写入文件也很简单，文件对象的 write 方法向文件写入字符串（或者对于二进制数据来说，写入字节）对象。可以通过重复调用来一个接一个地写入多个字符串。writelines 方法接收一系列字符串作为参数，并将每个迭代值写入文件。writelines 方法不会在序列的每一项后添加新行。它不过是替代 for 循环写入一系列字符串内容的简便函数，只是名字取得不够好而已。

最后，我确实是说最后，是 close 方法。这个方法应该在我们完成读取或写入文件之后调用，以确保缓存的写入内容被写进磁盘，而且文件也被正确清理掉，所有与文件相关的资源都被释放给操作系统。从理论上说，这会在脚本执行完之后自动完成，但是最好还是我们自己来完成，特别是执行时间很长的进程。

放在上下文管理器中

在结束的时候关闭文件的需求，会让我们的代码看起来很丑。因为在文件 I/O 过程中的任何时刻都有可能发生异常，我们需要将所有文件相关的调用包裹在 try...finally 语句中。不管 I/O 是否成功，文件应该在 finally 从句中被关闭。这样非常不 Pythonic。当然，有更加优雅的方法。

如果对类文件对象执行 dir 函数，我们可以看见两个特殊方法，名为__enter__和__exit__。这些方法使文件对象成为**上下文管理器**（context manager）。简单来说，如果使用特殊的 with 语句语法，这两个方法将分别在 with 内嵌的代码块执行之前和之后调用。对于文件对象来说，__exit__方法确保即使在抛出异常的情况下文件也会被关闭。我们不需要再显式地管理文件的关闭。下面是 with 语句在实践中的应用：

```python
with open('filename') as file:
    for line in file:
        print(line, end='')
```

调用 open 函数返回一个文件对象，它拥有__enter__和__exit__方法。返回的对象通过 as 语句赋值给 file 变量。我们知道当代码返回到外面一层缩进时文件将会被关闭，即使中间抛出异常也不会有影响。

在标准库中很多需要执行初始化或清理代码的地方都用到了 with 语句。例如，urlopen 函数返回的对象可以用于 with 语句，从而在结束之后清除 Socket。线程模块中的锁也会在语句执行完之后自动释放。

最有趣的是，由于 with 语句可以用于所有拥有合适的特殊方法的对象，我们可以将它用在我们自己的框架中。例如，还记得字符串是不可变的，但是有时候你需要从多个部分构造一个字符串。为了提高效率，通常是将不同部分的字符串放到一个列表中，然后将它们加到最后。让我们来创建一个简单的上下文管理器，可以构造一系列字符并在退出时自动转化为字符串：

```python
class StringJoiner(list):
    def __enter__(self):
        return self

    def __exit__(self, type, value, tb):
        self.result = "".join(self)
```

这段代码向继承自 list 的类添加了两个上下文管理器所需的特殊方法。__enter__ 方法执行所有需要的启动代码（在这个例子里什么都没做）并返回一个对象，这个对象将会赋值给 with 语句中 as 之后的变量。通常，就像这个例子一样，返回的是上下文管理器对象本身。__exit__ 方法接收 3 个参数。在正常情况下，它们都被赋 None 值。不过，如果在 with 代码块中出现异常，它们将会被设定为异常的类型、值和回溯信息的值。这让 __exit__ 方法可以执行任何可能需要的清理操作，即便是发生异常。在我们的例子中，我们不负责任地直接将所有字符合并到一起，不管是否有异常抛出。

虽然这几乎是我们能够写出来的最简单的上下文管理器，可能没什么用途，不过却能用于 with 语句。实践应用如下：

```python
import random, string
with StringJoiner() as joiner:
    for i in range(15):
        joiner.append(random.choice(string.ascii_letters))

print(joiner.result)
```

这段代码构造了一个由 15 个随机字符组成的字符串，利用继承自 `list` 的 `append` 方法将它们追加到 `StringJoiner` 中。当执行到 `with` 语句作用域之外（回到外层缩进）时，`__exit__` 方法将会被调用，`joiner` 对象就可以访问 `result` 属性。我们输出该值将看到一个随机字符串。

方法重载的另一种方式

一个许多面向对象编程语言都有的非常著名的特征是被称为**方法重载**（method overloading）的工具。简单来说，方法重载是指存在名字相同但接收不同参数集合的多个方法。例如在静态类型的语言中，如果我们想要让一个方法既可以接收整数也可以接收字符串作为参数，那方法重载就很有用。在非面向对象编程语言中，可能需要用两个函数，例如 `add_s` 和 `add_i`，来适应这种情况。在静态类型的面向对象编程语言中，需要用两个都名为 `add` 的方法，一个接收字符串，一个接收整数。

在 Python 中，我们只需要一个方法，可以接收任何类型的对象作为参数。可能需要测试对象的类型（例如，如果是字符串，将其转换为整数），但是只需要一个方法。

不过，方法重载仍然可用于同名不同参数（不同的数字或参数集）的方法。例如，一个 E-mail 消息方法可能有两个版本，其中一个方法接收"寄信人"邮箱地址，另一个方法可能需要查询默认的"寄信人"邮箱地址。Python 不允许存在多个同名方法，但是它提供一个不同的但同样灵活的接口。

我们已经在前面的例子中见过一些向方法和函数中传递参数的方式，但是现在将覆盖所有细节。最简单的函数不接收任何参数。我们可能不需要举例，不过可以用下面这个例子帮助理解：

```
def no_args():
    pass
```

下面是如何调用方法：

```
no_args()
```

接收参数的函数会提供一组逗号分隔的参数名列表，只需要提供每个参数的名称即可。当调用函数时，这些定位参数必须按照明确的顺序传递，一个也不能遗漏或跳过。这是前面的例子中最常见的传参方式：

```
def mandatory_args(x, y, z):
    pass
```

这样调用：

```
mandatory_args("a string", a_variable, 5)
```

任何类型的对象都可以作为参数传递：对象、容器、基本类型，甚至是函数和类。上面的调用示例使用的是一个硬编码字符串、一个未知变量和一个整数。

默认参数

如果我们想要一个可选参数，可以用等号为一个方法指定默认值，而不是创建第二个方法来接收不同的参数集。如果调用它的代码没有提供这一参数，则将会赋予其默认值。不过，调用代码仍然可以选择传递一个不同的值来重写默认值。通常，默认值是 None，或者空字符串，或列表。

下面是定义默认参数函数的方法：

```
def default_arguments(x, y, z, a="Some String", b=False):
    pass
```

前 3 个参数仍然是必选的，必须由调用代码提供。后两个参数则提供了默认参数。

有好几种方式可以调用这个函数。我们可以按顺序提供所有参数，就像所有参数都是定位参数一样：

```
default_arguments("a string", variable, 8, "", True)
```

或者，可以只按顺序提供必选参数，让关键字参数保留它们的默认值：

```
default_arguments("a longer string", some_variable, 14)
```

也可以用等号语法不按照顺序提供参数，或者跳过我们不感兴趣的默认参数。例如，可以跳过第一个关键字参数只提供第二个：

```
default_arguments("a string", variable, 14, b=True)
```

令人惊喜的是，我们甚至可以用等号语法将定位参数的顺序也打乱，只要保证全部提供即可：

```
>>> default_arguments(y=1,z=2,x=3,a="hi")
3 1 2 hi False
```

有这么多选项，看起来好像很难做出选择，不过如果将定位参数看作有序列表，而关键字参数看作一种字典，你会发现一切都很合理。如果你需要调用者必须提供指定的参数，那么就将参数设定为必选参数；如果你有一个合理的默认值，那就将其设为关键字参数。根据哪些值需要提供，以及哪些可以保留默认值，选择如何调用方法是自然而然的事。

关于关键字参数需要注意的一件事是，我们提供的默认参数将会在函数第一次被解析时求值，而不是在调用时。这意味着我们不能用动态生成的默认值。例如，下面的代码将不会如愿执行：

```
number = 5
def funky_function(number=number):
    print(number)


number=6
funky_function(8)
funky_function()
print(number)
```

如果执行这段代码，首先会打印数字 8，但是第二次没有参数时调用则会打印数字 5。我们已经将变量赋值为数字 6，最后一行的输出可以作证，但是当调用这个函数时，打印出来的还是数字 5；默认值在函数定义时就确定了，不会等到调用时再确定。

对于像列表、集合以及字典等类型的空容器来说，这点有些棘手。例如，要求调用代码提供一个我们的函数可以操作的列表是很常见的。我们可能会想创建一个空列表作为默认参数。但是不能这样做，这样只会在第一次构建代码时创建一个唯一的列表：

```
>>> def hello(b=[]):
...     b.append('a')
...     print(b)
...
>>> hello()
['a']
>>> hello()
['a', 'a']
```

这好像并不是我们想要的结果！通常解决这一问题的方法是将默认值设为 None，然后在方法内部使用 iargument = argument if argument else []。请密切注意这一点！

变量参数列表

单单默认值并不足以带给我们所有方法重载带来的灵活性。真正能体现 Python 灵活性的是，我们写的方法可以接收任意数量的定位或关键字参数，而不需要明确命名它们。我们也可以传递任意列表和字典给函数。

例如，一个函数以链接或链接列表为参数并且下载对应的网页，就可以用这样的可变参数，或者 varargs。可以接收任意数量的参数，其中每个参数都是一个不同的链接，而不是接收一个单独的链接列表。可以在函数定义中指定*操作符来完成：

```python
def get_pages(*links):
    for link in links:
        # 用urllib下载链接
        print(link)
```

*links 参数的意思是，"我会接收任意数量的参数并且将它们全部放进一个名为 links 的列表"。如果只提供一个参数，它将会是一个只有一个元素的列表；如果不提供任何参数，它将是一个空列表。因此，下面所有这些函数调用都是合法的：

```python
get_pages()
get_pages('http://www.archlinux.org')
get_pages('http://www.archlinux.org',
          'http://ccphillips.net/')
```

也可以接收任意关键字参数，它们进入到函数中将会变成字典。在声明函数时通过双星号指定（就如**kwargs）。这一工具通常用于配置设定。下面这个类允许我们指定一系列拥有默认值的选项：

```python
class Options:
    default_options = {
            'port': 21,
            'host': 'localhost',
            'username': None,
```

```
                    'password': None,
                    'debug': False,
                    }
    def __init__(self, **kwargs):
        self.options = dict(Options.default_options)
        elf.options.update(kwargs)

    def __getitem__(self, key):
        return self.options[key]
```

　　类中一切有趣的事情都发生在 __init__ 方法中。在类定义的层级上，我们用一个字典定义默认选项及其值。__init__ 方法的第一件事就是将这个字典复制一份。之所以这样做而不是直接修改字典是防止实例化两个不同的选项集。（记住，类层级的变量在类的实例之间是共享的。）然后，__init__ 使用新字典的 update 方法来更新所有关键字参数所提供的非默认值。__getitem__ 方法让我们通过索引语法使用新类。下面的会话阐释了这个类的实际用法：

```
>>> options = Options(username="dusty", password="drowssap",
        debug=True)
>>> options['debug']
True
>>> options['port']
21
>>> options['username']
'dusty'
```

　　可以用字典的索引语法来访问选项实例，而且这个字典中既包含默认值也包含我们通过关键字参数设定的值。

　　关键字参数语法可能会有危险，因为它不符合"显式优于隐式"的准则。在前面的例子中，有可能向 Options 的初始化方法中传递任何关键字参数，这些参数可能在默认字典中不存在。这可能不是一件坏事，取决于这个类的目的，不过对于使用者来说，很难发现有哪些选项是可用的。同时也很容易输入令人困惑的拼写错误（例如，添加了"Debug"而不是"debug"）而导致添加两个重复选项。

　　当需要接收任意参数并传递给第二个函数时，关键字参数也非常有用，不过我们不知道这些参数会是什么。我们已经在第 3 章中见过，其用于支持多重继承。当然，可以在一个函数调用时组合使用变量参数和关键字参数语法，也可以用正常的定位和默认参数。下面的例子是伪造的，不过可以阐明这 4 种类型的应用：

```python
import shutil
import os.path
def augmented_move(target_folder, *filenames,
        verbose=False, **specific):
    '''Move all filenames into the target_folder, allowing
    specific treatment of certain files.'''

    def print_verbose(message, filename):
        '''print the message only if verbose is enabled'''
        if verbose:
            print(message.format(filename))

    for filename in filenames:
        target_path = os.path.join(target_folder, filename)
        if filename in specific:
            if specific[filename] == 'ignore':
                print_verbose("Ignoring {0}", filename)
            elif specific[filename] == 'copy':
                print_verbose("Copying {0}", filename)
                shutil.copyfile(filename, target_path)
        else:
            print_verbose("Moving {0}", filename)
            shutil.move(filename, target_path)
```

这个例子将会处理任意文件列表。第一个参数是目标文件夹，默认行为是将所有非关键字参数文件移动到这个文件夹中。然后是一个关键字参数 verbose，告诉我们是否打印每个已处理文件的信息。最后，可以提供一个字典，包含指定文件名所需要执行的操作；默认行为是移动文件，但是如果已经为关键字参数指定了一个合法的字符串动作，它将会被忽略或复制。注意，这个函数中参数的顺序；首先指定定位参数，然后是 *filenames 列表，之后是关键字参数，最后 **specific 字典用于存储其余的关键字参数。

我们创建了一个内部帮助函数 print_verbose，只有在设定了 verbose 时才会打印信息。这个函数通过将功能封装到一起让代码更可读。

在通常情况下，假设上面讨论的文件存在，这个函数可能如下这样调用：

```
>>> augmented_move("move_here", "one", "two")
```

这个命令可以将 one 和 two 两个文件移动到 move_here 目录，假设它们是存在的（这个函数中没有错误检查与异常处理，因此如果文件或目标文件夹不存在的话，这个函数将会导致崩溃）。这一移动操作不会输出任何信息，因为 verbose 变量按照默认值设定为 False。

如果想要看到输出，可以这样调用：

```
>>> augmented_move("move_here", "three", verbose=True)
Moving three
```

这段代码将移动名为 three 的文件，并且告诉我们它做了什么。注意，在这个例子中，不能将 verbose 指定为一个定位参数，而必须传递关键字参数。否则，Python 将会认为它是 *filenames 列表中的另外一个文件名。

如果想要复制或忽略而不是移动列表中的某些文件，我们可以传递额外的关键字参数：

```
>>> augmented_move("move_here", "four", "five", "six",
        four="copy", five="ignore")
```

这将会移动第 6 个文件，复制第 4 个文件，但是不会输出任何信息，因为我们没有指定 verbose 变量。当然，我们也可以这样做，关键字参数可以以任何顺序呈现：

```
>>> augmented_move("move_here", "seven", "eight", "nine",
        seven="copy", verbose=True, eight="ignore")
Copying seven
Ignoring eight
Moving nine
```

参数解包

还有一个比变量参数和关键字参数更加漂亮的技巧。我们已经在前面的例子中用到过，不过现在再来解释也不迟。对于一个列表或字典，可以将它们当作正常的定位或关键字参数传递给一个函数。看看这段代码：

```
def show_args(arg1, arg2, arg3="THREE"):
    print(arg1, arg2, arg3)

some_args = range(3)
more_args = {
        "arg1": "ONE",
        "arg2": "TWO"}

print("Unpacking a sequence:", end=" ")

show_args(*some_args)
print("Unpacking a dict:", end=" ")

show_args(**more_args)
```

运行之后将会看到：

Unpacking a sequence: 0 1 2
Unpacking a dict: ONE TWO THREE

这个函数接收 3 个参数，其中一个有默认值。但是当我们有一个由 3 个参数组成的列表时，可以在函数调用时用*操作符将这个列表解包为 3 个参数。如果有一个字典存储的参数，则可以用**语法将这个字典解包为一组关键字参数。

这在将用户输入或外部来源（例如网页或文本文件）的信息映射到函数或方法调用时，非常有用。

是否还记得在前面的例子中，我们用文本文件中的头和行创建了一个由联系人信息组成的字典列表？我们可以不直接将字典加到列表中，而是用关键字解包将参数传递给特别创建的 Contact 对象（其接收同样的参数集）的__init__方法。看看你能不能将那个例子改为用参数解包实现。

函数也是对象

过度强调面向对象准则的编程语言倾向于认为函数不是方法。在这些语言中，你可能会创建一个对象来将涉及的单个方法封装起来。在很多情况下，我们可能会传递一个小的对象，只为执行某个动作。这在事件驱动编程中最常见，例如图形工具集或者异步服务器；我们将会在第 10 章和第 11 章中看到这些设计模式。

在 Python 中，不需要将这样的方法封装到对象中，因为函数已经是对象了！我们可以为函数设定属性（尽管这并不常见），也可以四处传递供以后调用。它们甚至有一些特殊属性可以直接访问。下面是另外一个人为制造的例子：

```python
def my_function():
    print("The Function Was Called")
my_function.description = "A silly function"

def second_function():
    print("The second was called")
second_function.description = "A sillier function."

def another_function(function):
    print("The description:", end=" ")
    print(function.description)
    print("The name:", end=" ")
    print(function.__name__)
    print("The class:", end=" ")
    print(function.__class__)
    print("Now I'll call the function passed in")
    function()

another_function(my_function)
another_function(second_function)
```

执行这段代码，可以看到传递两个不同的函数给第 3 个函数，并且每个都会得到不同的输出：

```
The description: A silly function
The name: my_function
The class: <class 'function'>
Now I'll call the function passed in
The Function Was Called
The description: A sillier function.
```

```
The name: second_function
The class: <class 'function'>
Now I'll call the function passed in
The second was called
```

我们为函数添加了一个属性，名为 description（虽然不得不承认，其并不是很好的描述）。也可以看到函数的 __name__ 属性，并且可以访问它所属的类，这说明函数实际上是一个拥有各种属性的对象。然后可以用调用语法（括号）来调用这个函数。

函数是顶级对象，这一事实最常体现在函数可以四处传递供以后调用，例如在特定条件满足时再执行。让我们构建一个事件驱动的计时器：

```python
import datetime
import time


class TimedEvent:
    def __init__(self, endtime, callback):
        self.endtime = endtime
        self.callback = callback

    def ready(self):
        return self.endtime <= datetime.datetime.now()


class Timer:
    def __init__(self):
        self.events = []

    def call_after(self, delay, callback):
        end_time = datetime.datetime.now() + \
                datetime.timedelta(seconds=delay)

        self.events.append(TimedEvent(end_time, callback))

    def run(self):
        while True:
            ready_events = (e for e in self.events if e.ready())
            for event in ready_events:
```

```
event.callback(self)
    self.events.remove(event)
time.sleep(0.5)
```

在生产环境中，这段代码必须通过文档字符串进行额外说明！call_after 方法至少应该说明 delay 参数的单位是秒，callback 函数应该接收一个参数：执行调用的计时器。

这里有两个类。TimedEvent 类并非真的要让其他类来访问，它做的只是存储 endtime 和 callback。我们甚至可以用 tuple 或 namedtuple，不过因为用对象的行为来告诉我们事件是否准备好执行了很方便，因此我们创建了一个类。

Timer 类存储一个传入事件的列表，它拥有一个 call_after 方法来添加新的事件。这个方法接收一个 delay 参数，代表执行回调方法之前要等待的秒数。callback 自身则是在正确的时间执行的函数。这个 callback 函数应该接收一个参数。

run 方法非常简单，它用一个生成器表达式将时间已到的事件过滤出来，并且按顺序执行。然后计时器继续无限循环下去，只能通过键盘中断（*Ctrl+C* 或者 *Ctrl+Break*）。我们在每次迭代过程中休眠 0.5 秒以防止系统死机。

需要着重注意的是，跟回调函数相关的那几行，函数和其他任何对象一样可以被传递，而我们的计时器永远不知道也不在意函数最初的名字是什么或者在哪里定义的。到了需要调用这个函数的时候，计时器只需要对存储的变量进行调用（使用括号语法）即可。

下面是几个测试计时器用的回调函数：

```python
from timer import Timer
import datetime

def format_time(message, *args):
    now = datetime.datetime.now().strftime("%I:%M:%S")
    print(message.format(*args, now=now))

def one(timer):
    format_time("{now}: Called One")

def two(timer):
    format_time("{now}: Called Two")
```

```
def three(timer):
    format_time("{now}: Called Three")

class Repeater:
    def __init__(self):
        self.count = 0
    def repeater(self, timer):
        format_time("{now}: repeat {0}", self.count)
        self.count += 1
        timer.call_after(5, self.repeater)

timer = Timer()
timer.call_after(1, one)
timer.call_after(2, one)
timer.call_after(2, two)
timer.call_after(4, two)
timer.call_after(3, three)
timer.call_after(6, three)
repeater = Repeater()
timer.call_after(5, repeater.repeater)
format_time("{now}: Starting")
timer.run()
```

这个例子让我们看到多个回调函数是如何与计时器交互的。第一个是 format_time 函数，它用字符串的 format 方法将当前时间添加到信息中，并说明变量参数。format_time 方法接收任意数量的定位参数，通过使用变量参数语法并将其作为定位参数传递给字符串的 format 方法。在这之后，我们创建了 3 个简单的回调方法，它们都只是简单地输出当前时间和一段简短的消息，告诉我们调用的是哪个回调方法。

Repeater 类说明方法也可以用作回调，因为它们也只是函数。这个类也展示了为什么回调函数 timer 参数很有用：我们可以从当前正在运行的回调函数中给计时器添加新的事件。然后创建一个计时器并添加几个事件，在不同时间之后调用。最后，启动计时器，输出显示这些事件是按照预期顺序执行的：

```
02:53:35: Starting
02:53:36: Called One
```

```
02:53:37: Called One
02:53:37: Called Two
02:53:38: Called Three
02:53:39: Called Two
02:53:40: repeat 0
02:53:41: Called Three
02:53:45: repeat 1
02:53:50: repeat 2
02:53:55: repeat 3
02:54:00: repeat 4
```

Python 3.4 引入了一个类似的通用事件循环架构。我们将在第 13 章中进行讨论。

将函数作为属性

函数作为对象的其中一个有趣的效果就是，它们可以设为其他对象的可调用属性。可以添加或修改实例化对象的函数：

```
class A:
    def print(self):
        print("my class is A")


def fake_print():
    print("my class is not A")


a = A()
a.print()
a.print = fake_print
a.print()
```

这段代码创建了一个简单的类，其中的 print 方法没有告诉我们什么有用的信息。然后创建了一个新的函数来告诉我们一些我们不会相信的事。

当调用 A 类实例的 print 方法时，它的行为在预料之中。如果再将 print 方法指向一个新的函数，它将会告诉我们一些不同的信息：

```
my class is A
my class is not A
```

也可以直接替换类而非对象的方法，不过在这种情况下我们必须在参数列表中添加 self 参数。这将会改变对象所有实例的方法，包括那些已经实例化的对象。显然，像这样替换方法既危险又会对维护过程造成困扰。阅读代码的人看到调用这一方法时将会去原始的类中寻找其定义，但是在这种情况下调用的并非原始类中的方法。因为令人烦恼的调试会话，要搞清楚发生了什么将会非常棘手。

不过它还是自有它的用处。通常，在运行时（称为 monkey-patching）替换或添加方法会用于自动化测试。如果要测试一个客户端-服务器端应用，在测试客户端的时候我们可能不想真的连接到服务器端，这可能会意外导致资金转账或尴尬地将测试邮件真的发出去。取而代之地，可以设定我们的测试代码，将发送请求给服务器的对象的某些关键函数替换掉，从而只记录调用的方法。

monkey-patching 也可以用于修改程序错误，或者对于那些我们正在用的第三方代码，当它们不能满足我们的需求时，为其添加新的特性。不过这一点需要谨慎使用，这几乎总是一种"混乱的修补手段"。不过有时候，这也许是唯一能够让已有的库适应我们需求的方法。

可调用对象

函数作为对象可以为其设定属性，与之对应的，也可以创建一个对象使其可以像一个函数一样被调用。

任何对象都可以变为可调用的，只要提供 __call__ 方法以及所需的参数。让我们通过使对象可调用来简化前面计时器例子中的 Repeater 类：

```python
class Repeater:
    def __init__(self):
        self.count = 0

    def __call__(self, timer):
        format_time("{now}: repeat {0}", self.count)
        self.count += 1

        timer.call_after(5, self)

timer = Timer()
```

```
timer.call_after(5, Repeater())
format_time("{now}: Starting")
timer.run()
```

这个例子和前面的类并没有什么不同，只是将原来的 repeater 函数改名为 __call__，并且将该对象本身作为一个可调用的对象来传递。注意，当调用 call_after 时，传递的参数是 Repeater()。这两个括号创建了一个该类的实例，并不是真的调用这个类。真正的调用发生在后面的计时器里。如果我们想要执行新实例化对象的 __call__ 方法，需要用到看起来比较别扭的语法 Repeater()()。第一对括号用于构建这一对象，第二对括号执行 __call__ 方法。如果我们这样做了，说明可能没有用上正确的抽象。只有在想要将对象当作函数对待时，才需要实现对象的 __call__ 函数。

案例学习

为了将本章所呈现的一些准则整理到一起，让我们来建造一个邮件列表管理器。这个管理器将会追踪归类到不同组中的邮箱地址。当需要发送信息时，可以挑选一个组并向该组中的所有地址发送信息。

现在，在开始这个项目之前，应该用一个安全的方式来测试它，而不是真的向一些真实邮箱地址发送邮件。幸运的是，Python 可以帮助我们。比如测试用的 HTTP 服务器，它拥有内置的**简单邮件传输协议**（Simple Mail Transfer Protocol，SMTP）服务器，我们可以捕获所有发送的信息而不会真的发出去。可以用下面的命令来启动服务器：

python -m smtpd -n -c DebuggingServer localhost:1025

在命令行中执行这一命令将会启动一个 SMTP 服务器，运行在本地的 1025 端口。不过我们已经用了 DebuggingServer 类（来自内置的 SMTP 模块），它不会真的发送邮件给目的地址，而是在接收到信息时打印到终端屏幕上。很优雅，不是吗？

现在，在写邮件列表之前，让我们先写一些发送邮件的代码。当然，Python 标准库也支持这些操作，不过接口有点怪，因此我们会写新的函数来将它们封装起来：

```
import smtplib
from email.mime.text import MIMEText

def send_email(subject, message, from_addr, *to_addrs,
```

```
                    host="localhost", port=1025, **headers):

    email = MIMEText(message)
    email['Subject'] = subject
    email['From'] = from_addr
    for header, value in headers.items():
        email[header] = value

    sender = smtplib.SMTP(host, port)
    for addr in to_addrs:
        del email['To']
        email['To'] = addr
        sender.sendmail(from_addr, addr, email.as_string())
    sender.quit()
```

我们不会太过详细地解释这段代码，smtplib 和 email 模块的文档足够让你高效地使用它们。

在这个函数调用中，同时用到了变量参数和关键字参数语法。变量参数列表让我们既可以按照默认情况提供一个单独的字符串作为 to 地址，也可以允许传递多个地址。任何额外的关键字参数将会映射到邮件头信息。变量参数和关键字参数的这种用法很让人兴奋，但是对于调用这个函数的人来说，它并不是一个非常好的接口。实际上，它让很多程序员想做的事变得不可能。

传递给函数的头文件表示可以附加到方法的辅助头文件。这些头文件可能包含 Reply-To、Return-Path 或者 *X-pretty-much-anything*。但是作为 Python 中的合法标识符，变量名中间不能包含-字符。一般而言，这个符号表示减法操作。因此我们不能用 Reply-To=my@email.com 来调用函数。看起来因为刚在本章学到这一新工具，我们有点太急切地想要用关键字参数了。

我们不得不将这个参数修改为一般的字典，因为字典的键可以是任何字符串。我们希望默认值是空，但是不能将参数默认值设定为空字典。所以我们选择用 None 作为默认参数，然后在方法开始的位置设定字典：

```
def send_email(subject, message, from_addr, *to_addrs,
        host="localhost", port=1025, headers=None):
```

```
headers = {} if headers is None else headers
```

在一个终端中运行测试用的 SMTP 服务器, 然后在 Python 解释器中测试这段代码:

```
>>> send_email("A model subject", "The message contents",
"from@example.com", "to1@example.com", "to2@example.com")
```

然后查看测试用的 SMTP 服务器的输出信息, 将看到:

```
---------- MESSAGE FOLLOWS -----------
Content-Type: text/plain; charset="us-ascii"
MIME-Version: 1.0
Content-Transfer-Encoding: 7bit
Subject: A model subject
From: from@example.com
To: to1@example.com
X-Peer: 127.0.0.1

The message contents
------------ END MESSAGE -------------
---------- MESSAGE FOLLOWS ----------
Content-Type: text/plain; charset="us-ascii"
MIME-Version: 1.0
Content-Transfer-Encoding: 7bit
Subject: A model subject
From: from@example.com
To: to2@example.com
X-Peer: 127.0.0.1

The message contents
------------ END MESSAGE -------------
```

非常棒, 它已经将我们的邮件主题和内容 “发送” 给两个期望的地址。可以发送信息之后, 开始准备邮件组的管理系统。我们需要一个对象来将邮箱地址匹配到所属的组。由于这是一个多对多的关系 (任意一封邮件都可以属于多个组, 任何一个组都可以包含多个邮箱地址), 我们已经学过的数据结构都不够理想。可以尝试用字典存储, 将组名匹配到相关邮箱地址的列表, 但是这样就会存在很多重复的邮箱地址。也可以将邮箱地址字典匹配到组，这样又会出现重复的组。它们看起来都不是最优方案。让我们暂且尝试后一个方案，尽管直觉告诉我由组名指向邮箱地址可能更直观。

由于字典的值将会是一些唯一邮箱地址的集合，我们可能需要将它们存储到 set 容器中。可以用 defaultdict 来确保每个键都有对应的 set 容器：

```python
from collections import defaultdict
class MailingList:
    '''Manage groups of e-mail addresses for sending e-mails.'''
    def __init__(self):
        self.email_map = defaultdict(set)

    def add_to_group(self, email, group):
        self.email_map[email].add(group)
```

现在让我们添加一个方法，允许收集一个或多个组中的所有邮箱地址。可以通过将组列表转换成集合来实现：

```python
def emails_in_groups(self, *groups):
    groups = set(groups)
    emails = set()
    for e, g in self.email_map.items():
        if g & groups:
            emails.add(e)
    return emails
```

首先，看看我们遍历的是什么：self.email_map.items()。这个方法返回字典每一项的键/值对所组成的元组。其中值是由组名字符串组成的集合。我们将这些元组分成两个变量，名为 e 和 g，指代邮箱地址和组名。只有当传入的组名和当前邮箱所在的组有交集时，我们才会将邮箱地址添加到返回值的集合中。g & groups 语法是 g.intersection(groups) 的简写；set 类通过实现 __and__ 特殊方法来调用 intersection。

 通过使用集合推导可以让这段代码更简练，我们将在第 9 章中讨论集合推导。

现在，有了这些组块，只需要再向 `MailingList` 类添加一个向指定组发送信息的方法：

```python
def send_mailing(self, subject, message, from_addr,
        *groups, headers=None):
    emails = self.emails_in_groups(*groups)
    send_email(subject, message, from_addr,
            *emails, headers=headers)
```

这个函数依赖变量参数列表。它接收组名列表作为输入变量。获取指定组的邮箱地址列表并将它们作为变量参数传递给 `send_email` 方法，和其他传入该方法的参数一起。

在确保 SMTP 测试服务器运行于一个终端的情况下，我们可以在另外一个终端窗口测试这段程序，用下面的命令载入代码：

python -i mailing_list.py

创建一个 `MailingList` 对象：

>>> m = MailingList()

然后，通过下面几行添加几个假的邮箱地址和组名：

>>> m.add_to_group("friend1@example.com", "friends")
>>> m.add_to_group("friend2@example.com", "friends")
>>> m.add_to_group("family1@example.com", "family")
>>> m.add_to_group("pro1@example.com", "professional")

最后，用下面的命令向指定组发送邮件：

>>> m.send_mailing("A Party",
"Friends and family only: a party", "me@example.com", "friends",
"family", headers={"Reply-To": "me2@example.com"})

指定组中的每个邮箱地址将会在 SMTP 服务器的控制端输出信息。

这个邮件列表工作正常，但是没什么用；一旦我们退出程序，所有的数据库信息都会被销毁。让我们修改一下，添加几个方法下载和保存从文件中载入或写入的邮箱组列表。

一般来说，当需要向磁盘中存储结构化数据时，最好想清楚如何存储。存在如此多的数据库系统的原因之一是，别人已经充分考虑过要如何存储数据，你不需要再去考虑了。我们将在第 8 章中学习一些数据序列化机制，但是对于当前这个例子，尽量保持简单，使用能够工作的方案即可。

我考虑存储时每个邮箱地址间通过空格分隔，之后是由逗号分隔的组名列表。这种格式看起来是合理的，我们就用它了，毕竟数据的格式化不是本章讨论的主题。不过，为了说明为何你需要认真考虑如何在磁盘中格式化存储数据，下面重点看一下几个关于格式化的问题。

首先，从理论上来说，空格符在邮箱地址中是合法的。大部分邮箱服务会禁止它（有充分的理由这么做），但是邮箱地址的规范说明邮箱地址是可以包含空格符的，只要放在引号范围内。如果用空格作为我们数据格式中的分隔符，应该能够将它与属于邮箱地址的空格区分开。为了简单起见，可以假设不存在这种情况，但是现实生活中的数据编码充满了类似这种愚蠢的问题。第二，考虑逗号分隔的组名列表，如果组名中有逗号怎么办？如果决定逗号在组名中是非法的，则必须为 add_to_group 方法添加一个验证过程。为了简略，我们也忽略这个问题。最后，还有很多安全隐患需要考虑：是否有人通过向他们的邮箱地址添加假逗号来将他们自己添加到其他组中？如果遇到非法的文件该如何解析？

关于这些讨论最方便的解决方案就是，用那些经过实地测验的数据存储方法，而不是设计我们自己的数据序列化协议。你可能会忽略大量诡异的边界情况，所以最好用那些已经遇到过并修复了这些边界情况的代码。

不过暂时可以忘了这些问题，让我们写一些简单的代码来实现当前的想法，假装这个简单的数据格式方式是安全的：

email1@mydomain.com group1,group2
email2@mydomain.com group2,group3

实现代码如下：

```
def save(self):
    with open(self.data_file, 'w') as file:
        for email, groups in self.email_map.items():
            file.write(
                '{} {}\n'.format(email, ','.join(groups))
            )
```

```
def load(self):
    self.email_map = defaultdict(set)
    try:
        with open(self.data_file) as file:
            for line in file:
                email, groups = line.strip().split(' ')
                groups = set(groups.split(','))
                self.email_map[email] = groups
    except IOError:
        pass
```

在 save 方法中，我们在上下文管理器中打开文件并写入格式化字符串。记得添加换行符，Python 不会自动添加。load 方法首先用 for...in 语法遍历文件中的每一行来重置字典（以防它包含上一次调用 load 方法遗留的数据）。换行符还是会出现在行变量中，因此可以通过调用.strip()方法将其去除。我们将在第 8 章中学习更多字符串处理的操作。

在使用这些方法之前，需要修改__init__来确保对象拥有 self.data_file 属性：

```
def __init__(self, data_file):
    self.data_file = data_file
    self.email_map = defaultdict(set)
```

可以用下面的代码在解释器中测试这两个方法：

```
>>> m = MailingList('addresses.db')
>>> m.add_to_group('friend1@example.com', 'friends')
>>> m.add_to_group('family1@example.com', 'friends')
>>> m.add_to_group('family1@example.com', 'family')
>>> m.save()
```

结果得到的 addresses.db 文件包含如下几行：

```
friend1@example.com friends
family1@example.com friends,family
```

也可以成功地将这些数据加载回 MailingList 对象：

```
>>> m = MailingList('addresses.db')
>>> m.email_map
```

```
defaultdict(<class 'set'>, {})
>>> m.load()
>>> m.email_map
defaultdict(<class 'set'>, {'friend2@example.com': {'friends\n'},
'family1@example.com': {'family\n'}, 'friend1@example.com':
{'friends\n'}})
```

正如你所见，我忘记执行 load 命令，同样 save 命令也很容易被忽略。为了让使用我们的 MailingList API 的人更轻松一些，提供了一些方法来支持上下文管理器：

```
def __enter__(self):
    self.load()
    return self


def __exit__(self, type, value, tb):
    self.save()
```

这些简单的方法只是指向了加载和保存方法，不过这样一来就可以在交互式解释器中写如下代码，所有之前保存的地址都会被自动加载，结束操作之后完整的邮件列表又会被自动保存到文件中：

```
>>> with MailingList('addresses.db') as ml:
...     ml.add_to_group('friend2@example.com', 'friends')
...     ml.send_mailing("What's up", "hey friends, how's it going", 'me@
example.com', 'friends')
```

练习

如果你在此之前没有遇到过 with 语句和上下文管理器，我一如既往地鼓励你去回溯你的代码并找到所有打开文件的地方，确保它们可以通过 with 语句安全地关闭。也找一找你可以写自己的上下文管理器的地方。难看或重复的 try...finally 语句适合作为入手的地方，不过你会发现它们需要在上下文中执行任务之前或之后的任何时间都有用。

在此之前你可能已经用过很多基本的内置函数。我们讨论了其中一些，但是没有涉及太多细节。试着用一下 enumerate、zip、reversed、any 和 all，直到你会在工作中把它们当作正确的工具使用。enumerate 函数尤其重要，因为不用它通常会让代码变得很难看。

同时也探索一下将函数作为可调用对象四处传递的应用，或者是用 __call__ 方法让你自己的对象变得可调用的地方。为函数添加属性或为对象创建 __call__ 方法效果是相同的，那在什么时候、什么场景下选择哪种语法更合适呢？

如果我们的邮件列表对象需要发送大量的邮件，那么它可能会压垮一个邮件服务器。试着重构上面的代码，用不同的 send_email 函数来实现不同的目的。其中一个版本可以是我们现在用的这个，另一个版本可能将所有的邮箱地址放到一个队列中，然后通过服务器的不同线程或进程发送。第三个版本可以直接输出数据到终端，避免了对虚拟 SMTP 服务器的需求。你可以使用回调函数构建邮件列表，并使其将传入的参数作为 send_mailing 函数吗？如果没有提供回调函数，则默认使用当前的版本。

参数、关键字参数、变量参数以及变量关键字参数之间的概念可能有些让人困惑。我们已经在介绍多重继承时见过它们彼此交互时的痛苦，设计一些新的例子来看看如何让它们更好地一起工作，并理解什么情况下它们不能一起工作。

总结

本章中涉猎了许多主题，每一个都代表 Python 中一个非常重要的非面向对象的特征。不能因为我们可以用面向对象准则而总是用它！

不过，我们也发现 Python 通常为传统的面向对象语法提供快捷方法来实现这些特征。了解这些工具背后的面向对象准则可以让我们更有效地在我们自己的类中使用它们。

我们也讨论了一些内置函数和文件 I/O 操作。在使用参数调用函数时，我们有一堆不同的语法可以用，包括关键字参数、变量参数列表等。上下文管理器通常用于三明治式的由两个方法调用包裹的代码中。函数也是对象，反过来，所有对象也可能可调用。

在第 8 章中，我们将学习更多关于字符串和文件操作的内容，甚至也会花时间学习标准库中跟面向对象最没有关系的主题之一：正则表达式。

第 **8** 章

字符串与序列化

在我们探讨更高层的设计模式之前,先深入探讨一下 Python 中最常见的对象:字符串。我们将会看到更多字符串背后的东西, 也会学习按照模式搜索字符串以及序列化数据用于存储或传输。

在本章中, 我们将会学习:

- 字符串、字节以及字节数组之间的关系。
- 字符串格式化的输入和输出。
- 序列化数据的几种方式。
- 神秘的正则表达式。

字符串

字符串是 Python 中的基本类型, 几乎在我们目前讨论过的所有例子中都曾用到过它。它所代表的是一组不可变的字符。不过, 可能你之前没有考虑过, "字符"是一个有些歧义的词; Python 字符串可以表示重音字符? Python 字符串可以表示中文字符? Python 字符串可以表示希腊字符、西里尔字符或者波斯语字符?

在 Python 3 中, 对这些问题的回答是肯定的。Python 中的字符串都是通过 Unicode 表示的,Unicode 是一个字符定义标准,实际上它可以代表这个星球上任何语言的任何字符(还包括一些虚构的语言和随机的符号)。在大部分情况下它们之间是无差别的。所以, 让我们将 Python 3 字符串看作一个不可变的 Unicode 字符序列。那么, 我们可以对这个不可变序列做什么？我们已经在之前的例子中接触到很多字符串相关的操作，不过还是让我们先快速完成一次字符串理论的速成课！

字符串操作

如你所知，Python 中的字符串可以通过单引号或双引号包裹的一系列字符创建。多行字符可以通过三引号创建，多个硬编码的字符串可以通过依次排列进行合并。下面是几个例子：

```
a = "hello"
b = 'world'
c = '''a multiple
line string'''
d = """More
multiple"""
e = ("Three " "Strings "
        "Together")
```

最后一个字符串会被解释器自动组合成一个单独的字符串。也可以用+操作符组合多个字符串（像"hello " + "world"）。当然，字符串不一定要硬编码。它们也可以有不同的来源，例如来自文本文件、用户输入或来自网络编码。

> 在省略逗号的情况下，自动组合相邻字符可能造成一些滑稽的错误。不过，在函数调用时如果超出了 Python 风格指南推荐的单行 79 字符长度限制时，它还是非常有用的。

和其他序列一样，字符串也可以（一个字符一个字符地）被遍历、索引、切片或合并。其语法和列表一样。

str 类拥有大量的方法，使得字符串的操作更加简单。通过 Python 解释器中的 dir 和 help 指令可以得知所有方法的用法，我们将会讨论其中比较常见的一些方法。

一些布尔判断方法帮助我们判断字符串中的字符是否匹配特定的模式。下面是关于这些方法的总结。其中大部分方法，例如 isalpha、isupper/islower 以及 startswith/endswith 的用途非常明显。isspace 方法的用途也很明显，不过要记住所有的空白符（包括制表符、换行符）都算在内，不只是空格符。

istitle 方法用于判断是否每个单词的首字母都为大写且其他字母小写。注意它并不会严格执行英语语法定义中的标题格式，例如，Leigh Hunt 的诗 *The Glove and the Lions* 应该是一个合法的标题，尽管它并不是所有单词的首字母都大写了。Robert Service 的 *The Gremation of Sam McGee* 也是一个合法的标题，尽管最后一个单词中间含有大写字母。

在使用 isdigit、isdecimal 和 isnumeric 方法时要注意，因为它们可能比你预想的有更多细微的差异。许多 Unicode 字符也被认为是数字，而不仅仅是我们习惯使用的 10 个阿拉伯数字。更糟的是，我们用小数点组成的浮点数在字符串中并不会被认为是小数，因此对于 '45.2' 来说，isdecimal() 返回的是 False。真正的小数点字符在 Unicode 中的值是 0660，因此 45.2 应该是 45\u06602。再者，这些方法不会验证字符串是否是合法的数字，对于 "127.0.0.1" 来说这 3 个方法都会返回 True。我们可能认为应该用这个小数点字符，但是将这个字符传递给 float() 或 int() 却会将其转换成 0：

```
>>> float('45\u06602')
4502.0
```

其他用于模式匹配的方法不返回布尔值。count 方法告诉我们字符串中指定子字符串出现的次数，find、index、rfind 和 rindex 告诉我们指定子字符串在原始字符串中的位置。两个以 'r'（代表 '右' 或 '反向'）开头的方法从字符串的末尾开始搜索。如果找不到，find 方法将返回 -1，而 index 将会抛出 ValueError 异常。下面在实践中看一下这些方法：

```
>>> s = "hello world"
>>> s.count('l')
3
>>> s.find('l')
2
>>> s.rindex('m')
Traceback (most recent call last):
  File "<stdin>", line 1, in <module>
ValueError: substring not found
```

剩余的方法返回字符串的变式。upper、lower、capitalize 和 title 方法按照给定的格式返回新的字符串。translate 方法可以用字典将任何输入字符映射到特定的输出字符。

对于所有这些方法，需要注意输入的字符串是不会被改变的，而是返回一个全新的 `str` 实例。如果需要操作返回的字符串，我们应该将其赋值给一个新的变量，例如 `new_value = value.capitalize()`。通常来说，一旦我们对字符串执行了转换，就不再需要旧的值了，因此通常的做法是修改后的值赋予原来的变量，如 `value = value.title()`。

最后，还有几个字符串方法返回或作用于列表。`split` 方法接受一个子字符串并在所有该子字符串出现的地方进行分割，返回一个分割后的字符串列表。你可以传递数字作为第二个参数来限定结果字符串的数量。如果你不限定这个数字，那么 `rsplit` 方法和 `split` 完全一致；如果提供限制，那么它将会从字符串的末尾开始进行分割。`partition` 和 `rpartition` 会从子字符串第一次或最后一次出现的位置进行分割，并返回一个三值元组：子字符串之前的字符、子字符串本身以及子字符串之后的所有字符。

`join` 方法与 `split` 相反，它接受一个字符串列表作为参数，并返回列表中所有字符串通过原始字符串连接起来之后的字符串。`replace` 方法接受两个参数，返回的结果是将原始字符串中所有第一个参数出现的位置替换为第二个参数。下面是这些方法的几个实例：

```
>>> s = "hello world, how are you"
>>> s2 = s.split(' ')
>>> s2
['hello', 'world,', 'how', 'are', 'you']
>>> '#'.join(s2)
'hello#world,#how#are#you'
>>> s.replace(' ', '**')
'hello**world,**how**are**you'
>>> s.partition(' ')
('hello', ' ', 'world, how are you')
```

以上就是 `str` 类最常用方法的快速教程！现在，让我们看看 Python 3 中用于组合字符串和变量来创建新字符串的方法。

字符串格式化

Python 3 提供了非常有力的字符串格式化以及模板机制，让我们可以将硬编码的文本和变量组合起来生成新的字符串。我们已经在前面很多例子中用到过，但是它远比我们用过的要灵活多用。

任何字符串都可以通过调用 `format()` 方法而编写一个格式化字符串。这个方法返回一个新的字符串，其中的特殊字符将会替换成传入该方法的参数以及关键字参数。`format` 方法不限定参数数量，它使用第 7 章中的 `*args` 和 `**kwargs` 语法。

在格式化字符串中被替换的特殊符号是开闭花括号：`{`和`}`。我们可以成对地插入，最终其会按照顺序被 `str.format` 方法中传入的位置参数所替换：

```
template = "Hello {}, you are currently {}."
print(template.format('Dusty', 'writing'))
```

如果执行这些语句，将会按照顺序用变量的值替换花括号：

Hello Dusty, you are currently writing.

如果我们想要在字符串中的不同位置重用变量，这个基本的语法形式就不那么有用了。我们可以指定以 0 为开始索引数字，告诉格式化操作符在指定的位置上插入哪个位置变量。例如：

```
template = "Hello {0}, you are {1}. Your name is {0}."
print(template.format('Dusty', 'writing'))
```

如果我们用了这些数字索引，则所有变量都必须使用。我们不能混用空的花括号和带有位置索引的花括号。例如，下面这段代码将会导致 ValueError 异常：

```
template = "Hello {}, you are {}. Your name is {0}."
print(template.format('Dusty', 'writing'))
```

跳过花括号

除了用来格式化，花括号符号本身也常用于字符串。我们需要有办法跳过格式化，只作为花括号符号本身出现，而不是被替换。我们可以通过重复两次花括号来实现，例如，我们可以用 Python 来格式化一个基本的 Java 程序：

```
template = """
public class {0} {{
    public static void main(String[] args) {{
        System.out.println("{1}");
    }}
}}"""
```

```
print(template.format("MyClass", "print('hello world')"));
```

只要在模板中看到{{或}}，也就是用于封闭 Java 类和方法定义的符号。我们知道 format 方法会将它们替换为单个的花括号符号，而不是替换为传入 format 方法的参数。下面是输出结果：

```
public class MyClass {
    public static void main(String[] args) {
        System.out.println("print('hello world')");
    }
}
```

输出的类名和内容已经被两个参数所替换，而双花括号被替换为单花括号，结果得到的就是一段合法的 Java 代码。这就是一段最简单的 Python 程序打印了一段最简单的 Java 程序，而这段 Java 程序打印的是最简单的 Python 程序！

关键字参数

如果我们要格式化复杂的字符串，若想要更新模板以插入新的参数，那么要记住每个参数在模板中的顺序是很麻烦的。format 方法也可以在花括号中指定变量名而不是数字，然后这些变量名以关键字参数的形式传入 format 方法：

```
template = """
From: <{from_email}>
To: <{to_email}>
Subject: {subject}

{message}"""
print(template.format(
    from_email = "a@example.com",
    to_email = "b@example.com",
    message = "Here's some mail for you. "
    " Hope you enjoy the message!",
    subject = "You have mail!"
    ))
```

我们可以混用索引和关键字参数（和 Python 函数调用一样，关键字参数必须在位置参数之后）。甚至可以混用没有任何标签的位置花括号和关键字参数：

```
print("{} {label} {}".format("x", "y", label="z"))
```

这段代码的输出结果如下：

x z y

容器查询

我们不是只能传递字符串变量给 `format` 方法，任何基本类型，例如可以被打印出来的整数或浮点数都可以。更有趣的是，复杂对象，包括列表、元组、字典以及任意对象都可以使用；在 `format` 的字符串中我们可以通过索引和对象的属性（方法不行）访问变量。

例如，出于某些原因（也许因为我们想要用的 `send_mail` 函数需要这样的输入），如果我们的邮箱地址将发件人和收件人组合成元组，并将主题和消息存放在字典中，就可以这样来格式化：

```
emails = ("a@example.com", "b@example.com")
message = {
        'subject': "You Have Mail!",
        'message': "Here's some mail for you!"
        }
template = """
From: <{0[0]}>
To: <{0[1]}>
Subject: {message[subject]}
{message[message]}"""
print(template.format(emails, message=message))
```

模板中花括号里的变量看起来有点奇怪，让我们看看它们是怎样运作的。我们传递了一个基于位置的参数和一个关键字参数。这两个邮箱地址可以通过 `0[x]` 获得，其中 `x` 可以是 0 或 1。第一个 0 表示传入 `format` 的第一个位置参数（在这个例子中是 `emails` 元组）。

方括号中的数字和我们常见的 Python 代码一样，所以 `0[0]` 指向的是 `emails` 元组中的 `emails[0]`。这一索引语法适用于所有可索引对象，因此我们也看到了类似的 `message[subject]`，不过是通过字符串键名访问字典。注意和 Python 代码中不同，在这里我们不需要用引号。

如果有嵌套的数据结构，我们甚至可以实现多层查询。我建议不要这样做，因为这样一来，模板字符串很快就会变得难以理解。如果我们有一个字典包含了元组，可以这样做：

```
emails = ("a@example.com", "b@example.com")
message = {
        'emails': emails,
        'subject': "You Have Mail!",
        'message': "Here's some mail for you!"
        }
template = """
From: <{0[emails][0]}>
To: <{0[emails][1]}>
Subject: {0[subject]}
{0[message]}"""
print(template.format(message))
```

对象查询

索引让 format 的查询功能更加有力，但是还不止如此！我们也可以传递任意对象作为参数，然后用点号标记访问对象的属性。让我们再一次修改邮件消息数据，这次将其变成一个类：

```
class EMail:
    def __init__(self, from_addr, to_addr, subject, message):
        self.from_addr = from_addr
        self.to_addr = to_addr
        self.subject = subject
        self.message = message

email = EMail("a@example.com", "b@example.com",
        "You Have Mail!",
        "Here's some mail for you!")

template = """
From: <{0.from_addr}>
To: <{0.to_addr}>
Subject: {0.subject}
```

```
{0.message}"""
print(template.format(email))
```

这个例子中的模板可能比前面的例子可读性更好，但是为邮件消息创建一个类会增加 Python 代码的复杂程度。为了在模板中使用对象而创建一个类是很愚蠢的。通常来说，我们会在想要格式化的对象已经存在的情况下使用这种查询方式。这也适用于所有上面的例子，如果我们有一个元组、列表或字典，就会直接将其传递给模板。反之，我们用位置和关键字参数即可。

让它看起来正确

可以在模板字符串中引入变量确实很好，不过有时候变量需要进行一些矫正，以使输出结果看起来更准确。例如，如果我们正在计算准确率，可能会出现很长的小数，而我们并不想让它出现在模板中：

```
subtotal = 12.32
tax = subtotal * 0.07
total = subtotal + tax

print("Sub: ${0} Tax: ${1} Total: ${total}".format(
    subtotal, tax, total=total))
```

如果执行这段格式化代码，输出结果看起来不太像正确的货币：

Sub: $12.32 Tax: $0.8624 Total: $13.182400000000001

 从理论上来说，我们永远都不应该在货币中这样用浮点数；我们应该用 decimal.Decimal() 对象。浮点数是有风险的，因为超过一定的精度之后它们的计算是不准确的。但是我们现在关注的是字符串而不是浮点数，货币可以作为格式化非常好的例子！

为了修正前面的 format 字符串，我们可以在花括号中引入一些额外的信息，以调整对参数的格式化。我们有非常多的选择，但是最基本的语法是相同的。首先，我们用前面提到的任何一种形式（定位、关键字、索引、属性访问）来指定想要格式化的变量，然后添加一个冒号，之后是特定的格式化语法。下面是一个改进版本：

```
print("Sub: ${0:0.2f} Tax: ${1:0.2f} "
        "Total: ${total:0.2f}".format(
            subtotal, tax, total=total))
```

冒号之后的 0.2f 格式指示符表明，从左向右，对于小于 1 的值，确保小数点左侧有个 0；小数点之后保留两位数字，将输入值格式化为浮点数。

我们也可以通过占位值让每个数字占据特定数量的字符位置。这对于输出表格数据很有用，例如：

```
orders = [('burger', 2, 5),
          ('fries', 3.5, 1),
          ('cola', 1.75, 3)]

print("PRODUCT    QUANTITY    PRICE    SUBTOTAL")
for product, price, quantity in orders:
    subtotal = price * quantity
    print("{0:10s}{1: ^9d}    ${2: <8.2f}${3: >7.2f}".format(
        product, quantity, price, subtotal))
```

这段模式字符串看起来有点可怕了，所以让我们在逐步分解之前先看看输出结果是怎样的：

```
PRODUCT     QUANTITY     PRICE     SUBTOTAL
Burger         5         $2.00     $  10.00
fries          1         $3.50     $   3.50
cola           3         $1.75     $   5.25
```

漂亮！那么这究竟是如何发生的？在 for 循环的每一行我们有 4 个变量需要格式化。第一个变量是字符串，并通过{0:10s}进行格式化。其中的 s 说明这是一个字符串变量，10 意味着它将占据 10 个字符的位置。对于字符串来说，默认情况下如果它比指定的数字短，将会在右边追加空格符来填满（不过要注意，如果原始字符串过长，并不会被截断）。我们可以像下面对下一个变量 quantity 一样修改这一格式化的行为（用其他字符填充或者修改对齐方式）。

quantity 变量的格式化操作符是{1: ^9d}。d 表示这是一个整数值，数字 9 说明这个值需要占据 9 个字符。但是对于整数来说，默认是用 0 而不是空格来填充的。这样看起来可能有些奇怪，所以我们在冒号之后添加一个空格作为占位符。脱字符^说明数字按照居中方式对齐，这样可以让每一列看起来更专业一点。这些指示符必须按照正确的顺序，不过它们都是可选的：首先是填充字符，其次是对齐方式，然后是大小，最后是类型。

我们对 price 和 subtotal 变量使用相似的指示符。对于 price，我们使用{2:<8.2f}；对于 subtotal，我们使用{3:>7.2f}。我们都指定了一个空格作为填充字符，不过用<和>符号分别说明数字按照长度为 8 和 7 的位置居左和居右对齐。而且，每个浮点数都保留两位小数。

对于不同类型来说，"类型"字符的不同也会影响输出格式。我们已经见过 s、d 和 f 类型，分别对应字符串、整数和浮点数。其他大部分格式指示符都是这 3 种类型的变式；例如，o 表示八进制整数，X 表示十六进制整数。n 类型指示符可以让整数按照本地格式进行分隔。对于浮点数，%类型将会乘以 100 以表示百分数。

这些标准的格式化操作符可以应用于大部分内置对象，对于其他对象也可以定义非标准的指示符。例如，如果我们将 datetime 对象传递给 format，就可以使用那些可用于 datetime.strftime 函数的指示符，例如：

```
import datetime
print("{0:%Y-%m-%d %I:%M%p }".format(
    datetime.datetime.now()))
```

甚至可以自定义我们自己对象的格式化操作符，不过这已经超出本书的范围了。如果你需要，可以查看如何重写__format__特殊方法。PEP 3101 是最容易理解的说明文档，可以在 http://www.python.org/dev/peps/pep-3101/查看，不过其中的细节可能有些枯燥。你也可以通过网络搜索寻找更多教程。

Python 格式化语法非常灵活，不过非常难记。我每天都会用，但是偶尔仍需要去文档中查询忘记的概念。但是对于正式的模板需求来说它仍然不够，例如生成网页。如果你有比基本的字符串格式化更复杂的需求，则有很多第三方模板库可供选择。

字符串是 Unicode

在本节的开始，我们将字符串定义为不可变的 Unicode 字符集合。这实际上有时候会让事情变得很复杂，因为 Unicode 并不是真的存储格式。例如，如果你从文件或套接字中获取字节串，它们不会是 Unicode。实际上它们是内置的 bytes 类型。字节就是不可变的字节序列。字节是计算过程中最底层的存储格式。一个字节是 8 位，其通常被描述为 0~255 的整数或者十六进制的 0~FF。字节没有任何具体表示，一个字节序列可能存储的是编码得到的字符串，也可能是图像中的像素。

如果我们打印一个字节对象，任何映射到 ASCII 的字节将会打印出字符原本的样子，而非 ASCII 字节（无论是二进制数据还是其他字符）将会打印出十六进制码，通过 \x 作为分隔。你可能会觉得一个代表整数的字节映射到 ASCII 字符很奇怪。不过 ASCII 只是一种用不同字母表示不同字节模式的编码，也就是不同的数字。"a" 字符和整数 97 代表的是相同的字节，其十六进制数是 0x61。具体来说，它们都是对二进制模式 01100001 的不同解读。

许多 I/O 操作只能与 bytes 打交道，即便字节对象指向文本数据也是如此。因此，知道如何在 bytes 和 Unicode 之间进行转换就非常重要了。

问题是有很多将 bytes 映射到 Unicode 文本的方式。字节是机器可读的值，而文本是人类可读的格式。在它们中间的是将给定的字节序列映射到文本字符序列的编码过程。

问题是，有很多编码格式（ASCII 只是其中之一）。用不同的编码方式会将同样的字节序列转化为完全不同的文本字符。因此，bytes 必须用与编码过程使用的同样的字符集进行解码。不知道字节是如何编码的就无法将其解码为文本。如果我们收到一份未知编码格式的字节，就只能猜测它们的编码格式，而且未必能猜对。

将字节转换成文本

如果我们有一个 bytes 数组，就可以用 bytes 类的 .decode 方法将其转换为 Unicode。这个方法接受字符编码的字符串作为参数。有很多可选的名字，对于西方语言常见的是 ASCII、UTF-8 和 Latin-1。

63 6c 69 63 68 e9 这个字节序列（十六进制）实际上表示 Latin-1 编码中的 cliché。下面的例子用 Latin-1 编码格式将这个字节序列转换为 Unicode 字符串：

```
characters = b'\x63\x6c\x69\x63\x68\xe9'
print(characters)
print(characters.decode("latin-1"))
```

第一行创建一个 bytes 对象，字符串前的 b 字符说明我们正在定义一个 bytes 对象而不是常规的 Unicode 字符串。在这个例子中，每个字节用十六进制数字表示。\x 字符用于分隔字节串，意思是，"接下来的两个字符代表的是用十六进制数字所表示的字节"。

两个 print 函数将会输出以下字符串：

b'clich\xe9'
clich é

第一个 print 语句输出这些字节的 ASCII 符号本身。未知的（对于 ASCII 来说是未知的）字符还是保留原有的十六进制格式。输出结果包含了 b 字符，提示我们这是一个 bytes，而不是字符串。

下一行用 Latin-1 编码来解码字符串。decode 方法返回一个正常的（Unicode）字符串。不过，如果我们用西里尔字母的 "iso8859-5" 编码来解码同样的字符串，将会得到 "clichщ"！这是因为在这两个编码中 \xe9 字节指向的是不同的字符。

将文本转换成字节

如果我们需要将输入的字节转换为 Unicode，这显然和将 Unicode 转换为字节序列类似。可以通过 str 类的 encode 方法进行编码，它和 decode 方法一样，需要一个字符集参数。下面的代码创建一个 Unicode 字符串并按照不同的字符集进行编码：

```
characters = "cliché"
print(characters.encode("UTF-8"))
print(characters.encode("latin-1"))
print(characters.encode("CP437"))
print(characters.encode("ascii"))
```

前 3 个编码为重音字符创建了不同的字节集合，而第 4 个则无法处理这种情况：

b'clich\xc3\xa9'
b'clich\xe9'
b'clich\x82'
Traceback (most recent call last):
File "1261_10_16_decode_unicode.py", line 5, in <module>
print(characters.encode("ascii"))
UnicodeEncodeError: 'ascii' codec can't encode character '\xe9' in position 5: ordinal not in range(128)

现在你能理解编码的重要性了吗？对于不同的编码这个重音字符的表示方法是不同的；如果我们用了错误的编码格式来解码字节，将会得到错误的结果。

最后一种情况抛出了异常；有时候我们想要让那些未知字符以不同的方式进行处理。encode 方法还接受一个可选的字符串参数，名为 errors，用于定义这个字符应该如何处理。可选的值如下所示：

- strict
- replace
- ignore
- xmlcharrefreplace

strict 替换规则是默认的，当字节序列在我们所用的编码中无法表示某个字符时，会抛出异常。当使用 replace 策略时，这个字符会用另外一个字符替换；在 ASCII 编码中，使用的是问号。其他编码可能使用不同的符号，例如空盒符号。ignore 策略会直接省去不认识的字符,而 xmlcharrefreplace 策略创建一个 xml 实体表示 Unicode 字符。这样可以根据 XML 文档来转换字符串。下面就是不同的策略如何影响上面例子的结果。

策　　略	"cliché".encode("ascii", strategy)
replace	b'clich?'
ignore	b'clich'
xmlcharrefreplace	b'cliché'

也可以不传递编码字符串，而直接调用 str.encode 和 bytes.decode 方法。这样会使用当前平台默认的编码方法。这依赖于当前操作系统和地区设置；你可以通过 sys.getdefaultencoding()方法来检查。当然，最好还是明确指定编码方法，因为平台的默认编码方法可能更改，或者程序有可能会被扩展用于处理更多来源的文本。

如果你想要编码文档又不知道该使用什么编码，最好使用 UTF-8 编码。UTF-8 可以表示任何 Unicode 字符。在现代软件中，有一个不成文的标准，那就是要确保任何语言——甚至是多门语言中的文档，可以互相替换。其他的编码通常用于历史遗留文档或某些仍然使用不同默认字符集的地方。

UTF-8 编码用一个字节来表示 ASCII 和其他常见字符，然后用一共 4 个字节来表示更复杂的字符。UTF-8 很特别，因为它向后兼容 ASCII；任何用 UTF-8 编码的 ASCII 文档都和原始的 ASCII 文档一模一样。

> 我从来记不住从二进制字节转换成 Unicode 该用 encode 还是 decode，我总是希望这些方法可以改叫"to_binary"和"from_binary"。如果你有同样的问题，试着在心里把"code"替换成"binary"，"enbinary"、"debinary"和"to_binary"、"from_binary"已经很接近了。自从用了这种记忆方法，我节省了很多查看文档的时间。

可变字节字符串

bytes 类型和 str 一样，是不可变的。我们可以对 bytes 对象使用索引或切片操作，也可以搜索指定的字节序列，但是我们不能扩展或修改它们。这在操作 I/O 时很不方便，因为通常需要缓存输入或输出字节，直到准备好发送。例如，如果我们从套接字中接收数据，可能需要多次调用 recv 才能接收全部消息。

这就需要用到内置的 bytearray 了，这种类型就像列表一样，只是它包含的是字节。这个类的构造函数接受 bytes 对象进行初始化。extend 方法可以用于追加其他 bytes 对象到数组中（例如，当有更多数据从套接字或其他 I/O 通道传来时）。

可以通过切片操作直接修改 bytearray。例如，这段代码从 bytes 对象构造了一个 bytearray，然后替换了其中的两个字节：

```
b = bytearray(b"abcdefgh")
b[4:6] = b"\x15\xa3"
print(b)
```

结果看起来像这样：

bytearray(b'abcd\x15\xa3gh')

要当心，如果我们想要操作 bytearray 中的单个元素，则需要传入一个 0 ~ 255 的整数值。这个整数代表的是一个特定的 bytes。如果我们用字符或 bytes 对象，将会抛出异常。

单字节字符可以通过 ord 函数（ordinal 的简写）转换成整数。这一函数返回表示一个单独字符的整数：

```
b = bytearray(b'abcdef')
b[3] = ord(b'g')
b[4] = 68
print(b)
```

结果看起来像这样：

bytearray(b'abcgDf')

构造了数组之后，我们将索引为 3 的字符（第 4 个字符，因为和列表一样，索引是从 0 开始的）替换为 103。它是通过 ord 函数返回的 ASCII 字符中的小写字母 g 所对应的数字。作为说明，我们也将下一个字符替换为字节数字 68，它对应 ASCII 字符中的大写字母 D。

bytearray 类型的一些方法让它可以像列表一样操作（例如，可以向其中追加数字字节），不过和 bytes 对象一样，我们也可以用 count 和 find 方法，就像是对 bytes 或 str 对象一样。不同之处在于 bytearray 是可变类型，它可以用于从特定输入源构建复杂序列。

正则表达式

你知道使用面向对象准则中最难的是什么吗？那就是解析字符串并匹配任意模式。有大量的学术论文讨论了关于字符串解析的面向对象设计，不过结果总是非常啰唆且难以阅读，因而很难广泛应用于实践。

在现实世界中，大部分编程语言通过正则表达式来处理字符串解析。它们没有那么啰唆，不过仍然非常难以阅读，至少在你学会这些语法之前是这样的。虽然正则表达式不是面向对象的，但 Python 的正则表达式库还是提供了几个类和对象，你可以用来构造和执行正则表达式。

正则表达式可用于解决一个常见的问题：给定一个字符串，确定它是否能够匹配某个给定的模式，以及可以收集包含相关信息的子字符串。它们可用于解决如下问题：

- 这个字符串是否是一个合法的 URL？
- 日志文件中的警报信息的日期和时间是什么？
- 在/etc/passwd 中哪些用户来自一个给定的组？

- 用户输入的 URL 中所请求的用户名和文档是什么？

在很多类似的场景中，使用正则表达式是正确的选择。很多程序员错误地实现一些复杂、脆弱的字符串解析库，因为他们不知道或者不想学习正则表达式。在本节中，我们将学习足够多与正则表达式相关的知识，以避免出现这种错误。

匹配模式

正则表达式是一门复杂的迷你语言，它们依赖特殊符号来匹配未知字符串，不过让我们先从字面字符开始，例如字母、数字以及空格符，它们只会匹配它们自己。让我们看一个基本的例子：

```
import re

search_string = "hello world"
pattern = "hello world"

match = re.match(pattern, search_string)

if match:
    print("regex matches")
```

Python 标准库中的正则表达式模块被称为 re。我们导入它之后创建一个搜索字符串和需要搜索的模式。在这个例子中，它们是相同的。由于要搜索的字符串和模式是相匹配的，条件判断会通过并且 print 语句会执行。

记住 match 函数是从字符串的开头开始匹配模式，因此，如果模式改为"ello world"，将无法匹配。不同的是，一旦发现匹配，解析器将会立即停止搜索，因此模式"hello wo"也会成功匹配。让我们构造一个示例程序来说明这其中的差别，并帮助我们学习其他正则表达式语法：

```
import sys
import re

pattern = sys.argv[1]
search_string = sys.argv[2]
match = re.match(pattern, search_string)
```

```
if match:
    template = "'{}' matches pattern '{}'"
else:
    template = "'{}' does not match pattern '{}'"

print(template.format(search_string, pattern))
```

这只是前一个例子的通用版本：通过命令行读取模式和字符串。我们可以看到必须从模式的开头进行匹配，不过在下面的命令行交互中，只要发现匹配，将会立刻返回一个值：

```
$ python regex_generic.py "hello worl" "hello world"
'hello world' matches pattern 'hello worl'
$ python regex_generic.py "ello world" "hello world"
'hello world' does not match pattern 'ello world'
```

我们将在后续几个小节中继续使用这段脚本。这段脚本总是通过 pythonregex_generic.py "<pattern>" "<string>"执行。为了节省空间，之后将只会展示输出结果。

如果你需要模式出现在开头或结尾（或者说在字符串的开头、结尾及中间不包含任何新行），可以用^和$符号，分别代表字符串的开头和结尾。如果你想要让模式匹配整个字符串，最好同时使用：

```
'hello world' matches pattern '^hello world$'
'hello worl' does not match pattern '^hello world$'
```

匹配选定的字符

让我们开始匹配任意字符。点号字符用在正则表达式的模式中时，可以匹配任意单独的字符。在字符串中使用一个点号意味着你不关心这个字符是什么，只要有一个字符即可。例如：

```
'hello world' matches pattern 'hel.o world'
'helpo world' matches pattern 'hel.o world'
'hel o world' matches pattern 'hel.o world'
'helo world' does not match pattern 'hel.o world'
```

注意最后一个例子，因为在点号的位置上没有任何字符，因此该模式不能得到匹配。

到目前为止一切都很好，但是，如果我们只想要几个特定的字符被匹配怎么办？我们可以将几个字符放到一个方括号中，以匹配其中的任何一个字符。因此，如果遇到一个 [abc] 的正则表达式模式字符串，我们就知道这 5 个字符（包括两个方括号）只会匹配搜索字符串中的一个字符，而且，这个字符只能是 a、b、c 中的一个。下面来看几个例子：

```
'hello world' matches pattern 'hel[lp]o world'
'helpo world' matches pattern 'hel[lp]o world'
'helPo world' does not match pattern 'hel[lp]o world'
```

这些方括号应该被命名为字符集合，不过它们更常指代**字符类**。通常，我们想要用更多字符，但逐个输入既单调又容易出错。幸运的是，正则表达式的设计者考虑到了这一点，并提供了简写方式。短画线符号可以代表一个范围。如果你想要匹配"所有小写字母"或"所有数字"，这就非常有用了，例如：

```
'hello   world' does not match pattern 'hello [a-z] world'
'hello b world' matches pattern 'hello [a-z] world'
'hello B world' matches pattern 'hello [a-zA-Z] world'
'hello 2 world' matches pattern 'hello [a-zA-Z0-9] world'
```

还有其他匹配或排除单个字符的方式，如果需要，你可以去网上搜索更多更好理解的教程。

转义字符

如果在模式中点号可以匹配任何字符，那么我们如何匹配点号呢？一种方式是将点号放在方括号中以创建一个字符类，但是更通用的方法是用反斜杠来转义。下面的正则表达式匹配介于 0.00 和 0.99 之间的所有两位小数：

```
'0.05' matches pattern '0\.[0-9][0-9]'
'005' does not match pattern '0\.[0-9][0-9]'
'0,05' does not match pattern '0\.[0-9][0-9]'
```

对于这种模式，\. 两个符号只会匹配单个 . 字符。如果点号不存在或是别的字符，将无法匹配。

反斜杠转义序列可以用于正则表达式中的许多特殊符号。你可以用 \ [来插入方括号符号而不是创建字符类；\ (用于插入括号，我们稍后将会看到它也是一个特殊符号。

更有趣的是，我们也可以用转义符号之后加一个字符来表示特殊符号，例如换行符

（\n）、制表符（\t）。而且，有些字符类可以通过转义字符更高效地表达；\s 表示所有空白符，\w 表示字母、数字和下画线，而\d 代表数字：

```
'(abc]' matches pattern '\(abc\]'
' 1a' matches pattern '\s\d\w'
'\t5n' does not match pattern '\s\d\w'
'5n' does not match pattern '\s\d\w'
```

匹配多个字符

到目前为止，我们已经可以匹配大部分已知长度的字符串，但是大部分情况下我们并不知道有多少字符需要匹配。正则表达式也可以处理这种情况。我们可以修改模式添加一个或几个标点符号来匹配多个字符。

星号（*）意味着前一种模式可以出现零次或多次。这听起来可能有些愚蠢，但这是最有用的重复字符。在我们探究其中的原因之前，先看几个例子以确保我们理解它的作用：

```
'hello' matches pattern 'hel*o'
'heo' matches pattern 'hel*o'
'helllllo' matches pattern 'hel*o'
```

因此，模式中的*字符说明前一种模式（l 字符）是可选的，而且如果出现了，它可以出现任意多次数，都可以匹配这一模式。剩余的字符（h、e 和 o）则只能出现一次。

很少会需要让某个字母重复出现多次的情况，但是如果将星号和其他匹配多个字符的符号组合起来就会得到更有趣的结果。例如，.*将会匹配任何字符串，而[a-z]*将会匹配任意数量的小写字母，包括空字符串。

例如：

```
'A string.' matches pattern '[A-Z][a-z]* [a-z]*\.'
'No .' matches pattern '[A-Z][a-z]* [a-z]*\.'
'' matches pattern '[a-z]*.*'
```

加号（+）和星号的行为类似，只不过它要求之前一种模式出现的次数必须是一次或多次，而不像星号一样是可选的。问号（？）要求前一种模式只能出现零次或一次，不能更多。让我们通过数字来探索这几个符号（记住\d 和[0-9]一样）：

```
'0.4' matches pattern '\d+\.\d+'
'1.002' matches pattern '\d+\.\d+'
'1.' does not match pattern '\d+\.\d+'
'1%' matches pattern '\d?\d%'
'99%' matches pattern '\d?\d%'
'999%' does not match pattern '\d?\d%'
```

将模式组合到一起

到目前为止我们已经可以多次重复特定的模式，但却仅限于那些可以重复的模式。如果想要重复单独的字符，我们已经知道该怎么做了，但是如果想要重复字符序列该怎么办？将几种模式用括号包裹起来，就可以将它们当作一个单独的模式看待，从而让我们可以应用重复操作。比较下面这些模式：

```
'abccc' matches pattern 'abc{3}'
'abccc' does not match pattern '(abc){3}'
'abcabcabc' matches pattern '(abc){3}'
```

与复杂模式相比，这种组合特征极大地扩展了我们的模式匹配能力。下面的正则表达式匹配了简单的英文句子：

```
'Eat.' matches pattern '[A-Z][a-z]*( [a-z]+)*\.$'
'Eat more good food.' matches pattern '[A-Z][a-z]*( [a-z]+)*\.$'
'A good meal.' matches pattern '[A-Z][a-z]*( [a-z]+)*\.$'
```

第一个单词必须是大写开头的，然后是零或多个小写字母。之后是一个空格加上由一到多个小写字母组成的单词，整个括号里的内容重复零或多次，最后以句点符号作为结尾。句点之后不能有其他任何字符，正如最后的$所要求的那样。

我们已经见过许多这样最基本的模式了，但是正则表达式语言支持更多内容。在开始的几年里我每次需要时都要查询正则表达式语法。非常值得将 Python 文档中关于 re 模块的部分收藏做书签并经常查看。很少有正则表达式不能匹配的情况，它应该作为你解析字符串最先用到的工具。

从正则表达式中获取信息

现在让我们将注意力集中在 Python 这边。正则表达式语法是距离面向对象编程最远的东西。不过，Python 的 re 模块提供了进入正则表达式引擎的面向对象的接口。

我们已经用 re.match 函数检查是否返回合法的对象。如果模式不匹配，这个函数将会返回 None。如果匹配，将会返回一个有用的对象，我们可以从中获取模式相关的信息。

到目前为止，我们的正则表达式已经回答了诸如"这个字符串是否匹配这一模式"之类的问题。模式匹配很有用，但是在很多情况下，更有趣的问题是"如果这个字符串匹配了这一模式，相关子字符串的值是什么"。如果你用组合的方法来定义模式中的一部分，而又想要在后面用到它，就可以像下面这个例子一样将它们从匹配结果中取出来：

```
pattern = "^[a-zA-Z.]+@([a-z.]*\.[a-z]+)$"
search_string = "some.user@example.com"
match = re.match(pattern, search_string)

if match:
    domain = match.groups()[0]
    print(domain)
```

描述合法邮箱地址的说明非常复杂，而能够精确地匹配所有可能的正则表达式也是非常长的。因此我们创建了一个简单的版本，可以匹配一些常见的邮箱地址。重点在于我们想要获取域名信息（@符号之后的部分），从而可以联系该地址。我们可以简单地将这部分模式包裹在括号中，然后对 match 方法返回的对象调用 groups() 方法。

groups 方法返回模式中所有匹配的组，然后可以通过对应的索引访问。这些组是从左向右排列的。不过，要记住组合是可以嵌套的，这意味着在一个组中可以包含一个或多个其他组合。在这种情况下，是按照最左侧的括号来进行排序的，因此最外层的组合将会比内层的组合更早返回。

除了 match 之外，re 模块还提供了另外几个很有用的函数：search 和 findall。search 函数查询第一个与模式匹配的结果，而不需要限定必须从字符串的第一个字母开始匹配。注意你也可以在模式前加一个 ^.* 来从字符串的第一个字母开始匹配。

findall 和 search 类似，只是它查询匹配模式的所有非重叠部分的结果，而不是只有第一个。基本上它首先找到第一个匹配，然后从该结果的结尾处重新设定字符串，再进行下一个搜索。

和你可能认为的一样，它不返回匹配对象，而是返回一个匹配字符串或元组的列表。

有时候是字符串，有时候是元组，这根本就不是一个很好的 API! 和所有不好的 API 一样，你不得不记住这其中的差别，而不是凭直觉。返回结果的类型依赖于正则表达式中括号组合的数量。

- 如果模式中没有组合，re.findall 将会返回字符串列表，其中每个值都是源字符串中与模式匹配的子字符串。
- 如果模式中只有一个组合，re.findall 将会返回一个字符串列表，其中每个值都是该组中的内容。
- 如果模式中存在多个组合，re.findall 将会返回一个元组列表，其中按照顺序每个元组包含的是一个组合中匹配到的结果。

 如果你要在自己的 Python 库中设计函数调用，一定要确保函数总是返回相同的数据结构。将函数设计为可以接受任何数量的输入并进行处理是很好的，但是返回值不要根据输入在单个值和列表之间来回切换，也不要从一个列表的值切换为一个列表的元组。记住 re.findall 的教训！

通过下面的交互会话，希望可以说明其中的差别：

```
>>> import re
>>> re.findall('a.', 'abacadefagah')
['ab', 'ac', 'ad', 'ag', 'ah']
>>> re.findall('a(.)', 'abacadefagah')
['b', 'c', 'd', 'g', 'h']
>>> re.findall('(a)(.)', 'abacadefagah')
[('a', 'b'), ('a', 'c'), ('a', 'd'), ('a', 'g'), ('a', 'h')]
>>> re.findall('((a)(.))', 'abacadefagah')
[('ab','a','b'), ('ac','a','c'), ('ad','a','d'), ('ag','a','g'), ('ah',
'a', 'h')]
```

高效利用重复的正则表达式

无论何时你调用某个正则表达式方法，引擎都不得不将模式字符串转换成一种内部结构，从而使得字符串搜索更加快速。这一转换过程需要一定的时间，如果正则表达式需要多次重复使用（例如，在 for 或 while 循环中），则最好让这一转换过程只出现一次。

可以利用 re.compile 方法。它返回正则表达式已经经过了编译的面向对象版本，拥有了前面探讨过的方法（match，search，findall）。我们将在案例学习中看到相关的例子。

以上无疑是对正则表达式的一个浓缩版本的介绍。到目前为止，我们已经对基本用法有所了解了，也知道了何时需要进一步的搜索。如果遇到字符串模式匹配问题，正则表达式几乎一定能够帮助我们解决。不过，我们可能需要从相关主题的教程中检索新的语法。但是，我们现在已经知道该检索什么了！让我们继续下一个完全不同的话题：序列化对象，以用于存储。

序列化对象

现在我们已经能够随时将数据写入文件并在任意时间取回。和这一操作同样方便（想象一下不能存储任何东西的计算状态！）的是，我们会发现通常需要将设计好的对象或内存转换成某种文本或二进制格式，以进行存储、在网络中传输或从远程服务器中访问。

Python 的 pickle 模块通过一种面向对象的方式直接将对象存储为特殊存储格式。将对象（它所持有的一切对象都作为属性存在）转换为字节序列是很有必要的，可以在我们需要的时候进行存储或传输。

对于一般的使用，pickle 模块拥有非常简单的接口。它由 4 个基本的函数构成，用来存储和载入数据。其中，两个函数操作类文件（file-like）对象，另两个函数处理 bytes 对象（后者是对类文件接口的简写，这样我们就无须自己创建 BytesIO 这样的类文件对象了）。

dump 方法接受一个对象和一个类文件对象并将序列化字节写入文件。文件对象必须拥有一个 write 方法（否则也无法称为文件对象），且这一方法必须知道如何处理 bytes 参数（这样以文本输出模式打开的文件就无法使用了）。

load 方法恰好相反，它从文件对象中读取序列化的对象。这里的文件对象必须拥有合适的 read 和 readline 方法，当然它们都必须返回 bytes 类型。pickle 模块将会从这些字节中载入对象，而 load 方法将会返回完全重建的对象。下面的例子展示了存储和载入列表对象的过程：

```
import pickle
```

```
some_data = ["a list", "containing", 5,
        "values including another list",
        ["inner", "list"]]

with open("pickled_list", 'wb') as file:
    pickle.dump(some_data, file)

with open("pickled_list", 'rb') as file:
    loaded_data = pickle.load(file)

print(loaded_data)
assert loaded_data == some_data
```

这段代码和我们前面所描述的一样：对象存储到文件中，然后从同一个文件中载入。这两种情况下我们都用 with 语句打开文件，从而文件可以自动关闭。根据我们要存储还是载入数据，这一文件先后按照写入、读取的模式打开。

如果新载入的对象与原始对象不相等，最后的 assert 语句将会抛出错误。相等并不代表它们是同一个对象。实际上，如果打印出这两个对象 id() 的结果，会发现它们是不同的。不过，因为它们是内容相同的列表，所以这两个列表被认为是相等的。

dumps 和 loads 函数和其他类文件对象的用途一样，只是它们返回或接受 bytes 类型而不是文件对象。dumps 只需要一个参数，即需要存储的对象，并返回一个序列化之后的 bytes 对象。loads 只需要一个 bytes 类型的对象作为参数，并返回载入后的对象。方法名中的 's' 字符代表字符串；这是更古老版本 Python 的遗留物，旧版本中用 str 对象而不是 bytes。

两个 dump 方法都接受可选的 protocol 参数。如果我们保存和载入的对象均只用于 Python 3 程序，则不需要提供这一参数。不幸的是，如果我们存储的对象可能用于旧版本的 Python，则只能用旧的效率较低的协议。这通常来说不应该是问题，因为载入对象的程序通常就是存储它的程序。pickle 不是一个安全的格式，因此不要通过互联网传送给未知的解释器。

需要提供的参数是一个整数版本信息。默认的数字是 3，代表当前用于 Python 3 的高效存储版本。数字 2 是较旧的版本，向后兼容至 Python 2.3。由于 Python 2.6 是目前还在广泛使用的最旧的版本，因此版本数字 2 通常就足够了。版本 0 和 1 只支持更旧的解释器，0

是 ASCII 格式，而 1 代表二进制格式。同时也有一个优化的版本 4，将来会成为默认版本。

作为经验法则，如果已经知道序列化的对象只会用于 Python 3 程序（例如，只有你自己的程序才会载入它们），只需要用默认的协议。如果会被未知解释器载入，使用 2 号协议（除非你明确知道将会使用的 Python 版本号）。

如果向 dump 和 dumps 传入协议数字，需要用关键字参数：pickle.dumps (my_object, protocol=2)。这并不是严格必要的，因为这个方法只接受两个参数，不过写出完整的关键字参数可以提醒读者这个数字的用意。在调用方法时使用随机的整数会使得代码很难阅读。2 到底是什么意思？存储对象的两个备份？记住，代码应该总是保证可读性。在 Python 中，更短的代码比更长的代码更具可读性，但并不总是这样的。一定要明确说明。

可以向一个打开的文件多次执行 dump 或 load 方法。每次调用 dump 将会存储一个单独的对象（加上它包含的所有对象），而执行 load 也只会载入、返回一个对象。因此对于单独的文件，每次调用 dump 来存储对象时应该有一个相关联的 load 调用。

自定义序列化

对于最常见的 Python 对象，pickle 就能够很好地完成序列化。诸如整数、浮点数和字符串这些基本类型都可以进行序列化，包括任何容器对象，如列表或字典。除此之外，重要的是，任何对象都可以进行 pickle 序列化，只要其所有的属性都是可 pickle 的。

那么什么样的属性不能进行 pickle 序列化？通常是一些与时间有关的属性，它们在未来的时间进行载入是不合理的。例如，打开的网络套接字、打开的文件、正在运行的线程或者数据库连接，序列化这些对象是不合理的。因为当我们想要重新解析这些对象时，很多系统状态信息都不存在了。我们不能假装线程或套接字连接存在，然后凭空造出来！我们需要某种自定义这种短暂存在的数据的存储和载入过程。

下面的类每隔 1 小时载入一个网页的内容，以确保其保持最新。这里用到了 threading.Timer 类来安排下一次更新：

```python
from threading import Timer
import datetime
from urllib.request import urlopen
```

```
class UpdatedURL:
    def __init__(self, url):
        self.url = url
        self.contents = ''
        self.last_updated = None
        self.update()

    def update(self):
        self.contents = urlopen(self.url).read()
        self.last_updated = datetime.datetime.now()
        self.schedule()

    def schedule(self):
        self.timer = Timer(3600, self.update)
        self.timer.setDaemon(True)
        self.timer.start()
```

url、contents 和 last_updated 都是可序列化的，但是如果我们试着序列化这个类的实例，self.timer 实例就会有点问题：

```
>>> u = UpdatedURL("http://news.yahoo.com/")
>>> import pickle
>>> serialized = pickle.dumps(u)
Traceback (most recent call last):
  File "<pyshell#3>", line 1, in <module>
    serialized = pickle.dumps(u)
_pickle.PicklingError: Can't pickle <class '_thread.lock'>: attribute
lookup lock on _thread failed
```

这里的错误信息用处不大，不过看起来是因为我们试图序列化某些不应该序列化的对象。也就是 Timer 实例；我们想要存储 schedule 方法中的 self.timer，而这一属性是不能被序列化的。

当 pickle 序列化对象时，它会试着存储对象的 __dict__ 属性，__dict__ 是一个映射对象所有属性名和值的字典。幸运的是，在检查 __dict__ 之前，pickle 会先检查是否存在 __getstate__ 方法。如果存在，将会存储这个方法返回的结果而不是 __dict__。

让我们为 UpdatedURL 添加一个 __getstate__ 方法，它返回 __dict__ 的备份并删

除其中的 timer 属性：

```
def __getstate__(self):
    new_state = self.__dict__.copy()
    if 'timer' in new_state:
        del new_state['timer']
    return new_state
```

如果现在序列化这个对象，就不会再失败了。而且也可以成功地通过 loads 载入。不过，重新载入的对象不再拥有 timer 属性，因此将不能按照最初设计的那样定期刷新内容。我们需要为解序列化的对象创建一个新的 timer（来替换缺失的那个）。

如我们所料，还有一个对应的 __setstate__ 方法可以实现自定义的解序列操作。这个方法只接受一个参数，即 __getstate__ 方法返回的对象。如果同时实现这两个方法，那么 __getstate__ 就不一定非要返回一个字典对象了。因为不管返回什么对象 __setstate__ 都是可以处理的。在我们的例子中，只想重新修复 __dict__，然后创建一个新的 timer：

```
def __setstate__(self, data):
    self.__dict__ = data
    self.schedule()
```

pickle 模块非常灵活，并且提供了其他工具来进行进一步的定制化。不过，这些内容已经超出了本书的范围。前面已经介绍过的工具足够完成基本的序列化任务。需要序列化的对象通常是相对简单的数据对象，我们不太可能想要序列化一整个运行程序或是某些设计复杂的模式。

序列化 Web 对象

从未知或不能信任的来源载入序列化对象不是一个好主意。有可能在序列化文件中插入了任意代码来恶意攻击我们的计算机。另一个缺点是 pickle 序列化只能被 Python 程序载入，较难与其他语言共享。

过去的一段时间里有很多用于这一用途的格式。XML（可扩展标记语言，Extensible Markup Language）曾经非常流行，尤其是对 Java 开发者。你可能偶尔看到过另一种格式：YAML（另一种标记语言，Yet Another Markup Language）。列表数据通常使用 CSV（Comma

Separated Value）格式。你可能还会慢慢遇到很多默默无闻的格式，Python 都有对应的标准或第三方库。

在对未信任数据使用这些第三方库之前，一定要查清它们的安全事项。例如 XML 和 YAML，都有一些复杂的特征，如果被恶意利用，就可以允许在主机上执行任意命令。这些特征可能在默认情况下没有关闭，你需要自己进行检索。

JavaScript Object Notation（JSON）是一种人类可读的格式，用于存储基础数据类型。JSON 是一种标准格式，可以被各式各样的客户端系统解析。因此，JSON 非常适合用于在完全不同的系统之间进行数据传输。而且，JSON 不支持任何可执行代码，只有数据可以被序列化；因此，更难向其中植入恶意代码。

因为 JSON 可以很容易地被 JavaScript 引擎解析，所以其通常用于在 Web 服务器和可用 JavaScript 的浏览器之间进行数据传输。如果 Web 应用服务器端是用 Python 写的，则需要将内部数据转换为 JSON 格式。

可以预见完成这件事的模块是 json。这个模块提供和 pickle 类似的接口，即 dump、load、dumps 和 loads 函数。调用这些函数的默认方法几乎和 pickle 一模一样，因此我们就不再重复这些细节了。其中有几处不同；显然，输出结果是 JSON 格式的，而不是序列化的对象。除此之外，json 函数作用于 str 对象，而不是 bytes。因此，当输出或载入时，我们需要创建文本模式的文件而不是二进制模式。

JSON 序列化没有 pickle 模块那么健壮；它只能序列化基本类型，如整数、浮点数和字符串，以及简单的容器，如字典和列表。这些都直接映射到 JSON 形式，不过 JSON 不能表示类、方法或函数。不能用这种格式来传输完整的对象。因为接收者通常不是 Python 对象，接收者不能与 Python 以同样的方式来理解类或方法。除了名字中有代表 Object 的 O，JSON 只是一种**数据**标记；而对象是由数据和行为两部分组成的。

如果想要序列化的对象只有数据，我们可以直接序列化对象的 __dict__ 属性。或者我们也可以针对特定的对象，通过自定义代码来创建或解析 JSON 序列化字典。

在 json 模块中，对象的存储和载入函数都接受一个可选参数来执行自定义操作。dump 和 dumps 方法接受名为 cls（class 的简写，因为它是限定关键词）的关键字参数。如果传递了这一参数，它必须是 JSONEncoder 的子类，且重写了 default 方法。这一方法接受任意对象作为参数，并将其转换为 json 可以处理的字典类型。如果不知道如何处理这一对象，可以调用 super() 方法，这样就可以按照正常的方式序列化基本类型了。

load 和 loads 方法也接受这样一个 cls 参数，与存储不同的是，它是 JSONDecoder 的子类。不过，通常用 object_hook 关键字传递一个函数就足够了。这个函数接受一个字典并返回一个对象；如果不知道如何处理传入的字典，可以不经过修改而直接返回。

让我们来看一个例子。假设我们有下面这个简单的联系人类需要进行序列化：

```
class Contact:
    def __init__(self, first, last):
        self.first = first
        self.last = last

    @property
    def full_name(self):
        return("{} {}".format(self.first, self.last))
```

我们可以直接序列化 __dict__ 属性：

```
>>> c = Contact("John", "Smith")
>>> json.dumps(c.__dict__)
'{"last": "Smith", "first": "John"}'
```

以这种形式访问特殊（双下画线的）属性有点粗鲁。而且，如果接收端（可能是 Web 端的 JavaScript）也想要 full_name 属性呢？当然，我们可以手动构造字典，不过还是让我们来自定义一个编码器吧：

```
import json
class ContactEncoder(json.JSONEncoder):
    def default(self, obj):
        if isinstance(obj, Contact):
            return {'is_contact': True,
                    'first': obj.first,
                    'last': obj.last,
                    'full': obj.full_name}
        return super().default(obj)
```

default 方法检查了我们想要序列化的对象类型；如果是联系人类，我们手动将其转换为字典；否则，让其父类来处理序列化（假设它是基本类型，json 知道如何处理）。注意我们传递了一个额外的属性来说明这是一个联系人对象，因为没有其他办法可以在载入之后知道它的类型。这只是为了方便，对于更一般化的序列化机制，可能会在字典中存出一个字符串类型，或者是用完整的类名，包括包和模块。记住字典的格式依赖于接收端代码，并没有协议说明如何解读这段数据。

通过将这个类（不是实例化对象）传递给 dump 和 dumps 函数，我们可以用这个类将联系人进行编码：

```
>>> c = Contact("John", "Smith")
>>> json.dumps(c, cls=ContactEncoder)
'{"is_contact": true, "last": "Smith", "full": "John Smith",
"first": "John"}'
```

对于解码过程，我们可以写一个函数接受字典为参数，检查是否包含 is_contact 变量来决定是否将其转换为联系人：

```
def decode_contact(dic):
        if dic.get('is_contact'):
            return Contact(dic['first'], dic['last'])
        else:
            return dic
```

我们可以将这个函数通过 object_hook 关键字参数传递给 load 和 loads 函数：

```
>>> data = ('{"is_contact": true, "last": "smith",'
    '"full": "john smith", "first": "john"}')

>>> c = json.loads(data, object_hook=decode_contact)
>>> c
<__main__.Contact object at 0xa02918c>
>>> c.full_name
'john smith'
```

案例学习

让我们用 Python 构造一个基本的基于正则表达式的模板引擎。这个引擎可以解析文本文件（例如 HTML 页面）并将其中特定的命令替换为这些命令执行的结果。这可能是我们能够用正则表达式完成的最复杂的任务；确实，完整版本可以用于语言解析机制。

考虑如下输入文件：

```
/** include header.html **/
<h1>This is the title of the front page</h1>
/** include menu.html **/
<p>My name is /** variable name **/.
This is the content of my front page. It goes below the menu.</p>
<table>
<tr><th>Favourite Books</th></tr>
/** loopover book_list **/
<tr><td>/** loopvar **/</td></tr>

/** endloop **/
</table>
/** include footer.html **/
Copyright &copy; Today
```

这个文件包含 /** <指令> <数据> **/ 格式的"标签"，其中数据是可选的单独一个单词，指令可以是

- include：赋值另外一个文件的内容到这里；
- variable：插入一个变量内容；
- loopover：重复这一内容，遍历这一列表变量；
- endloop：结束遍历的信号；
- loopvar：插入遍历列表中的单个值。

根据传入变量的不同，这一模板可以渲染出不同的页面。这些变量将会从上下文文件传入，被编码成 json 的对象，其键代表了对应的变量。我的上下文文件可能像下面这样，不过你可以自己编写：

```
{
    "name": "Dusty",
    "book_list": [
        "Thief Of Time",
        "The Thief",
```

```
            "Snow Crash",
            "Lathe Of Heaven"
        ]
    }
```

在我们进行真正的字符串处理之前，首先整理一些面向对象的样板代码来处理文件以及从命令行抓取数据：

```
import re
import sys
import json
from pathlib import Path

DIRECTIVE_RE = re.compile(
    r'/\*\*\s*(include|variable|loopover|endloop|loopvar)'
    r'\s*([^ *]*)\s*\*\*/')

class TemplateEngine:
    def __init__(self, infilename, outfilename, contextfilename):
        self.template = open(infilename).read()
        self.working_dir = Path(infilename).absolute().parent
        self.pos = 0
        self.outfile = open(outfilename, 'w')
        with open(contextfilename) as contextfile:
            self.context = json.load(contextfile)

    def process(self):
        print("PROCESSING...")

if __name__ == '__main__':
    infilename, outfilename, contextfilename = sys.argv[1:]
    engine = TemplateEngine(infilename, outfilename, contextfilename)
    engine.process()
```

这些都是非常基础的，我们创建了一个类并通过一些命令行传递的变量进行初始化。

注意到我们为了让正则表达式更易读一点，将其分为两行了吗？我们用原生字符串（r 开头），就不需要转义反斜杠了。这在正则表达式中很常见，不过看起来仍然很乱（正则表达式总是如此；不过，即便这样也是值得的)。

　　pos 表示当前字符所在的位置；它马上还会多次出现。

　　现在还需要做的就是实现处理方法。有很多方法可以用，让我们选择最明显的方法。

　　处理方法需要找出每一个匹配正则表达式的指令，然后用合适的方法处理它们。不过，它也必须保证在指令位置之前、之后、之间的正常文本正常输出。

　　编译之后版本的正则表达式的优良特性之一就是，我们可以告诉 search 从指定的位置开始搜索，即向它传递 pos 关键字参数。如果我们临时定义指令的操作为 "忽略指令并将其从输出文件中去除"，处理过程看起来将会非常简单：

```python
def process(self):
    match = DIRECTIVE_RE.search(self.template, pos=self.pos)
    while match:
        self.outfile.write(self.template[self.pos:match.start()])
        self.pos = match.end()
        match = DIRECTIVE_RE.search(self.template, pos=self.pos)
    self.outfile.write(self.template[self.pos:])
```

　　这个函数首先找出文本中第一个匹配正则表达式的字符串，输出所有从开始到这一位置的字符串，然后将当前位置更新到匹配结尾的地方。一旦没有更多匹配，将会把剩余内容都写入输出文件。

　　当然，忽略所有指令对于模板引擎来说毫无用处，因此接下来让我们根据指令内容用不同的方法替换对应位置上的内容：

```python
def process(self):
    match = DIRECTIVE_RE.search(self.template, pos=self.pos)
    while match:
        self.outfile.write(self.template[self.pos:match.start()])
        directive, argument = match.groups()
        method_name = 'process_{}'.format(directive)
        getattr(self, method_name)(match, argument)
        match = DIRECTIVE_RE.search(self.template, pos=self.pos)
    self.outfile.write(self.template[self.pos:])
```

因此我们从正则表达式中提取出指令和参数。指令成为方法名，我们从 self 对象中动态查找它（如果这里加上一点错误处理，以防止写模板提供一个不合法的指令那就更好了）。我们将匹配对象和参数传递给这些方法，假设这些方法会将一切处理好，包括移动 pos 指针。

现在面向对象的架构先讲到这里了，实际上实现那些对应的方法是非常简单的。include 和 variable 指令非常直接：

```python
def process_include(self, match, argument):
    with (self.working_dir / argument).open() as includefile:
        self.outfile.write(includefile.read())
        self.pos = match.end()


def process_variable(self, match, argument):
    self.outfile.write(self.context.get(argument, ''))
    self.pos = match.end()
```

第一指令查找引入的文件并将插入文件内容；第二指令从上下文字典中查找变量名（通过 json 在 __init__ 中载入），如果找不到，则默认使用空字符串。

处理循环指令的 3 个方法就有点复杂了，因为它们需要共享状态。为了简单起见（我肯定你已经急于想看到这么长一章的结尾了，现在马上就要到了），我们用这个类的实例变量来处理。作为练习，你可以试着用更好的方法来实现，尤其是阅读完后面 3 章之后。

```python
def process_loopover(self, match, argument):
    self.loop_index = 0
    self.loop_list = self.context.get(argument, [])
    self.pos = self.loop_pos = match.end()


def process_loopvar(self, match, argument):
    self.outfile.write(self.loop_list[self.loop_index])
    self.pos = match.end()


def process_endloop(self, match, argument):
    self.loop_index += 1
    if self.loop_index >= len(self.loop_list):
        self.pos = match.end()
```

```
        del self.loop_index
        del self.loop_list
        del self.loop_pos
    else:
        self.pos = self.loop_pos
```

当遇到 loopover 指令时，不需要输出任何东西，不过需要设定 3 个变量的初始状态。loop_list 变量是从上下文字典中获取的列表，loop_index 变量是在迭代过程中所处列表的位置，loop_pos 存储的位置告诉我们遍历完成后应该跳到哪里。

loopvar 指令输出 loop_list 变量当前位置上的值，然后跳到指令的结尾。注意它并不会增加遍历索引值，因为 loopvar 指令可能在一次循环中多次调用。

endloop 指令更复杂一些。它决定是否已经遍历完 loop_list；如果没有，将回跳到循环的开始，增加索引值。反之，则重置所有变量并跳到该指令的结尾，让引擎继续匹配后续内容。

注意这一迭代机制是很脆弱的，如果模板设计者使用嵌套循环或者忘记添加 endloop，结果将会失败。如果想要用到产品环境，可能需要更多的错误检查和更多的循环状态。不过我已经承诺过这一章马上就能结束了，因此看过示例模板的渲染过程之后让我们直奔下一节：

```
<html>
    <body>

<h1>This is the title of the front page</h1>
<a href="link1.html">First Link</a>
<a href="link2.html">Second Link</a>

<p>My name is Dusty.
This is the content of my front page. It goes below the menu.</p>
<table>
<tr><th>Favourite Books</th></tr>

<tr><td>Thief Of Time</td></tr>

<tr><td>The Thief</td></tr>
```

```
<tr><td>Snow Crash</td></tr>

<tr><td>Lathe Of Heaven</td></tr>

</table>
        </body>
</html>

Copyright &copy; Today
```

由于模板的设计，因此结果中多出了很多换行符，不过结果仍然与我们的预期相符。

练习

本章涉及很多主题，从字符串到正则表达式，再到对象序列化，然后又回到正则表达式。现在让我们考虑如何将这些内容应用到你自己的代码中。

Python 的字符串非常灵活，而且 Python 也是处理字符串非常有效的工具。如果在你的日常工作中不经常需要处理字符串，那就试着设计一个只用于操作字符串的工具。试着更具创意一些，如果想不出来，可以考虑写一个 Web 日志分析器（每小时有多少次访问？多少人访问了超过 5 个页面？）或者是模板工具，用其他文件的内容替换模板中特定的变量名。

多多尝试字符串格式化操作符，直到你记住这些语法。写一些模板字符串和对象，将对象传入 format 函数，观察输出结果。尝试更多格式化操作符，例如百分比和十六进制标识符。尝试填充和对齐操作符，看看对于整数、字符串和浮点数有何不同。自己写一个类并实现__format__方法，我们之前没有讨论太多细节，不过可以探索一下你可以如何自定义格式化。

确定你理解了 bytes 对象和 str 对象的区别。在旧版本的 Python 中，这两者之间的差异非常复杂。（没有 bytes 类型，而 str 集合了 bytes 和 str 的用法，当需要处理非 ASCII 字符时，还有另外一个 unicode 对象，就像 Python 3 中的 str 类一样。实际上比这还要复杂！）现在就清楚多了，bytes 用于二进制数据，str 用于字符数据。唯一复杂一点的地方就是要清楚如何在两者之间进行转换。作为练习，向一个以写入 bytes 模式打开的文件中写入文本数据（你需要自己对文本进行编码），然后再从同一文件中读取内容。

用 bytearray 做一些联系；看看它是如何既能像字节对象一样操作也能像容器对象一样操作的。试着写一个缓存来用字节数组保存数据，直到达到特定长度之后再返回。可以使用 time.sleep 来模拟数据传入过程，以避免太快地涌入过多的数据。

在线学习正则表达式。学习更多相关内容。尤其是贪婪匹配和懒匹配的命名分组，以及正则标志，其中包括 3 个我们没有涉及的特征。能够清楚地决定何时不该使用正则表达式。很多人对于正则表达式的观念是，要么拒绝使用，要么过度使用。试着说服自己只在合适的时候使用，并找出什么才是合适的情况。

如果你写过从文件或数据库中载入少量数据并转化成对象的适配器，考虑是否能用 pickle 模块。pickle 对于大量数据来说可能效率不高，但是对于加载配置或简单对象时还是非常有用的。尝试以下几种方式：pickle、文本文件或小数据库。你觉得哪个最容易使用？

使用序列化数据，修改存储数据的类，然后将序列化数据加载到新的类中。哪些情况可以用？哪些情况不能？对类做一些重大调整，例如重命名属性或者将一个属性分为两个新的属性，是否还能通过旧的 pickle 解读数据？（提示：为每个对象添加不同的 pickle 版本号，并在修改类之后更新，将变化过程放在 __setstate__ 中）。

如果你做过 Web 开发，则试着用一下 JSON 序列化方法。我个人更加倾向于只序列化标准的 JSON 对象，而不是自己写解码器或用 object_hooks，不过预期效果实际上依赖于前端（一般是 JavaScript）和后端代码之间的交互。

为模板引擎添加新的指令，并且可以接受超过一个或者任意数量的参数。你可能需要修改或者添加新的正则表达式。查看 Django 项目的在线文档，是否有其他你需要的模板标签。试着模仿其过滤器语法替换变量标签。学习过迭代和协程之后重新复习本章，看看是否能够想到一些更好的方式来表示相关指令（例如循环）之间的状态。

总结

在本章中我们学习了字符串操作、正则表达式，以及对象的序列化。硬编码的字符串和程序中的变量可以通过字符串格式化系统组合到一起。区分二进制和文本数据是非常重要的，必须理解 bytes 和 str 的特定意义。它们都是不可变的，不过 bytearray 可以用于修改字节序列。

正则表达式是一个复杂的主题，我们只是学习了一些皮毛。有很多序列化 Python 对象的方法，pickle 和 JSON 是其中最流行的两种。

在第 9 章中，我们将学习一种 Python 编程中非常基本的设计模式，以至于为其提供了特殊的语法支持：迭代器模式。

迭代器模式

我们已经见识了很多 Python 的内置方法和习惯用法第一眼看上去不是那么面向对象，但实际上在底层其仍然主要依赖面向对象的形式。在本章里，我们将会讨论 for 循环虽然看起来是结构化的，但实际上其是对一系列面向对象准则的简单封装。我们也会看到通过扩展这一语法，可以自动创建更多类型的对象。本章内容如下：

- 什么是设计模式。
- 迭代器协议——最有力的设计模式之一。
- 列表、集合和字典推导。
- 生成器与协程。

设计模式简介

当工程师和建筑设计师想要建造一座桥梁、一座塔或者一座其他建筑时，他们会遵循特定的准则来确保结构完整性。桥梁的设计有很多种（例如吊桥、悬臂桥），不过如果工程师不使用标准设计中的一种，也没有一个非常棒的新设计，很有可能他设计的桥就会坍塌。

设计模式尝试将正确设计的这一形式化定义用到软件工程上。有很多不同的设计模式用于解决不同的一般性问题。创建设计模式的人首先找出开发者在多种情况下都会遇到的常见问题。然后用面向对象设计，提出该问题的理想解决方案。

不过，知道并在软件中选用一个设计模式并不能保证我们找到了"正确的"解决方案。在 1907 年，魁北克大桥（在当时，它是世界上最长的悬臂桥）在建造完成之前就坍塌了，因为设计它的工程师严重地低估了所用钢材的重量。在软件开发中也是如此，我们可能选错或用错了设计模式，导致开发的软件会在正常操作或压力超过最初设计上限时"坍塌"。

任何一个设计模式都会提出一系列对象，并通过它们之间的交互来解决一般性的问题。程序员的工作就是识别当前面临的问题，并采用设计模式来解决问题。

在本章中，我们将会学习迭代器设计模式。这一模式太有用且太常用了，以至于 Python 开发者提供了多种语法选择。在接下来的两章中我们将会学习其他的设计模式，但是它们都不像迭代器模式一样几乎出现在 Python 程序员的每一天。

迭代器

用设计模式的术语来说，迭代器就是一个拥有 next() 和 done() 方法的对象，后者在序列中没有其他元素时返回 True。在没有内置支持迭代器的编程语言中，迭代器的遍历过程看起来可能像这样：

```
while not iterator.done():
    item = iterator.next()
    # 对item进行一些操作
```

在 Python 中，迭代是一个特殊的特征，因此这一方法有一个特殊名称：__next__。这一方法可以通过内置的 next(iterator) 访问。当遍历结束时，迭代器协议会抛出一个 StopIteration 异常，而不是通过 done 方法。最后，我们有更易读的 for item in iterator 语法来访问迭代器中的每个元素，而不需要用到 while 循环。让我们深入探讨其中的细节。

迭代器协议

collections.abc 模块中的抽象基类 Iterator 定义了 Python 中的迭代器协议。正如前面提到的，它必须要有 __next__ 方法，使得 for 循环（以及其他支持迭代的特征）可以调用来从序列中获取新元素。除此之外，每一个迭代器都必须实现 Iterable 接口。任何提供 __iter__ 方法的类都是可迭代的，这一方法必须返回一个 Iterator 实例，并能够覆盖类中的所有元素。因为迭代器已经能够遍历所有元素了，所以它的 __iter__ 函数通常返回它自己。

这听起来可能有点让人困惑。看一下下面这个例子，不过要注意这是非常口语化的一种解决方法。它能够清楚地说明迭代器以及两个协议，不过在后文中我们将会看到一些可读性会更强的版本：

```python
class CapitalIterable:
    def __init__(self, string):
        self.string = string

    def __iter__(self):
        return CapitalIterator(self.string)

class CapitalIterator:
    def __init__(self, string):
        self.words = [w.capitalize() for w in string.split()]
        self.index = 0

    def __next__(self):
        if self.index == len(self.words):
            raise StopIteration()

        word = self.words[self.index]
        self.index += 1
        return word

    def __iter__(self):
        return self
```

这个例子定义了一个 CapitalIterable 类，它的作用是遍历字符串中的每个单词并返回首字母大写之后的结果。大部分工作都传递给了 CapitalIterator。最权威的验证方式就是像下面这样来测试：

```python
>>> iterable = CapitalIterable('the quick brown fox jumps over the lazy dog')
>>> iterator = iter(iterable)
>>> while True:
...     try:
...         print(next(iterator))
...     except StopIteration:
```

```
...          break
...
The
Quick
Brown
Fox
Jumps
Over
The
Lazy
Dog
```

这个例子首先构建一个可迭代对象，然后从中获取迭代器。可能需要解释一下其中的差别，可迭代对象拥有一些元素并可以被遍历。通常，这些元素可以被遍历多次，甚至同时或者在同一段代码中被遍历多次。而迭代器则代表可迭代对象中的特定位置，其中某些元素已经被遍历过，而另一些元素则没有被遍历过。两个不同的迭代器可能在单词列表中的不同位置，但是一个迭代器只能标记一个位置。

每次对迭代器调用 next() 方法，会按照顺序返回可迭代对象的另一个元素。最终迭代器将会耗尽（没有更多元素可以返回），这时会抛出 Stopiteration 异常，我们会就此停止循环。

当然，我们已经知道有更简单的语法，可以从可迭代对象中构建迭代器：

```
>>> for i in iterable:
...     print(i)
...
The
Quick
Brown
Fox
Jumps
Over
The
Lazy
Dog
```

如你所见，`for` 语句尽管看起来不是那么面向对象的，但实际上却是指向一些显而易见的面向对象设计准则的快捷方式。在我们讨论推导的时候也要记住这一点，因为它也是与面向对象完全相反的一种工具。不过，它也用了与 `for` 循环完全相同的迭代协议，只不过是另外一种快捷方式。

推导

推导是非常简洁有力的语法，可以在一行代码中实现对可迭代对象的转换或过滤。返回的对象可以是非常正常的列表、集合或字典，或者是可以一次性用掉的生成器表达式。

列表推导

列表推导是 Python 最有力的工具之一，因此人们倾向于认为它们是高级语法。但实际上并非如此，在前面的例子中我随意使用了一些推导语法并且假设你可以理解它们。不过很多高级程序员会用很多推导语法，这并不是因为这一语法更高级，而是因为它们很平凡，能够处理很多软件开发中的最常见操作。

让我们来看一个最常见的操作，将一个列表的元素转换为相关的元素。例如，假设我们刚从文件中读取了一个字符串列表，然后想要将其转换为整数列表。我们知道列表中的每一个元素都是整数，而我们希望对这些数字执行一些计算（例如，计算平均值）。下面是一种简单的实现方法：

```
input_strings = ['1', '5', '28', '131', '3']

output_integers = []
for num in input_strings:
    output_integers.append(int(num))
```

这样就能正常运行而且只有 3 行代码。如果你还没有适应推导语法，甚至不会觉得这段代码看起来难看！现在来看看如何用列表推导实现：

```
input_strings = ['1', '5', '28', '131', '3']output_integers =
[int(num) for num in input_strings]
```

我们将代码缩减到了一行，而且更重要的是效率的提升，对于列表的每一个元素我们都不需要再执行一次 `append` 方法了。总的来说，即便你还没有适应推导语法，也很容易判断发生了什么。

一如既往地，方括号意味着我们正在创建一个列表。列表中的 for 循环遍历输入序列的每一个元素。唯一可能让人困惑的就是在方括号开始和 for 语句开始之间的代码发生了什么。这里的代码将会应用于输入列表的每一个元素，未知的元素通过循环中的 num 变量指代。因此，这段代码将每个元素转换为 int 数据类型。

这就是关于基本列表推导的一切。其毕竟不是什么高级语法。推导是通过高度优化的 C 代码实现的，在遍历大量元素时列表推导比 for 循环快得多。如果只是可读性还不足以说服你尽可能使用它，那么速度的提升应该可以做到这一点。

用列表推导不仅能够将一个列表的元素转换成相关元素，我们也可以通过在推导语句中添加 if 语句来有选择性地排除特定的值。现在来看以下例子：

```python
output_ints = [int(n) for n in input_strings if len(n) < 3]
```

我将变量名从 num 缩短为 n，这样结果变量 output_inputs 仍然可以在一行内完成。除此之外，与前面例子的不同之处只有 if len(n) < 3 这部分。这部分额外的代码排除了字符串长度超过两个字符的元素。if 语句在 int 函数之前应用，因此测试了字符串的长度。由于我们的输入字符串实质都是整数，也就是排除所有超过 99 的数字。这就是列表推导的一切了！我们用它将输入值对应到输出值，通过一个过滤器来采纳或排除满足特定条件的值。

所有可迭代对象都可以作为列表推导的输入，所有可以放到 for 循环中的对象都可以放到列表推导中。例如，文本文件是可迭代的，每次调用文件迭代器的 __next__ 都会返回文件中的一行内容。我们可以载入一个制表符分隔的文件，其中首行是头信息，然后用 zip 函数将每一排内容放到字典中：

```python
import sys
filename = sys.argv[1]

with open(filename) as file:
    header = file.readline().strip().split('\t')
    contacts = [
            dict(
                zip(header, line.strip().split('\t'))
```

```
        ) for line in file
    ]
for contact in contacts:
    print("email: {email} -- {last}, {first}".format(
        **contact))
```

这次我添加了一些空白行让代码的可读性更好（列表推导不一定非要在一行之内完成）。这个例子创建了一个字典列表，其中字典的键来自头信息，值来自文件每一行分割出来的内容。

什么意思？如果你觉得上面的代码或解释有些困惑，先不要担心。在这里一个列表推导一次完成了几个任务，这段代码难理解、难读，最终导致难以维护。这个例子说明列表推导并不总是最优解，大部分程序员会认为 for 循环比这个版本的可读性更强。

 记住：提供给我们的工具不应该被滥用！针对任务选择正确的工具，也就能写出可维护的代码。

集合与字典推导

推导语法并不仅限于列表。我们可以用括号和类似的语法来创建集合和字典。让我们从集合开始。一种创建集合的方法是将列表推导包裹在 set() 构造函数中，这将会把列表转换成集合。不过我们可以直接创建集合，为什么还要浪费空间去创建一个中间列表？

下面的例子用命名元组来表示作者/标题/体裁，然后找出指定体裁中所有作者的集合：

```
from collections import namedtuple

Book = namedtuple("Book", "author title genre")
books = [
        Book("Pratchett", "Nightwatch", "fantasy"),
        Book("Pratchett", "Thief Of Time", "fantasy"),
        Book("Le Guin", "The Dispossessed", "scifi"),
        Book("Le Guin", "A Wizard Of Earthsea", "fantasy"),
        Book("Turner", "The Thief", "fantasy"),
        Book("Phillips", "Preston Diamond", "western"),
        Book("Phillips", "Twice Upon A Time", "scifi"),
```

```
        ]

    fantasy_authors = {
            b.author for b in books if b.genre == 'fantasy'}
```

突出显示的集合推导部分显然比模拟数据短！如果我们用列表推导，Terry Pratchett 就会出现两次。集合的本质就是去除重复，所以我们会看到结果如下：

```
>>> fantasy_authors
{'Turner', 'Pratchett', 'Le Guin'}
```

我们也可以通过加入冒号来创建字典推导。字典推导通过键:值（key:Value）对将序列转化为字典。例如，可以用在当我们知道标题想要查找作者和体裁时。我们可以用字典推导将标题映射到书对象：

```
    fantasy_titles = {
            b.title: b for b in books if b.genre == 'fantasy'}
```

现在我们有了一个字典，就可以用正常语法通过标题查询书籍信息了。

总的来说，推导并不是 Python 中的高级语法，也不是不应该用的"非面向对象"工具。它们就只是从已有序列中产生列表、集合或字典的简洁、优化的语法。

生成器表达式

有时候我们希望处理一个新的序列而不需要将一个新的列表、集合或字典放到系统内存中。如果我们仅仅只是每次遍历一个元素，而不关注是否创建了一个容器对象，那么创建这样一个容器对象只是浪费内存。当一次处理一个元素时，我们只需要在任何时刻将当前对象存储在内存中。但是如果我们创建了一个容器，则所有对象都必须在我们开始处理前存储在容器中。

例如，考虑一个处理日志文件的程序。一个非常简单的日志可能包含如下格式的信息：

```
Jan 26, 2015 11:25:25    DEBUG      This is a debugging message.
Jan 26, 2015 11:25:36    INFO       This is an information method.
Jan 26, 2015 11:25:46    WARNING    This is a warning. It could be
serious.
Jan 26, 2015 11:25:52    WARNING    Another warning sent.
```

```
Jan 26, 2015 11:25:59      INFO       Here's some information.
Jan 26, 2015 11:26:13      DEBUG      Debug messages are only useful if
you want to figure something out.
Jan 26, 2015 11:26:32      INFO       Information is usually harmless,
but helpful.
Jan 26, 2015 11:26:40      WARNING    Warnings should be heeded.
Jan 26, 2015 11:26:54      WARNING    Watch for warnings.
```

　　流行的 Web 服务器、数据库或者邮件服务器的日志文件可能包含数千兆字节的数据(我最近刚从一个使用不当的系统中清除了 2TB 的日志)。如果我们想要处理日志中的每一行，就不能用列表推导，它将会创建一个列表来包含文件中的所有行。这可能会由于 RAM 无法容纳而导致某些操作系统发生崩溃。

　　如果我们用 for 循环来处理日志文件，就可以每次加载一行到内存中进行处理。如果用推导语法可以达到同样的效果岂不是很好？

　　这里就用到了生成器表达式。它使用和推导相同的语法，但是不会创建容器对象。通过使用 () 而不是 [] 或 {} 包围推导语法可以创建生成器。

　　以下代码解析上述格式的日志文件，并输出一个只包含 WARNING 行的新日志文件：

```
import sys

inname = sys.argv[1]
outname = sys.argv[2]

with open(inname) as infile:
    with open(outname, "w") as outfile:
        warnings = (l for l in infile if 'WARNING' in l)
        for l in warnings:
            outfile.write(l)
```

　　这段代码从命令行接收两个文件名，用生成器表达式过滤警告信息（在这个例子中用到了 if 语法，并且保持原有行不变），然后将警告信息输出到另外一个文件。如果我们将这段程序运行到示例日志文件中，输出结果将会是这样的：

```
Jan 26, 2015 11:25:46      WARNING    This is a warning. It could be
serious.
```

```
Jan 26, 2015 11:25:52      WARNING      Another warning sent.
Jan 26, 2015 11:26:40      WARNING      Warnings should be heeded.
Jan 26, 2015 11:26:54      WARNING      Watch for warnings.
```

当然，对于这么短的输入文件，我们完全可以用列表推导。不过如果文件有上百万行，生成器表达式将会显著影响内存的使用和运行速度。

生成器表达式常用于函数调用。例如，我们可以对生成器表达式而不是列表调用 sum、min 或 max，因为这些函数一次只处理一个对象。我们只关心结果，而不关心中间的容器。

总的来说，生成器表达式应该在所有可能的地方使用。如果我们并不是真的需要列表、集合或字典，而只是需要从一个序列汇总过滤或转换元素，生成器表达式将会是最有效的。如果我们想要知道列表的长度，或对结果进行排序，抑或移除重复值、创建字典，仍需要用推导语法。

生成器

生成器表达式实际上也是一种推导语法，它们将更高级的（这次是真的高级了！）生成器语法缩短到一行。生成器语法看起来甚至比之前的所有语法更加不面向对象；不过我们将会再次发现，这也是一种创建对象的快捷方式。

让我们进一步扩展日志文件的例子。如果想要从输出文件中删除 WARNING 列（因为它是多余的，这个文件中全部都是警告信息），我们有几种选择，其可读性各有不同。可以用生成器表达式：

```
import sys
inname, outname = sys.argv[1:3]


with open(inname) as infile:
    with open(outname, "w") as outfile:
        warnings = (l.replace('\tWARNING', '')
                for l in infile if 'WARNING' in l)
        for l in warnings:
            outfile.write(l)
```

这段代码非常易读，不过我不想让这个表达式更复杂了。我们也可以用普通的 for

循环：

```
import sys
inname, outname = sys.argv[1:3]


with open(inname) as infile:
    with open(outname, "w") as outfile:
        for l in infile:
            if 'WARNING' in l:
                outfile.write(l.replace('\tWARNING', ''))
```

这样更容易维护，但是这么几行代码就有这么多缩进看起来很难看。而且，如果我们想要对每一行做些别的事，而不只是打印出来，也不得不复制这些循环和条件代码。现在来考虑一种真正的面向对象解决方案，不用任何简写：

```
import sys
inname, outname = sys.argv[1:3]


class WarningFilter:
    def __init__(self, insequence):
        self.insequence = insequence
    def __iter__(self):
        return self
    def __next__(self):
        l = self.insequence.readline()
        while l and 'WARNING' not in l:
            l = self.insequence.readline()
        if not l:
            raise StopIteration
        return l.replace('\tWARNING', '')


with open(inname) as infile:
    with open(outname, "w") as outfile:
        filter = WarningFilter(infile)
        for l in filter:
            outfile.write(l)
```

不用怀疑：这段代码太难看也太难读，以致你可能都无法判断发生了什么。我们以文件对象作为输入创建了一个对象，并提供了一个 __next__ 方法使其成为迭代器。

这个 __next__ 方法从文件中读取每一行，不管它是不是 WARNING。当遇到 WARNING 行，就返回它，然后 for 循环就会继续调用 __next__ 方法来处理下一个 WARNING 行。当遍历完所有行时，抛出 StopIteration 异常告诉循环已经完成迭代。和前面的例子相比这确实很难看，但同时也非常有力；我们创建了一个类，可以对它做任何事了。

以上作为背景，我们终于可以看看实践中的生成器了。下面的例子和之前的例子做了完全相同的事：创建一个包含 __next__ 方法的对象，当迭代完成时抛出 StopIteration 异常：

```python
import sys
inname, outname = sys.argv[1:3]


def warnings_filter(insequence):
    for l in insequence:
        if 'WARNING' in l:
            yield l.replace('\tWARNING', '')


with open(inname) as infile:
    with open(outname, "w") as outfile:
        filter = warnings_filter(infile)
        for l in filter:
            outfile.write(l)
```

好了，可读性很好，也许……至少确实很短。不过这里到底发生了什么，yield 又是什么？

实际上，yield 是生成器的关键。当 Python 看到函数中的 yield 关键字时，会将这个函数封装到一个像前面例子中的那个对象中。yield 语句和 return 很像，它会退出当前函数并返回一行内容。与 return 不同的是，当函数再次调用时（通过 next()），将会从上次离开的位置——yield 语句的下一行——而不是函数的开始继续执行。在这个例子中，yield 语句之后没有其他代码了，因此直接跳到 for 循环的下一次迭代。由于 yield 语句存在于 if 语句中，因此它将只返回包含 WARNING 的行。

它虽然看起来只是一个遍历所有行的函数，但实际上却创建了一个特殊类型的对象，即生成器对象：

```
>>> print(warnings_filter([]))
<generator object warnings_filter at 0xb728c6bc>
```

我向函数传递了一个空列表，这个函数就会创建并返回一个生成器对象。这个对象拥有 __iter__ 和 __next__ 方法，和前面例子中创建的一样。无论何时调用 __next__ 方法，生成器都会执行这一函数，直到再次遇见 yield 语句。然后返回 yield 后的值，下一次调用 __next__，将会从离开的位置继续执行。

这里用到的生成器并不算高级，但是如果你不知道这个函数实际上是创建一个对象，可能会摸不着头脑。这个例子非常简单，但是在同一个函数中执行多个 yield 语句将会产生非常强大的效果，生成器将会挑选最近一次 yield 语句并继续执行到下一个。

从另一个可迭代对象中产生

通常，当我们需要创建生成器函数时，是我们想要从另一个可迭代对象中产生数据，这个可迭代对象可能是在生成器内部构造的列表推导或者生成器表达式，抑或其他传入函数的外部元素。以往通常是遍历可迭代对象并依次返回每个元素。不过，在 Python 3.3 版本中，Python 开发者引入了一种新的语法让其变得更优雅一点。

让我们稍微扩展上面的生成器的例子，让其接受文件名而不是所有行的序列作为参数。这样做不太好，因为这会将对象绑定到特定的范式上。如果可以，我们应该将迭代器作为输入，这样一来同一个函数就可以用于不同的对象，无论是文件、内存还是网络日志。因此，下面的例子是为了教学目的而编造出来的。

这一版本的代码说明你的生成器可以在从另一个可迭代对象（在这个例子中是一个生成器表达式）产生数据之前完成一些设定：

```
import sys
inname, outname = sys.argv[1:3]


def warnings_filter(infilename):
    with open(infilename) as infile:
        yield from (
            l.replace('\tWARNING', '')
            for l in infile
```

```
        if 'WARNING' in l
    )

filter = warnings_filter(inname)
with open(outname, "w") as outfile:
    for l in filter:
        outfile.write(l)
```

这段代码将前一个例子中的 for 循环组合到一个生成器表达式中。注意我将 3 个子句（转换、循环和过滤）分别放入不同行来保证可读性。不过这样做并不够，还是没有前一个例子中的 for 循环更容易读。

因此，让我们考虑一个可读性更高的例子。有时候可能需要构造一个生成器能够从多个生成器中产生数据。itertools.chain 函数可以从一系列迭代器中产生数据。我们可以通过 yield from 语法来简化实现，让我们考虑一个经典的计算机科学问题：遍历树。

最常见的树形数据结构就是计算机的文件系统。我们首先来模拟 UNIX 文件系统中的目录和文件，然后用 yield from 来高效地遍历：

```
class File:
    def __init__(self, name):
        self.name = name


class Folder(File):
    def __init__(self, name):
        super().__init__(name)
        self.children = []


root = Folder('')
etc = Folder('etc')
root.children.append(etc)
etc.children.append(File('passwd'))
etc.children.append(File('groups'))
httpd = Folder('httpd')
etc.children.append(httpd)
httpd.children.append(File('http.conf'))
var = Folder('var')
```

```
root.children.append(var)
log = Folder('log')
var.children.append(log)
log.children.append(File('messages'))
log.children.append(File('kernel'))
```

这段设置代码看起来内容很多，但是在真正的文件系统中实际会涉及更多。我们必须从硬盘驱动中读取数据并放入树形结构中。不过，一旦存入内存中，输出文件系统中的每个文件就优雅得多了：

```
def walk(file):
    if isinstance(file, Folder):
        yield file.name + '/'
        for f in file.children:
            yield from walk(f)
    else:
        yield file.name
```

如果这段代码遇到一个目录，将会递归地调用 walk() 产生下面所有的文件，并加上该目录的名称。在简单情况下如果遇到正常文件，将会返回文件名。

说一句题外话，不用生成器来解决上面的问题将会相当麻烦，因此这通常会作为面试问题。如果你用上面的方法来解答该问题，面试官一定会很满意，他们甚至会因为你如此简单的答案而有点恼怒。他们可能会要求你解释其中的原理。当然，学过了本章内容，对你来说这没什么难度。

在写链式生成器的时候，yield from 是一种非常有用的快捷语法，但它更常用于另一个完全不同的目的：在不同协程之间传递数据。我们将会在第 13 章中看到更多例子，不过现在先让我们来探索一下协程是什么。

协程

协程是非常强大的构造，人们经常会把协程跟生成器搞混。很多作者不恰当地将协程描述为"在生成器之外添加一点额外的语法"。在 Python 2.5 这一版本协程被第一次引入的时候，这是一个很容易犯的错误，协程被称为"我们给生成器添加了一个 send 方法"。由于在 Python 中创建协程时返回的是一个生成器对象，这就让事情变得更加复杂了。等你看过几个例子之后，这其中的差异将会更加明显。

 虽然 Python 中的协程与生成器语法紧密相连，但是其与我们前面讨论过的迭代器协议只是在表面上相关。未来的（相对于本书的出版时间来说）Python 3.5 将会让协程真正成为独立的对象，并将为其提供新的语法。

另外还需要记住的是协程相当难以理解。在现实应用中并非那么常用，你完全可以跳过本节，开心地继续开发 Python，甚至可能很多年都不会用到它。有几个库大量使用了协程（大部分是并发或异步编程），不过它们通常不需要你理解协程的原理就能轻松使用！因此，如果你搞不清楚本节的内容，也不要失望。

不过学习了下面的例子之后，你不会糊涂的。下面这个可能是最简单的协程，我们可以一直执行这个计分函数而且可以设定任意累加值：

```python
def tally():
    score = 0
    while True:
        increment = yield score
        score += increment
```

这段代码看起来像是根本不能运行的黑魔法，因此我们先来执行看一看，再进行逐行解释。这个简单的对象可以用作棒球队的计分应用。不同的队伍可以拥有不同的计分函数，并且可以在每半局之后增加各队伍的所得分数。请看下面的交互会话：

```python
>>> white_sox = tally()
>>> blue_jays = tally()
>>> next(white_sox)
0
>>> next(blue_jays)
0
>>> white_sox.send(3)
3
>>> blue_jays.send(2)
2
>>> white_sox.send(2)
```

```
5
>>> blue_jays.send(4)
6
```

首先我们为每个队伍构造了一个 tally 对象。对，虽然它们看起来像函数，但是像前面的生成器对象一样，由于函数内部有 yield 语句，因此 Python 会将这个简单的函数转换为一个对象。

然后我们对每一个协程对象调用了 next()，这和对任何一个生成器调用 next()一样。也就是说，执行每一行代码，直到遇见 yield 语句，返回那个位置上的值，之后暂停执行，直到下一次 next()调用。

到此为止，没有什么新鲜内容。不过回到协程中的 yield 语句：

```
increment = yield score
```

和生成器不同，这个 yield 看起来支持返回值的同时将其赋值给一个变量。实际上也正是这样的。协程仍然暂停在 yield 语句，等待另外一个 next()来将其再次激活。

或者，如你在交互会话中看到的那样，调用一个名为 send()的方法。send()方法几乎和 next()一样；不过，除了让生成器继续执行到下一个 yield 语句外，你还可以向生成器中传入一个值·这个值将会赋予 yield 语句左侧的变量。

真正困扰很多人的问题是下面几件事情发生的顺序：

- yield 出现和生成器暂停。
- 在函数外执行 send()方法，且激活了生成器。
- 发送的值赋给了 yield 语句左侧的变量。
- 生成器继续执行，直至遇到下一个 yield 语句。

在这个例子中，我们构造了协程之后通过调用 next()将其执行到 yield 语句，接下来的每一个 send()都会传递一个值给协程，而协程将这一值累加到积分中，然后回到 while 循环的顶端，继续执行到 yield 语句。yield 语句返回一个值，这个值作为最近一次 send 调用的返回值。不要忽略这一点，send()方法不仅仅是提交一个值给生成器，其同时也会从 yield 语句返回值，这和 next()一样。这就是我们对生成器和协程之间区别的定义：生成器只会产生值，而协程还能消费它们。

next(i)、i.__next__() 和 i.send(value) 这几个语法的行为有违直觉且令人沮丧。其中，第一个是一个正常的函数，第二个是一个特殊的方法，最后一个是一个正常的方法。不过它们三个做的是同样的事情：推进生成器，直到有返回值，然后暂停。而且，next() 函数和对应的方法可以通过调用 i.send(None) 来触发。用两个不同的方法名是为了让读者区分协程和生成器。我刚发现一个是函数而另一个是方法会让人有点困惑。

回到日志解析

当然，前面的例子可以很容易地通过几个整数变量和 x += increment 来实现。让我们来看第二个例子，协程真正能够帮上忙的地方。这个例子是我在自己实际工作中解决的一个问题的简化版本（为了教学目的）。不过它刚好与我们前面讨论的日志文件处理的例子相关，那些例子是在本书的第 1 版时写的，而这个问题是在那之后四年才出现的！

Linux 内核日志文件看起来有点像下面这样，但不完全一样：

```
unrelated log messages
sd 0:0:0:0 Attached Disk Drive
unrelated log messages
sd 0:0:0:0 (SERIAL=ZZ12345)
unrelated log messages
sd 0:0:0:0 [sda] Options
unrelated log messages
XFS ERROR [sda]
unrelated log messages
sd 2:0:0:1 Attached Disk Drive
unrelated log messages
sd 2:0:0:1 (SERIAL=ZZ67890)
unrelated log messages
sd 2:0:0:1 [sdb] Options
unrelated log messages
sd 3:0:1:8 Attached Disk Drive
unrelated log messages
sd 3:0:1:8 (SERIAL=WW11111)
```

```
unrelated log messages
sd 3:0:1:8 [sdc] Options
unrelated log messages
XFS ERROR [sdc]
unrelated log messages
```

这里有一大堆零散的内核日志信息，其中有些与硬盘相关。硬盘信息可能会与其他信息掺杂到一起，不过它们是按照特定的格式和顺序出现的，其中某个已知序列号的驱动会与一个总线标识符相关联（例如 0:0:0:0），而一块设备标识符（如 sda）是与总线相关联的。最后，如果驱动的文件系统出错，将会出现 XFS 错误。

现在，对于前面这个日志文件，我们需要解决的问题是如何获取出现 XFS 错误的驱动序列号。这一序列号可能会被数据中心的工作人员用来找到并替换有问题的硬盘。

我们可以用正则表达式识别每一行内容，但是在遍历所有行的过程中不得不更换正则表达式，因为当前要查找的信息会因上一条信息不同而不同。此外，如果我们想要找到错误字符串，则包含这些字符串的总线信息以及磁盘序列号信息都已经处理过了。这可以很容易地通过逆序处理文件中的每一行来解决。

在看这个例子之前，需要提醒你——基于协程的解决方案代码数量惊人地少：

```
import re

def match_regex(filename, regex):
    with open(filename) as file:
        lines = file.readlines()
    for line in reversed(lines):
        match = re.match(regex, line)
        if match:
            regex = yield match.groups()[0]


def get_serials(filename):
    ERROR_RE = 'XFS ERROR (\[sd[a-z]\])'
    matcher = match_regex(filename, ERROR_RE)
    device = next(matcher)
    while True:
        bus = matcher.send(
```

```
                    '(sd \S+) {}.*'.format(re.escape(device)))
        serial = matcher.send('{} \(SERIAL=([^)]*)\)'.format(bus))
        yield serial
        device = matcher.send(ERROR_RE)

for serial_number in get_serials('EXAMPLE_LOG.log'):
    print(serial_number)
```

这段代码将任务分为两部分。首先是遍历所有行并返回匹配指定正则表达式的行。第二个任务是遍历第一个任务的结果，并决定每一次搜索所用到的正则表达式。

首先看 match_regex 协程。记住，在构造过程中不执行任何代码，而只是创建了一个协程对象。一旦构造成功，协程之外通过调用 next() 来执行代码，同时传递了两个状态变量：filename 和 regex。然后读取文件中的所有行并进行倒序遍历。每一行都和传入的正则表达式进行比较，直到找到匹配后，这一协程将会返回匹配结果并进入等待状态。

在未来某个时刻，外部代码将会传入一个新的正则表达式用于搜索。注意这个协程并不关心需要匹配的正则表达式是什么；它只负责遍历每一行并与正则表达式进行比较。提供什么正则表达式是由其他人决定的。

在这个例子中，其他人是 get_serials 生成器。它不关心文件内容，实际上它甚至都不知道它们的存在。它做的第一件事就是用 match_regex 构造一个 matcher 对象，并传入一个默认的正则表达式进行搜索。执行协程，直到遇见第一个 yield 并保存其返回值。然后进入循环，让协程对象根据存储的设备 ID 搜索总线 ID，之后根据这一总线 ID 搜索序列号。

产生的序列号会抛给外层的 for 循环，随后继续寻找下一个设备 ID，并一直重复这一循环。

基本上，协程的（match_regex，因为它使用了 regex = yield 语法）工作就是搜索文件中的下一行重要信息，而生成器（get_serial，只用到了 yield 而没有赋值操作）的工作是决定哪一行包含了重要信息。生成器中包含了这一问题中的重要信息，包括这些行在文件中出现的顺序。而协程可以用于任何需要根据指定正则表达式搜索文件的问题。

关闭协程并抛出异常

正常的生成器通过抛出 StopIteration 异常来退出。如果将多个生成器串联到一起（例如，在一个生成器中遍历另一个生成器），StopIteration 异常将会一直向外传递。最终，for 循环将会知道是时候终止循环了。

协程并不遵循这样的迭代机制，因为数据并不是一味地产出，直到碰到异常，通常也会有数据（通过 send）传入。传入数据的调用者通常才能够决定协程是否已经结束，它可以通过 close() 方法停止协程。

当 call() 方法被调用时，将会在协程中等待数据传入的位置抛出 GeneratorExit 异常。因此，最好在 yield 语句之外包裹一层 try...finally 块来执行清理工作（例如关闭相关的文件或套接字）。

如果需要在协程内部抛出异常，可以使用 throw() 方法。它接受异常类型的参数和可选的 value 以及 traceback 参数。后者在我们遇到一个协程抛出异常，且想要让相邻的协程也抛出异常以维持回溯信息时很有用。

如果你想要开发健壮的基于协程的库，这些特征都非常重要，但是我们不太可能在日常编码过程中遇到它们。

协程、生成器与函数的关系

我们已经在实践中学习了使用协程，因此让我们回过头来讨论一下它与生成器之间的关系。在 Python 中，两者的区别十分模糊。实际上，所有的协程都是生成器对象，而且很多作者将两者看作同义词。有时候他们会将协程描述为生成器的子集（只有从 yield 获取值的生成器才会被认为是协程）。从理论上来说这在 Python 中是对的，我们已经在前面的小节中见识过了。

不过，在更大的计算机科学理论范围中，协程是一种更加一般性的原则，而生成器是一种特殊的协程。而且，一般函数也是协程的另外一个完全不同的子集。

协程是一个有数据从一个或多个位置传入并且从一个或多个位置输出的程序。在 Python 中，数据传入和传出的位置是 yield 语句。

函数或者子程序，是最简单的一种协程。你可以从一个位置传入数据，当函数返回时可以返回数据。虽然函数可以有多个 return 语句，但每次执行函数时只有一个 return 语句可以被调用。

最后，生成器是一种从一个位置传入数据但是可以从多个位置传出数据的协程。在 Python 中，数据可以通过 yield 语句传出，但是不能传入。如果调用 send 方法，数据只会被忽略。

因此从理论上来说，生成器是一种协程，函数也是一种协程，而且也存在既不是函数也不是生成器的协程。这很简单，是吧？但是为什么感觉在 Python 中就很复杂呢？

在 Python 中，构造生成器和协程的语法看起来都很像在构造函数，但是返回的结果却根本不是函数对象，完全是另外一种对象。函数当然也是对象，但是它们的接口不同；函数是可调用的并且能够返回值，生成器通过 next() 方法产出数据，而协程通过 send() 传入数据。

案例学习

当前最热门的 Python 领域之一是数据科学。让我们来实现一个简单的机器学习算法！机器学习是一个庞大的主题，不过概括来说就是通过已有数据的信息对未来数据做出预测或分类。对于这么多的机器学习算法，数据科学家每天都在为它们寻找新的用途。机器学习有很多重要的应用，包括计算机视觉（例如图像分类和人脸识别）、产品推荐、垃圾邮件识别以及语音识别。我们将会讨论一个简单的问题：给定一个 RGB 颜色定义，人们会将其识别为什么颜色？

在标准的 RGB 色彩空间中有超过 16 000 000 种颜色，而人类只命名了其中的很少一部分。虽然有上千种名字（有些名字是非常荒唐的，随便去一家汽车专卖店或化妆品店看看就知道了），但让我们建一个分类器，试着将 RGB 空间归为以下几种基本颜色：

- 红色
- 紫色
- 蓝色
- 绿色
- 黄色
- 橘色

- 灰色
- 白色
- 粉色

首先我们需要一个用来训练算法的数据库。在生产环境下，你可能需要从网站上抓取色彩列表或对成千人进行调查。我写了一个简单的应用，随机产生色彩并要求用户按照上面的 9 个选项对其进行分类。这个应用的代码放在本章示例代码中的 `kivy_color_classifier` 目录，但是我们不会在这里讨论其中的细节，因为它只是用来生成样本数据的。

 Kivy 拥有设计非常好的面向对象 API，你可以自己进行探索。如果你想要开发基于多个系统的图形界面，不管是你的笔记本电脑还是手机，都可以查看我的另外一本书：*Creating Apps In Kivy*，O'Reilly 出版。

出于这次案例学习的目的，重要的是这个应用程序的输出，也就是一个 **CSV** 文件，其每一排包含4个值：红、绿、蓝（由 0 到 1 之间的浮点数表示），以及前面 9 种颜色中的一种。这一数据库看起来像这样：

```
0.30928279150905513,0.7536768153744394,0.3244011790604804,Green
0.4991001855115986,0.6394567277907686,0.6340502030888825,Grey
0.21132621004927998,0.3307376167520666,0.704037576789711,Blue
0.7260420945787928,0.4025279573860123,0.49781705131696363,Pink
0.706469868610228,0.2853042363868196,0.7880240251003464,Purple
0.692243900051664,0.7053550777777416,0.1845069151913028,Yellow
0.3628979381122397,0.11079495501215897,0.26924540840045075,Purple
0.611273677646518,0.48798521783547677,0.5346130557761224,Purple
.
.
.
0.4014121109376566,0.42176706818252674,0.9601866228083298,Blue
0.17750449496124632,0.8008214961070862,0.5073944321437429,Green
```

我做了 200 个数据点（其中有几个是虚构的），已经觉得有点厌倦了，并决定开始对这一数据库进行机器学习。如果你想要用我的数据，则可从本章的示例目录中找到这些数据点（没有人说过我是色盲，因此这一数据库应该是可以用的）。

我们将实现最简单的机器学习算法之一，即 K 邻近算法。这一算法依赖于数据库中两点之间的"距离"计算（在我们的例子中，我们可以用三维版本的毕达哥拉斯定理）。对于给定的新数据点，它会通过距离计算找出与之最近的几个点，然后通过某种方式将这些点整合到一起（对于线性计算来说，求平均值即可；对于我们的分类问题，将采用这种模式），并返回结果。

我们不会深入介绍关于这种算法的细节，而是更多地关注如何使用迭代器模式或迭代器协议来解决这一问题。

我们需要写一个按照顺序执行下面几个步骤的程序：

1. 从文件中载入样本数据，并从中构建一个模型。

2. 生成 100 种随机颜色。

3. 对每种颜色进行分类并按照与输入相同的格式输出到一个文件中。

有了第二个 CSV 文件，就可以用另外一个 Kivy 程序载入文件并渲染每一种颜色，然后询问一个人类用户来判断预测的准确性，从而就可以知道我们的算法和初始数据集的准确程度。

第一步首先构造一个简单的生成器，载入 CSV 数据并将其转换为我们需要的格式：

```python
import csv

dataset_filename = 'colors.csv'

def load_colors(filename):
    with open(filename) as dataset_file:
        lines = csv.reader(dataset_file)
        for line in lines:
            yield tuple(float(y) for y in line[0:3]), line[3]
```

我们之前没有见过 csv.reader 函数。它返回文件中所有行的一个迭代器。迭代器返回的每一个值都是字符串数组。在我们的例子中，只要按照逗号进行分隔即可，csv.reader 也可以设定其他的符号作为分隔符。

然后遍历这些行，并将每一行转换为一个颜色值和名字的元组，其中颜色值是 3 个浮点数所组成的元组。这个元组是通过生成器表达式实现的。也许会有可读性更高的方式；你觉得代码的简洁性和生成器表达式速度上的优势值得造成这种可读性的损失吗？这里每次返回一条数据，而不是返回所有颜色元组的列表，因而构成了一个生成器对象。

现在，我们需要 100 种随机颜色。这里有很多种方法可以实现。

- 列表推导中嵌套生成器表达式：[tuple(random() for r in range(3)) for r in range(100)]。
- 一个基本的生成器函数。
- 实现 __iter__ 和 __next__ 协议的类。
- 通过协程管道传入数据。
- 甚至是最基本的 for 循环。

生成器版本的可读性似乎最强，那我们就来添加一个这样的函数：

```python
from random import random


def generate_colors(count=100):
    for i in range(count):
        yield (random(), random(), random())
```

注意我们是如何参数化产生颜色的数量的。这样一来就可以在未来其他颜色生成任务中重用这一函数了。

现在，在我们进入分类这一步之前，需要一个计算两种颜色之间“距离”的函数。我们可以将颜色看作三维空间中的点（例如，红绿蓝分别对应 x、y、z 坐标），让我们用一些数学计算：

```python
import math


def color_distance(color1, color2):
    channels = zip(color1, color2)
    sum_distance_squared = 0
    for c1, c2 in channels:
        sum_distance_squared += (c1 - c2) ** 2
    return math.sqrt(sum_distance_squared)
```

这是一个非常基本的函数，甚至没有用迭代器协议。这里没有 yield 语句，也没有推导语法。不过里面有一个 for 循环，而且调用 zip 函数实际上也就是进行了迭代（记住 zip 产生的元组包含了两个输入迭代器的每一个元素）。

不过要注意，在我们的 *K* 邻近算法中这个函数将会被调用很多次。如果代码运行得太慢而且能够确定瓶颈在于这个函数，我们可能需要将其替换为可读性稍差但更加优化的生成器表达式版本：

```
def color_distance(color1, color2):
    return math.sqrt(sum((x[0] - x[1]) ** 2 for x in zip(
    color1, color2)))
```

不过，我强烈建议不要用这样的优化，除非你能证明可读性更好的版本确实太慢。

现在准备工作已经进行得差不多了，让我们开始实现真正的 *K* 邻近算法吧。这里似乎很适合用协程，以下就是添加了少量测试代码以确保产生合理值的版本：

```
def nearest_neighbors(model_colors, num_neighbors):
    model = list(model_colors)
    target = yield
    while True:
        distances = sorted(
            ((color_distance(c[0], target), c) for c in model),
        )
        target = yield [
            d[1] for d in distances[0:num_neighbors]
        ]


model_colors = load_colors(dataset_filename)
target_colors = generate_colors(3)
get_neighbors = nearest_neighbors(model_colors, 5)
next(get_neighbors)

for color in target_colors:
    distances = get_neighbors.send(color)
    print(color)
    for d in distances:
        print(color_distance(color, d[0]), d[1])
```

协程接受两个参数，即用作模型的颜色列表和需要查询的邻近颜色数量。它将模型转换成列表，因为将会进行多次遍历。在协程内部，通过 yield 语法接受一个 RGB 色彩元组。然后组合使用 sorted 和一个奇怪的生成器表达式。看看你是否能搞清楚这个生成器表达式在做什么。

对模型中的每一种颜色，它都返回一个元组 (distance, color_data)。模型本身保存的是一系列 (color, name) 元组，其中 color 是 3 个 RGB 数值组成的元组。因此，生成器语法返回的结果是一个如下数据结构的迭代器：

```
(distance, (r, g, b), color_name)
```

调用 sorted 会按照第一个元素，也就是距离进行排序。这段复杂的代码完全不是面向对象的，你可能需要将其换成正常的 for 循环，以确保理解这个生成器表达式的作用。这也是一次练习的好机会，你可以想象一下如果传递关键字参数给 sorted 函数会怎样。

yield 语句就没那么复杂了，它返回前 K 个 (distance, color_data) 元组的第二个值。具体来说，返回的是前 K 个距离最小的 ((r, g, b), color_name)。或者，如果你更喜欢抽象的描述，返回的是模型中与目标颜色最邻近的 K 个值。

剩下的代码都只用于测试这些方法。首先构建模型和颜色生成器，然后启动协程，最后在 for 循环中将结果打印出来。

剩下的两项任务就是根据最邻近的颜色做出选择，然后将结果输出到另外一个 CSV 文件中。让我们用另外两个协程来实现。首先是将结果输出到文件，因为可以独立进行测试：

```python
def write_results(filename="output.csv"):
    with open(filename, "w") as file:
        writer = csv.writer(file)
        while True:
            color, name = yield
            writer.writerow(list(color) + [name])

results = write_results()
next(results)
for i in range(3):
    print(i)
    results.send(((i, i, i), i * 10))
```

这一协程维护一个打开的文件，并接受 send() 方法发送的内容，将其写入文件。测试代码是为了确保协程能够正确运行，现在我们就可以将这两个协程与第三个协程连接到一起了。

另一个协程使用了一些奇怪的小技巧：

```
from collections import Counter
def name_colors(get_neighbors):
    color = yield
    while True:
        near = get_neighbors.send(color)
        name_guess = Counter(
            n[1] for n in near).most_common(1)[0][0]
        color = yield name_guess
```

这一协程接受另外一个协程作为参数。在这个例子中，就是 nearest_neighbors 的实例。这段代码就是将传入的值转交给 nearest_neighbors 实例。然后对结果进行一些处理以获取最常见的颜色。在这个例子中，可以直接用原来的协程返回名字，反正也不会用作其他用途。不过，很多情况下需要将协程四处传递。

现在我们只需要将这些协程串联起来，并用一个函数来开始这一进程：

```
def process_colors(dataset_filename="colors.csv"):
    model_colors = load_colors(dataset_filename)
    get_neighbors = nearest_neighbors(model_colors, 5)
    get_color_name = name_colors(get_neighbors)
    output = write_results()
    next(output)
    next(get_neighbors)
    next(get_color_name)

    for color in generate_colors():
        name = get_color_name.send(color)
        output.send((color, name))

process_colors()
```

这个函数和前面定义的那些都不一样，它只是一个非常普通的没有 yield 语句的函数。

它不会变成协程或生成器对象。不过它确实构造了一个生成器和 3 个协程。注意到 `get_neighbors` 协程是怎样传入 `name_colors` 的吗？注意这3个协程是如何通过 `next` 函数推进执行到它们的第一个 `yield` 语句的。

　　创建好这些协程之后，我们用一个 `for` 循环将每一个生成的颜色传入 `get_color_name` 协程，然后将这一协程的返回值传给 `output` 协程，`output` 协程会负责将其写入文件。

　　就是这些了！我创建了第二个 Kivy 应用，从 CSV 文件中导入结果并将颜色展示给用户。用户可以根据自己对颜色的判断是否与机器学习算法的结果一致而选择 *YES* 或 *NO*。从科学的角度来说这并不准确（存在很多观察者偏差），不过对于随便玩玩已经足够好了。我自己测试结果的准确率约为 84%，比我 12 年级课程的平均分还要高。对于第一次机器学习的体验来说，这已经不错了吧？

　　你可能在想："这跟面向对象编程有什么关系？这些代码中甚至都没有一个类！"从某些角度来说，你是对的。协程和生成器都不是通常我们所认为的面向对象的。不过，创建它们的函数返回的是对象；实际上，你应该将这些函数看作构造函数。构造出来的对象拥有合适的 `send()` 和 `__next__()` 方法。基本上说，协程/生成器语法是某些特殊对象的简写方式，如果不用这些语法，写起来就非常烦琐。

　　这一案例学习是一次自下而上设计的练习。我们创建了很多低层的对象来完成特定的任务，并在最后将它们串联到一起。我发现这是用协程进行开发的常用模式。另一种自上而下的设计有时候会产生更多整块的代码，而不是一些单独的代码片段。总的来说，我们希望能够找到大块方法和很小的方法之间的平衡；而且有时候很难将两者平衡到一起。不管我们是否使用这里用到的迭代器协议，都是如此。

练习

　　如果在你的日常编码过程中并不常用到推导语法，你需要做的第一件事就是搜索这些代码并找出一些 `for` 循环。看看它们是否可以转换为生成器表达式或者是列表、集合、字典推导语法。

　　验证列表推导是否真的比 `for` 循环更快。这通过内置的 `timeit` 模块来完成。通过 `timeit.timeit` 函数的帮助文档，看看如何使用。基本上就是写两个函数来做同样的事，一个用列表推导，另一个用 `for` 循环。将每个函数传入 `timeit.timeit`，并比较结果。

如果你觉得还不满足，也可以比较生成器和生成器表达式。用 timeit 测试代码可能会上瘾，因此记住除非程序的执行时间非常长（例如对于巨大的输入列表或文件），否则没有必要追求超级快速。

试着用生成器函数。从最简单的需要多个值的迭代器开始（数学上的数列是很权威的例子；如果你想不到更好的，就用斐波那契数列好了）。尝试一些更高级的生成器，例如输入多个列表，然后返回合并之后的结果。生成器也可以用于文件，你能写一个简单的生成器来展示两个文件中相同的行吗？

协程滥用了迭代器协议但是并没有真正地实现迭代器模式。你能用非协程版本的代码从日志文件中获取序列号吗？采用面向对象的方法，这样你就能在类中保存额外的状态信息。如果你能创建一个对象来替代已有的协程，你就能学到关于协程的更多知识。

看看你是否能够抽象案例中用到的协程，使得 K 邻近算法可以用于不同的数据库。你可以构造一个协程，接受其他的协程或函数作为参数，使得距离和整合计算可以参数化，然后通过调用这些函数来找出真正的邻近数据。

总结

在本章中，我们学到了设计模式是为常见的编程问题提供"最佳实践"解决方案的有用抽象。我们学习了第一个设计模式——迭代器，以及 Python 为了自己的目的利用乃至滥用这一设计模式的很多种方法。原始的迭代器模式是非常面向对象的，不过同时也很丑陋、啰唆。而 Python 的内置语法简化了这些过程，让我们可以使用这些面向对象构造的简洁接口。

推导和生成器表达式可以将构造容器和迭代过程整合到一行之内。生成器对象可以用 yield 语句来构造。协程从外面看起来很像生成器，但是其用途却大不相同。

我们将在后续两章中学习更多的设计模式。

第 **10** 章
Python 设计模式 I

在第 9 章中，我们简单介绍了一下设计模式，并学习了迭代器模式，它如此常见而有用以至于被抽象进 Python 语言的语法。在本章中，我们将会学习其他常见的模式，以及如何用 Python 实现。和迭代一样，Python 通常会提供可选的语法让这些问题变得简单。我们将学习"传统"设计以及 Python 版本。总的来说，我们将会学习：

- 许多特定的模式。
- 每种模式的 Python 权威实现。
- 用 Python 语法替代特定的模式。

装饰器模式

我们可以用装饰器模式将提供核心功能的对象"包裹"起来，以修改其功能。被修饰对象都应该像未被修饰一样进行交互（也就是说，修饰对象的接口是不变的）。

装饰器模式主要有两种用途：

- 增强一个组件响应，因为它需要将数据传送给另一个组件。
- 支持多种可选操作。

第二个选项通常作为多重接口的备选。我们可以构造一个核心对象，然后创建这个核心对象的装饰器。由于修饰对象和核心对象的接口相同，因此我们甚至可以用其他的装饰器继续封装新的对象。其 UML 如下所示。

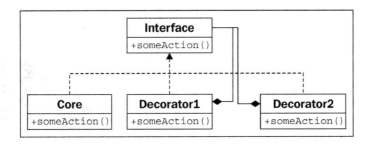

在这里，Core 和所有装饰器都实现了特定的**接口**。装饰器通过组合方式保存**接口**的另外一个实例。被调用时，装饰器会在内部的接口被调用之前或之后添加一些额外的操作。被封装的对象可能是另外一个装饰器，或者其他核心功能。虽然不同装饰器之间可能互相嵌套，但位于"中心"的核心对象才真正提供核心功能。

装饰器的例子

让我们看一个网络编程的例子。我们将会用到 TCP 套接字。socket.send() 方法将输出字节发送给另一端的接收套接字。有很多库可以处理套接字并使用其发送方法来发送数据。让我们来创建这样一个对象；这将会是一个交互式的程序，等待来自客户端的连接，然后提示用户输入响应字符串：

```python
import socket

def respond(client):
    response = input("Enter a value: ")
    client.send(bytes(response, 'utf8'))
    client.close()

server = socket.socket(socket.AF_INET, socket.SOCK_STREAM)
server.bind(('localhost',2401))
server.listen(1)
try:
    while True:
        client, addr = server.accept()
        respond(client)
finally:
    server.close()
```

respond 函数接受套接字作为参数，并提示用户输入数据作为响应，之后发送。我们在本机构建一个服务器端套接字并监听 2401 端口（我随机选的）。当有客户端连接时，服务器端会调用 respond 函数，然后将交互式获取的数据作为响应信息。需要注意的是 respond 函数只关心套接字接口的两个方法：send 和 close。为了测试，我们可以写一个非常简单的客户端，连接到同一端口并输出响应信息：

```
import socket

client = socket.socket(socket.AF_INET, socket.SOCK_STREAM)
client.connect(('localhost', 2401))
print("Received: {0}".format(client.recv(1024)))
client.close()
```

通过下面的步骤测试程序：

1. 在一个终端启动服务器。

2. 打开另一个终端窗口并运行客户端。

3. 在服务器窗口的"Enter a value:"提示之后，输入一个值并按回车键。

4. 客户端将会接收到你输入的内容，并打印在控制台，然后退出。再执行一次客户端程序，服务器端也会再次出现提示信息。

现在再来看服务器端的代码，可以看到分为两部分。respond 函数将数据发送给套接字对象。剩下的部分用于创建该套接字对象。我们将会创建两个装饰器来自定义套接字的行为，而不需要扩展或修改套接字对象本身。

让我们从"日志"装饰器开始，这个对象会在数据传回客户端之前输出到控制台：

```
class LogSocket:
    def __init__(self, socket):
        self.socket = socket

    def send(self, data):
        print("Sending {0} to {1}".format(
            data, self.socket.getpeername()[0]))
        self.socket.send(data)
```

```
def close(self):
    self.socket.close()
```

该类修饰了一个套接字对象，并向客户端套接字提供了 send 和 close 接口。一个更好的装饰器应该实现 send 方法的所有参数（并且有可能进行一定程度的定制化），不过我们还是让例子简单一些！无论何时调用这个对象的 send 方法，都会先在屏幕上输出日志信息，然后再通过原始的套接字对象将数据发送给客户端。

我们只需要修改最初版本代码中的一行，就可以使用这个装饰器。我们可以向respond 函数中传递装饰器对象：

```
respond(LogSocket(client))
```

这看起来太简单了，我们不得不考虑，为何不直接扩展原有的套接字类并重写 send方法？我们可以在输出日志信息之后调用 super().send 来完成真正的发送过程。这样的设计也没错。

当我们需要在继承和装饰器之间做出选择的时候，如果需要动态地修改对象，那么只能使用装饰器。例如，我们可能只想要在服务器处于调试模式时启用日志装饰器。如果有多处需要修改时装饰器也比多重继承要好。作为例子，我们写第二个装饰器在每次调用send 时用 gzip 来压缩数据：

```
import gzip
from io import BytesIO

class GzipSocket:
    def __init__(self, socket):
        self.socket = socket

    def send(self, data):
        buf = BytesIO()
        zipfile = gzip.GzipFile(fileobj=buf, mode="w")
        zipfile.write(data)
        zipfile.close()
        self.socket.send(buf.getvalue())
```

```
def close(self):
    self.socket.close()
```

这个版本的 send 方法首先将输入数据进行压缩，然后再发送给客户端。

有了这两个装饰器，我们可以动态地切换使用它们作为响应。这个例子还不完整，不过已经足以说明我们混合使用装饰器的逻辑了：

```
client, addr = server.accept()
if log_send:
    client = LoggingSocket(client)
if client.getpeername()[0] in compress_hosts:
    client = GzipSocket(client)
respond(client)
```

这段代码首先检查一个假设的配置变量 log_send。如果设定了，将使用 LoggingSocket 装饰器。类似地，它会检查客户端是否是已知的可以接受压缩内容的地址，如果是，将使用 GzipSocket 装饰器作为客户端。注意根据配置变量和要连接的地址不同，这两个装饰器都有可能启用。试着用多重继承来实现，看看会有多混乱！

Python 中的装饰器

装饰器模式在 Python 中很有用，但是还有其他选择。例如，我们可以用第 7 章中讨论过的 monkey-patching。也可以用单个继承，其中的"选项"用一个大的方法来实现，而且不能因为多重继承不适合前面那个特定的例子就否定它。

在 Python 中，通常将这一模式用于函数。正如我们在前面的章节中讨论的，函数也是对象。实际上，函数装饰器太常见了，以至于 Python 提供了特殊的语法来将装饰器应用到函数上。

例如，我们可以从更一般的角度看待日志的例子。只有发送操作是通过套接字对象调用的，而不是日志方法。我们会发现记录所有针对特定函数或方法的调用更有用。如下例子实现的装饰器做到了这一点：

```
import time


def log_calls(func):
```

```
    def wrapper(*args, **kwargs):
        now = time.time()
        print("Calling {0} with {1} and {2}".format(
            func.__name__, args, kwargs))
        return_value = func(*args, **kwargs)
        print("Executed {0} in {1}ms".format(
            func.__name__, time.time() - now))
        return return_value
    return wrapper

def test1(a,b,c):
    print("\ttest1 called")


def test2(a,b):
    print("\ttest2 called")


def test3(a,b):
    print("\ttest3 called")
    time.sleep(1)


test1 = log_calls(test1)
test2 = log_calls(test2)
test3 = log_calls(test3)


test1(1,2,3)
test2(4,b=5)
test3(6,7)
```

　　这个装饰器函数和前面例子中的非常相似；在前面的例子中，装饰器接受一个类套接字对象并创建另外一个类套接字对象。而这一次，我们的装饰器接受一个函数对象作为参数并返回一个新的函数对象。这段代码由 3 个不同的任务组成：

- 定义一个 log_calls 函数，接受另外一个函数作为参数。
- 在这个函数的内部定义一个新的函数，名为 wrapper，它会在调用初始函数之前做一些额外的工作。
- 返回新的函数。

3 个示例函数阐释了装饰器的用途。第 3 个函数加入了睡眠时间以测试对执行时间的记录。我们将每个函数传入装饰器，各会返回一个新的函数。将这个新的函数赋值给原先的变量名，将会替换初始函数。

我们通过这一语法可以动态地生成修饰后的函数，就像套接字例子中一样；如果不替换掉原先的变量，我们甚至可以同时保存修饰后和未修饰版本的函数以用于不同情况。

通常这些装饰器都是为了实现一些通用的修改，并永久地应用于不同的函数。对于这种情况，Python 提供了一个特殊语法在函数定义时使用装饰器进行修饰。我们在讨论 property 装饰器时已经见过这种语法了，现在，让我们深入理解它的原理。

与函数定义之后再使用装饰器不同，我们可以用 @decorator 语法来一次性完成：

```
@log_calls
def test1(a,b,c):
    print("\ttest1 called")
```

这一语法的主要好处是我们可以在函数定义时就知道它已经是被修饰过了。如果在之后才应用装饰器，阅读代码的人可能会忽略这个函数已经被修改过了。这时要回答诸如"为什么我的程序把函数调用过程输出到控制台了？"之类的问题就要困难得多！不过，这一语法只能用于修饰我们自己定义的函数，因为我们无法获取其他模块中的代码。如果我们需要修饰别人写的第三方库中的函数，则只能用前面那种语法。

关于装饰器的语法还有很多内容。在这里没有足够的篇幅去深入介绍更多高级的主题，你可以去查询 Python 参考手册或者其他教程。装饰器可被定义为可调用的对象，而不只是返回函数的函数。类也可以被修饰，在这种情况下，装饰器返回的是一个新的类而不是一个函数。最后，装饰器可以接受参数来实现原始函数之前的自定义操作。

观察者模式

观察者模式在状态监控和事件处理的情况中很有用。用这一模式可以让指定的对象被未知的一组动态"观察者"对象所监控。

核心对象中的值无论何时被更改，都会通过调用 update() 方法让所有的观察者对象知道。当核心对象被更改时，每个观察者可能负责不同的任务；核心对象不知道也不关心这些任务是什么，这些观察者彼此之间也是如此。

UML 图如下所示。

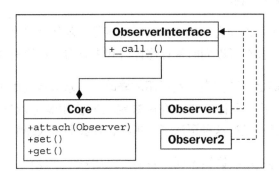

观察者模式的例子

观察者模式可以用于备份系统。我们可以写一个核心对象来维护一些值，并让一个或多个观察者来创建这一对象的序列化备份。这些备份可能存储于数据库、远程地址或本地文件中。让我们用 property 来实现这个核心对象：

```python
class Inventory:
    def __init__(self):
        self.observers = []
        self._product = None
        self._quantity = 0

    def attach(self, observer):
        self.observers.append(observer)

    @property
    def product(self):
        return self._product
    @product.setter
    def product(self, value):
        self._product = value
        self._update_observers()

    @property
```

```
    def quantity(self):
        return self._quantity
    @quantity.setter
    def quantity(self, value):
        self._quantity = value
        self._update_observers()

    def _update_observers(self):
        for observer in self.observers:
            observer()
```

这个对象拥有两个属性，每当设定值时，都会调用_update_observers 方法。这个方法将会遍历所有的观察者对象并告知其发生的改变。在这个例子中，我们直接调用观察者对象，这个对象必须实现__call__来处理更新。这对于很多面向对象编程语言来说是做不到的；不过对于 Python 来说，它只是一个提高代码可读性的有用的快捷方式。

现在让我们来实现一个简单的观察者对象；下面将打印一些状态信息：

```
class ConsoleObserver:
    def __init__(self, inventory):
        self.inventory = inventory

    def __call__(self):
        print(self.inventory.product)
        print(self.inventory.quantity)
```

这里并没有什么值得兴奋的东西，被观察的对象在构造函数中设定，当调用观察者时，我们执行"一些操作"。在交互式会话中测试观察者：

```
>>> i = Inventory()
>>> c = ConsoleObserver(i)
>>> i.attach(c)
>>> i.product = "Widget"
Widget
0
>>> i.quantity = 5
Widget
5
```

当我们把观察者绑定到 Inventory 对象上时，每当修改其中一个被观察的属性时，观察者对象将被调用。我们甚至可以添加两个不同的观察者实例：

```
>>> i = Inventory()
>>> c1 = ConsoleObserver(i)
>>> c2 = ConsoleObserver(i)
>>> i.attach(c1)
>>> i.attach(c2)
>>> i.product = "Gadget"
Gadget
0
Gadget
0
```

这次当我们修改产品属性时，将会产生两个输出，每个观察者都有。关键在于我们可以非常轻松地添加完全不同类型的观察者，同时将数据备份到文件、数据库或互联网应用中。

观察者模式将被观察的代码和观察的代码分离开来。如果不用这种模式，就不得不将代码放到属性中去处理不同的情况，例如输出日志、更新数据库或文件等。所有完成这些任务的代码都将混在被观察的对象中。维护这样一个对象将会是一场噩梦，而且在日后想要添加新的监控功能也是非常痛苦的。

策略模式

在面向对象编程中，策略模式是对抽象的一种常见表示。这一模式为同一问题实现不同的解决方案，每个方案都是不同的对象。客户端代码可以在运行时动态选择最合适的实现。

一般来说，不同的算法会有不同的权衡，一种算法可能比另外一种算法更快，但却需要用到更多的内存，而第三种算法可能更适合用于多 CPU 系统。下面是策略模式的 UML 图。

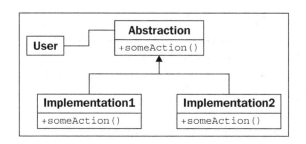

User 代码与策略模式之间的连接只需要与 Abstraction 接口打交道即可。真正的实现方法实际上完成的是同一个任务，只是方式不同；不管是哪个方法，它们的接口都是相同的。

策略模式的例子

策略模式的权威例子是排序程序。这些年以来，大量的算法被发明用来对一系列对象进行排序。快速排序、合并排序以及堆排序，这些都是拥有不同特征的快速排序算法。基于输入的长度、类型、排序情况以及系统需求，它们各有不同的用处。

如果我们的客户端代码需要排序功能，我们就使用拥有 sort()方法的对象。这个对象可以是 QuickSorter 或者 MergeSorter，不过返回的结果应该是一样的：排序后的列表。完成排序所使用的策略是从调用代码进行抽象的，使策略模块化并可替代。

当然，在 Python 中，我们只需要调用 sorted 函数或者 list.sort 方法，并相信可以用将近最优的方式完成排序。因此，我们需要一个更好的例子。

考虑做一个桌面壁纸管理器。当一张图片呈现为桌面背景时，可以按照不同的方式调整为屏幕尺寸。例如，假设图片比屏幕小，则可以选择铺满屏幕、居中显示或者缩放以适应屏幕。还有很多其他复杂的策略，例如按照高或宽的最大值进行缩放，并组合以纯色、半透明或渐变式的背景色。我们可能在未来添加这些策略，这里首先从最基本的几个策略开始。

策略对象接受两个输入：将要呈现的图片，以及屏幕的宽高所组成的元组。每个对象都返回一个屏幕尺寸大小的图片,并分别根据不同策略进行操作。你需要用 pip3 install pillow 来安装 pillow 模块才能运行下面这个例子：

```python
from PIL import Image
```

```python
class TiledStrategy:
    def make_background(self, img_file, desktop_size):
        in_img = Image.open(img_file)
        out_img = Image.new('RGB', desktop_size)
        num_tiles = [
            o // i + 1 for o, i in
            zip(out_img.size, in_img.size)
        ]
        for x in range(num_tiles[0]):
            for y in range(num_tiles[1]):
                out_img.paste(
                    in_img,
                    (
                        in_img.size[0] * x,
                        in_img.size[1] * y,
                        in_img.size[0] * (x+1),
                        in_img.size[1] * (y+1)
                    )
                )
        return out_img


class CenteredStrategy:
    def make_background(self, img_file, desktop_size):
        in_img = Image.open(img_file)
        out_img = Image.new('RGB', desktop_size)
        left = (out_img.size[0] - in_img.size[0]) // 2
        top = (out_img.size[1] - in_img.size[1]) // 2
        out_img.paste(
            in_img,
            (
                left,
                top,
                left+in_img.size[0],
                top + in_img.size[1]
            )
        )
        return out_img
```

```
class ScaledStrategy:
    def make_background(self, img_file, desktop_size):
        in_img = Image.open(img_file)
        out_img = in_img.resize(desktop_size)
        return out_imgreturn stripped
```

这里有 3 个策略，每个策略都用 PIL 执行其任务。每个策略都有一个 make_background 方法并接受相同的参数。一旦做出选择，将会调用合适的策略来生成正确尺寸的桌面图片。TiledStrategy 不断重复并复制图片，直到铺满整个屏幕尺寸。CenteredStrategy 计算出图片居中显示会在四周留下多少空白。ScaleStrategy 强制将图片缩放到需要的尺寸（忽略长宽比）。

想象一下不用策略模式如何在这些实现方案之间切换。我们需要将所有代码放到一个巨大的方法中并使用 if 语句来选择所需的那个实现方案。每一次我们想要添加新的策略，都会将这个方法变得更加臃肿。

Python 中的策略

前面这个非常权威的策略模式的实现，在大部分面向对象库中非常常见，但是在 Python 编程中却很少见。

这些类所代表的对象只提供了一个单独的函数。我们可以用 __call__ 方法直接让对象本身变为可调用的。因为并没有其他与这个对象相关的数据，所以我们所要做的就和定义一堆函数并作为策略进行传递一样。

设计模式哲学的反对者会因此主张："因为 Python 有顶级函数，所以策略模式就没有必要了。"诚然，Python 的顶级函数让我们可以用更直接的方式实现策略模式。然而知道这一设计模式仍然可以帮助我们选择正确的程序设计方案，并且用可读性更强的语法来实现。当最终用户需要通过相同的接口来选择多种不同实现方案的时候，我们就应该采用策略模式或者用顶级函数来实现。

状态模式

状态模式在结构上与策略模式很像，但目标却迥然不同。状态模式的目标是用于表示状态转换系统：很明显这一系统会因为特定对象处于不同的状态而产生特定的活动。

为了实现这一系统，我们需要一个管理器或者上下文类来提供状态切换的接口。这个类的内部包含当前状态的指针，每个状态都知道自己可以根据特定的行为转换为哪些其他状态。

因此我们需要两种类：上下文类以及多个状态类。上下文类包含了当前的状态，以及当前状态下的行为。上下文类中调用的不同状态类彼此之间是不可见的，就像黑箱一样在内部执行状态管理。下面是 UML 图。

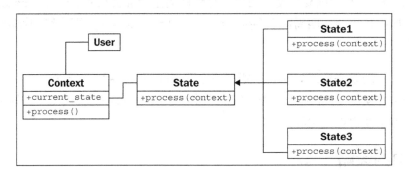

状态模式的例子

为了说明状态模式，让我们写一个 XML 解析工具。上下文类将会是解析器本身。它将以字符串作为输入并将工具设定为初始解析状态。不同的解析状态将会消耗字符并寻找特定的值，找到以后，将会切换到不同的状态。其最终目标是将所有标签和内容的节点对象生成一棵树形结构。为了方便操作，我们只解析 XML 的一个子集——标签和标签名。我们不会处理标签中的属性。这里还会解析标签中的文本内容，但不会试着解析那些"混合"内容，也就是文本中存在标签的情况。下面就是一个"简化版 XML"的例子，我们将来解析它：

```
<book>
    <author>Dusty Phillips</author>
    <publisher>Packt Publishing</publisher>
    <title>Python 3 Object Oriented Programming</title>
    <content>
        <chapter>
            <number>1</number>
```

```
        <title>Object Oriented Design</title>
    </chapter>
    <chapter>
        <number>2</number>
        <title>Objects In Python</title>
    </chapter>
</content>
</book>
```

在我们考虑状态和解析器之前，首先考虑程序的输出。我们知道需要的是一个 Node 对象所组成的树，不过 Node 对象应该是什么样的？很明显它需要知道所解析标签的名字；另外，由于是树形结构，因此也需要指向父节点的指针和一个按顺序排列的子节点列表。有些节点保存文本值，而另一些节点则没有保存文本值。首先来看看这个 Node 类：

```python
class Node:
    def __init__(self, tag_name, parent=None):
        self.parent = parent
        self.tag_name = tag_name
        self.children = []
        self.text=""

    def __str__(self):
        if self.text:
            return self.tag_name + ": " + self.text
        else:
            return self.tag_name
```

这个类在构造函数中设定了一些默认属性。__str__ 方法用于在结束后可视化树形结构。

现在再来看示例文档，我们需要考虑解析器有哪些状态可以选择。很显然初始状态时还没有处理任何节点。我们需要处理标签开始和结束的状态。而且当我们处理标签内的文本内容时，也需要作为单独的状态。

在状态之间进行切换可能会比较棘手，我们怎么知道下一个节点是开始标签、结束标签还是文本节点？我们可以为每个状态添加一点逻辑流程，不过更合理的做法是创建一个新的状态全权负责状态切换。如果将这个负责转换的状态称为 ChildNode，我们将需要如下这些状态：

- FirstTag
- ChildNode
- OpenTag
- CloseTag
- Text

FirstTag 状态将会切换为 **ChildNode**，它会决定接下来切换到哪个状态。当这些节点结束后，还会切换回 ChildNode。下面这张状态转换图可以说明所有可用的状态变化。

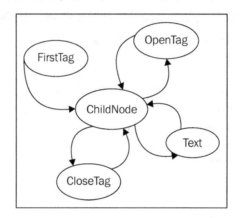

这些状态负责处理"这些字符串还剩什么"，根据我们知道的方法尽可能多地处理，然后告诉解析器继续处理剩余的内容。让我们首先构造 `Parser` 类：

```python
class Parser:
    def __init__(self, parse_string):
        self.parse_string = parse_string
        self.root = None
        self.current_node = None

        self.state = FirstTag()

    def process(self, remaining_string):
        remaining = self.state.process(remaining_string, self)
        if remaining:
```

```
        self.process(remaining)
    def start(self):
        self.process(self.parse_string)
```

构造函数为该类设定了几个变量，每个状态对象都可以访问。parse_string 实例变量就是我们要解析的内容。root 节点处于 XML 结构的"顶点"。current_node 实例变量是我们当前处理的节点。

这个解析器的重要特征是 process 方法，它以剩余字符串为参数，然后将其传递给当前状态对象。解析器本身（self 参数）也会作为参数传递给状态对象的 process 方法，这样就可以在状态对象中对它进行操作了。状态对象处理完之后会返回未处理的字符串。之后解析器会递归地调用 process 方法，直到构造出完整的树。

现在让我们来看看 FirstTag 状态：

```
class FirstTag:
    def process(self, remaining_string, parser):
        i_start_tag = remaining_string.find('<')
        i_end_tag = remaining_string.find('>')
        tag_name = remaining_string[i_start_tag+1:i_end_tag]
        root = Node(tag_name)
        parser.root = parser.current_node = root
        parser.state = ChildNode()
        return remaining_string[i_end_tag+1:]
```

这一状态对象首先查找第一个标签的尖括号所在的位置（i_ 代表索引）。你可能觉得这个状态是没有必要的，因为 XML 要求开始标签之前不能有文本。不过，这里可能有一些需要去除的空白符，因此我们需要先搜索开始标签的开尖括号，而不是假设它就是文档的第一个字符。注意这段代码假设输入文件是合法的。更好的实现方案应该严格地检查输入是否合法，并且会回溯或呈现描述性的错误信息。

这里的方法提取标签名并将其传递给解析器的 root 节点。同时也赋值给 current_node，因为我们会为其添加子节点。

接下来就是重要的部分了：这个方法将解析器的状态切换为 ChildNode。然后返回剩余的字符串（开始标签之后的内容）继续处理。

ChildNode 状态看起来相当复杂，但这里实际上只是一些条件控制流程：

```python
class ChildNode:
    def process(self, remaining_string, parser):
        stripped = remaining_string.strip()
        if stripped.startswith("</"):
            parser.state = CloseTag()
        elif stripped.startswith("<"):
            parser.state = OpenTag()
        else:
            parser.state = TextNode()
        return stripped
```

strip() 去除了字符串中所有的空白符。然后解析器会决定下一个是开始标签、结束标签还是文本字符串。基于出现的情况，设置下一个状态，之后解析剩余的字符串。

OpenTag 状态和 FirstTag 类似，只是它会将新创建的节点添加到前一个 current_node 对象的 children 属性中，并将其设定为 current_node。然后将状态再次切换回 ChildNode：

```python
class OpenTag:
    def process(self, remaining_string, parser):
        i_start_tag = remaining_string.find('<')
        i_end_tag = remaining_string.find('>')
        tag_name = remaining_string[i_start_tag+1:i_end_tag]
        node = Node(tag_name, parser.current_node)
        parser.current_node.children.append(node)
        parser.current_node = node
        parser.state = ChildNode()
        return remaining_string[i_end_tag+1:]
```

CloseTag 恰恰相反，它将 current_node 重新设定回父节点，然后接下来的子节点将会添加到它上面：

```python
class CloseTag:
    def process(self, remaining_string, parser):
        i_start_tag = remaining_string.find('<')
        i_end_tag = remaining_string.find('>')
```

```
assert remaining_string[i_start_tag+1] == "/"
tag_name = remaining_string[i_start_tag+2:i_end_tag]
assert tag_name == parser.current_node.tag_name
parser.current_node = parser.current_node.parent
parser.state = ChildNode()
return remaining_string[i_end_tag+1:].strip()
```

这两个 assert 语句可以帮助我们确保解析的字符串是一致的。最后的 if 语句确保这个处理过程在结束之后终止。如果它的父节点是 None，就意味着我们已经回到了 root 节点。

最后是 TextNode，它提取结束标签之前的文本内容，然后设定为当前节点的值：

```
class TextNode:
    def process(self, remaining_string, parser):
        i_start_tag = remaining_string.find('<')
        text = remaining_string[:i_start_tag]
        parser.current_node.text = text
        parser.state = ChildNode()
        return remaining_string[i_start_tag:]
```

现在我们只需要设定解析器对象的初始化状态，也就是 FirstTag 对象，将下面的内容添加到 __init__ 方法即可：

```
self.state = FirstTag()
```

让我们添加一些主脚本，可以从命令行打开文件并解析，然后打印所有节点：

```
if __name__ == "__main__":
    import sys
    with open(sys.argv[1]) as file:
        contents = file.read()
        p = Parser(contents)
        p.start()

        nodes = [p.root]
        while nodes:
            node = nodes.pop(0)
            print(node)
```

```
nodes = node.children + nodes
```

这段代码打开文件，载入文件内容，然后解析出结果，并按照顺序将每个节点及其子节点打印出来。__str__方法会处理打印节点的格式。如果我们用这段脚本处理前面的示例文档，输出树将会如下所示：

```
book
author: Dusty Phillips
publisher: Packt Publishing
title: Python 3 Object Oriented Programming
content
chapter
number: 1
title: Object Oriented Design
chapter
number: 2
title: Objects In Python
```

将这一结果和最初的简化版 XML 比较，可以知道我们的解析器能够正常工作。

状态与策略

状态模式和策略模式很像，确实，两者的 UML 图是一样的。其实现过程也是一样的。我们甚至也可以使状态协程是顶级函数而不需要包裹成对象，这也和策略模式一样。

虽然这两种设计模式的结构完全相同，但其解决的是完全不同的问题。策略模式用于在运行时选择算法，一般来说，每种特例下只有一种算法将被选中。而状态模式则用于在不同状态之间动态切换。从代码上看，其主要的区别是策略模式中的每个策略对象都不需要知道彼此的存在；而在状态模式中，要么是每个状态对象，要么是上下文对象，需要知道有哪些状态可以切换。

状态转换作为协程

状态模式是关于状态转换问题的权威的面向对象解决方案。不过，这一模式的语法有些啰唆。你可以用协程来构建对象以达到类似的效果。还记得在第 9 章中用正则表达式处理日志文件的例子吗？那也是一个伪装的状态转换的问题。这两种实现的主要不同在于，状态模式定义了所有对象（或函数），而协程方案则采用更多快捷语法。这两种实现并不存在优劣之分，不过你会发现协程版本的方案可读性更强。当然，这要看你怎么理解"可读性"（前提是你必须能够理解协程的语法）。

单例模式

单例模式是最有争议的设计模式之一，很多人认为它是"反模式"的，是一个应该避免而非提倡的设计模式。在 Python 中，如果有人用单例模式，那么几乎可以肯定他做错了，很有可能是因为他们刚刚从一个限制性较强的编程语言转到 Python。

既然这样，为什么还要讨论它？单例模式是最著名的设计模式之一。在很多过于注重面向对象的编程语言中很有用，而且也是传统面向对象编程中不可或缺的一部分。更确切地说，单例模式背后的思想是有用的，即便我们在 Python 中会用完全不同的方法来实现。

单例模式背后的基本思想是对于特定的对象只允许存在一个实例。这个对象有点像我们在第 5 章中讨论过的管理员类。这样的对象通常需要被很多其他对象引用，而四处传递这一管理员对象可能让代码变得很难被人读懂。

当使用单例模式时，不同的对象只需要这个管理员对象的唯一一个实例，因此对其引用不需要四处传递。尽管下面的 UML 图没办法完全描述它，不过却可以帮助大家理解这个概念。

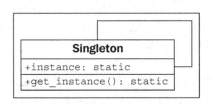

在大部分编程环境中，都会强制要求单例的构造函数私有化（这样就没人能够创建新的实例了），然后提供一个静态方法来获取这一单独的实例。这个方法在第一次调用时创建一个新的实例，之后再次调用都会返回同一个实例。

单例模式的实现

Python 中没有私有构造函数，不过为了实现这一点，它有更好的解决方案。我们可以用 __new__ 这一类方法来确保只会创建一个实例：

```
class OneOnly:
    _singleton = None
    def __new__(cls, *args, **kwargs):
        if not cls._singleton:
            cls._singleton = super(OneOnly, cls
                )._new__(cls, *args, **kwargs)
        return cls._singleton
```

当调用__new__方法时，通常会构建该类的一个新实例。我们重写它之后，首先检查单例是否已经创建。如果没有创建，就通过 super 来创建它。因此，无论什么时候调用 OneOnly 的构造函数，都会得到同一个实例：

```
>>> o1 = OneOnly()
>>> o2 = OneOnly()
>>> o1 == o2
True
>>> o1
<__main__.OneOnly object at 0xb71c008c>
>>> o2
<__main__.OneOnly object at 0xb71c008c>
```

这两个对象完全相同而且在内存中的地址也相同，因此，它们就是同一个对象。这种实现方式不是很透明，因为当单例对象创建时并不是很明显。每次调用构造函数，我们期望的是一个新的实例；在这个例子中，这一共识被打破了。如果你真的觉得自己需要单例模式，或许可以通过文档字符串来缓解这一问题。

但是我们并不需要单例模式。Python 程序员不会想强迫用户对自己的代码产生特定的思维定式。我们会认为永远不需要只有一个实例的类，不过其他程序员可能会有不同的意见。单例模式可能对分布式计算、并行编程以及自动化测试等产生妨碍。在所有这些情况中，特定对象拥有多个实例是非常有帮助的（即便有些"正常"操作甚至不需要用到这些实例）。

模块变量可以模拟单例模式。

一般来说，Python 中的单例模式可以通过模块层的变量来进行有效的模拟。它不如单例模式"安全"，因为人们可以在任何时间对这些变量进行重新赋值，但是正如我们在第 2 章中对私有变量的讨论，这在 Python 中是可以接受的。如果有人有合法的理由想要修改这些变量，我们为什么要阻止他们呢？它也不能阻止人们多次实例化对象；不过他们真的有理由这么做，为什么要干涉呢？

在理想状态下，我们应该提供一个机制让他们可以访问"默认的单例"值；同时如果需要，也可以让他们创建其他实例。这样一来实际上就算不上是单例模式了，只是提供了最"Pythonic"的机制来完成类似单例模式的行为。

使用模块层的变量而不是单例模式，我们在定义类之后马上实例化。我们可以用单例模式优化前面的状态模式例子。我们不需要每次修改状态时都创建一个新对象，只需要在模块层创建，从而使其总能被访问：

```python
class FirstTag:
    def process(self, remaining_string, parser):
        i_start_tag = remaining_string.find('<')
        i_end_tag = remaining_string.find('>')
        tag_name = remaining_string[i_start_tag+1:i_end_tag]
        root = Node(tag_name)
        parser.root = parser.current_node = root
        parser.state = child_node
        return remaining_string[i_end_tag+1:]


class ChildNode:
    def process(self, remaining_string, parser):
        stripped = remaining_string.strip()
        if stripped.startswith("</"):
            parser.state = close_tag
        elif stripped.startswith("<"):
            parser.state = open_tag
        else:
            parser.state = text_node
        return stripped


class OpenTag:
    def process(self, remaining_string, parser):
        i_start_tag = remaining_string.find('<')
        i_end_tag = remaining_string.find('>')
        tag_name = remaining_string[i_start_tag+1:i_end_tag]
```

```
            node = Node(tag_name, parser.current_node)
            parser.current_node.children.append(node)
            parser.current_node = node
            parser.state = child_node
            return remaining_string[i_end_tag+1:]
class TextNode:
    def process(self, remaining_string, parser):
        i_start_tag = remaining_string.find('<')
        text = remaining_string[:i_start_tag]
        parser.current_node.text = text
        parser.state = child_node
        return remaining_string[i_start_tag:]


class CloseTag:
    def process(self, remaining_string, parser):
        i_start_tag = remaining_string.find('<')
        i_end_tag = remaining_string.find('>')
        assert remaining_string[i_start_tag+1] == "/"
        tag_name = remaining_string[i_start_tag+2:i_end_tag]
        assert tag_name == parser.current_node.tag_name
        parser.current_node = parser.current_node.parent
        parser.state = child_node
        return remaining_string[i_end_tag+1:].strip()


first_tag = FirstTag()
child_node = ChildNode()
text_node = TextNode()
open_tag = OpenTag()
close_tag = CloseTag()
```

我们为各个状态类创建了实例用来重复使用。注意到我们是如何在类内部访问这些甚至尚未定义的模块变量了吗？这是因为类内部的代码只有在被调用时才会执行，而到了那时，整个模块都已经被定义完了。

这个例子的不同之处在于，我们没有创建一堆需要进行垃圾回收的新实例，而是每个状态只创建一个可以重复利用的对象。即便同时运行多个解释器，也只会用到这几个类。

当我们开始创建基于状态的解析器时，你可能会奇怪为什么不直接将解析器对象传递给每个状态的 `__init__` 方法，而是要传递给 `process` 方法。而状态对象也可以通过 `self.parser` 来引用解析器。这样也是非常合法的状态模式的实现方法，只不过就没办法改为单例模式了。如果状态对象需要维护解析器的引用，那么它们就不能同时用来引用其他解析器了。

 记住，这是两个目的不同的设计模式；使用单例模式可能对于实现状态模式很有用，但这并不意味着两种设计模式是相关的。

模板模式

模板模式对于去除重复代码非常有用，其实现可用于支持我们在第 5 章中讨论过的"**不要重复你自己**"准则。这种设计模式用于当我们需要完成的几个不同任务中有一些（但不是全部）是重复步骤的情况。这些重复的步骤在基类中实现；而那些不同的步骤则在子类中重写，以提供自定义的功能。在某种程度上，它看起来有点像一般化的策略模式，只是不同算法中的一些相似部分通过一个基类实现了共享。下面是 UML 图。

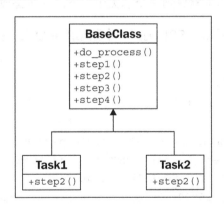

模板模式的例子

让我们创建一个汽车销售报告作为例子。我们可以将销售记录存放到一个 SQLite 数据库的表中。SQLite 是一个简单的基于文件的数据库引擎，我们可以通过 SQL 语法来存储记录。Python 3 的标准库中包含了 SQLite，因此不需要额外的模块。

我们有两个常规任务需要执行：

- 选取所有新车销售情况并以逗号分隔的格式将其打印到屏幕上。
- 输出以逗号分隔的所有销售人员及其销售总额信息，将其保存到文件中，该文件可以导入电子表格中。

这看起来是完全不同的任务，不过它们之间有一些相同的特征。在这两种情况下，我们都需要执行下列步骤：

1. 连接到数据库。

2. 构造新车或销售总额的查询语句。

3. 执行查询语句。

4. 将结果格式化为以逗号分隔的字符串。

5. 将数据输出到文件或电子邮件。

查询语句和输出两个步骤对于这两个任务来说是不同的，不过其余步骤是一致的。我们可以用模板模式将共同的步骤放到一个基类中，不同的步骤放到两个子类中。

开始之前，让我们先用几行 SQL 创建一个数据库并放入一些示例数据：

```
import sqlite3

conn = sqlite3.connect("sales.db")

conn.execute("CREATE TABLE Sales (salesperson text, "
        "amt currency, year integer, model text, new boolean)")
conn.execute("INSERT INTO Sales values"
        " ('Tim', 16000, 2010, 'Honda Fit', 'true')")
conn.execute("INSERT INTO Sales values"
        " ('Tim', 9000, 2006, 'Ford Focus', 'false')")
conn.execute("INSERT INTO Sales values"
        " ('Gayle', 8000, 2004, 'Dodge Neon', 'false')")
conn.execute("INSERT INTO Sales values"
        " ('Gayle', 28000, 2009, 'Ford Mustang', 'true')")
conn.execute("INSERT INTO Sales values"
```

```
        " ('Gayle', 50000, 2010, 'Lincoln Navigator', 'true')")
conn.execute("INSERT INTO Sales values"
        " ('Don', 20000, 2008, 'Toyota Prius', 'false')")
conn.commit()
conn.close()
```

但愿即使你不懂 SQL 也能看明白上面的代码，我们创建了一个表来存储数据，然后用了 6 个插入语句来添加销售记录。这些数据存储在一个名为 sales.db 的文件中。有了这些样本，我们就可以开发模板模式了。

我们已经列出了模板需要执行的步骤，可以开始将这些步骤定义到基类中了。每个步骤都通过一个方法完成（以便有选择性地重写任意步骤），而且我们还需要一个管理方法来按顺序执行这些方法。基类中所有的方法都是空的，看起来就像这样：

```
class QueryTemplate:
    def connect(self):
        Pass
    def construct_query(self):
        pass
    def do_query(self):
        pass
    def format_results(self):
        pass
    def output_results(self):
        pass

    def process_format(self):
        self.connect()
        self.construct_query()
        self.do_query()
        self.format_results()
        self.output_results()
```

process_format 方法是暴露给外部客户端调用的主要方法。它确保所有的步骤按顺序执行，不过它并不关心这些步骤是在这个类还是在子类中实现的。对于我们的例子来说，两个类中有 3 个方法是完全一样的：

```
import sqlite3
```

```
class QueryTemplate:
    def connect(self):
        self.conn = sqlite3.connect("sales.db")

    def construct_query(self):
        raise NotImplementedError()

    def do_query(self):
        results = self.conn.execute(self.query)
        self.results = results.fetchall()

    def format_results(self):
        output = []
        for row in self.results:
            row =[str(i) for i in row]
            output.append(", ".join(row))
        self.formatted_results = "\n".join(output)

    def output_results(self):
        raise NotImplementedError()
```

为了帮助实现子类，两个未实现的方法抛出 NotImplementedError。当抽象基类看起来过重的时候，通常用这种方式来指定抽象接口。这些方法可以保持空白（用 pass），或者完全不定义。而抛出 NotImplementedError 可以帮助程序员理解这个类需要通过子类来重写这些方法。空白方法或不定义会导致我们很难确定它们是需要实现的；而且如果忘记实现的话，也很难调试。

现在这个模板类已经处理了所有无聊的细节，同时也足够灵活，可以执行很多不同的查询并格式化为不同的输出。最棒的是，如果我们想要换一个数据库引擎（例如 py-postgresql），则只需要在这里更改，而不需要修改它的两个（或者 200 个）子类。

现在来看具体类的内容：

```
import datetime
class NewVehiclesQuery(QueryTemplate):
    def construct_query(self):
```

```
        self.query = "select * from Sales where new='true'"

    def output_results(self):
        print(self.formatted_results)

class UserGrossQuery(QueryTemplate):
    def construct_query(self):
        self.query = ("select salesperson, sum(amt) " +
        " from Sales group by salesperson")

    def output_results(self):
        filename = "gross_sales_{0}".format(
                datetime.date.today().strftime("%Y%m%d")
                )
        with open(filename, 'w') as outfile:
            outfile.write(self.formatted_results)
```

　　考虑到这两个类的功能，它们实际上非常短：连接数据库，执行查询，格式化输出，打印出结果。基类处理了所有重复的工作，从而让我们可以轻松地实现不同的任务。而且，我们也可以修改基类中提供的方法。例如，如果我们不想将结果输出为以逗号分隔的字符串（例如：输出到用于上传到网站的 HTML 报告中），则仍然可以重写 format_results 方法。

练习

　　在写作本章时，我发现想要找到特定设计模式的使用例子非常困难，特别是用于教学的例子。和以往我所推荐的不同，不要回顾当前或以往的项目去寻找适合使用设计模式的地方，而是考虑这些模式以及需要用到它们的场景。试着跳出自己的经验来考虑。如果你当前在做的是一个银行项目，则考虑如何将这些设计模式用到一个零售或销售点应用。如果你通常做的是网站项目，则考虑写一个编译器应该如何用这些设计模式。

　　为装饰器模式找出一些好的应用案例。关注设计模式本身，而不是 Python 的语法；它比实际的模式更一般化一些。至于装饰器的特定语法，你可以从以往的项目中寻找那些能够替换成装饰器的地方。

使用观察者模式有哪些好处？为什么？不只是考虑你会如何使用这一模式，还要想想不用它你将如何实现同样的任务？选用它会有什么益处，还有什么坏处？

考虑策略模式和状态模式之间的区别。从实现的角度考虑，它们非常相似，不过目的不同。你能想到哪些可以互换使用这两种模式的例子吗？将一个基于状态的系统重新设计为基于策略的系统是否合情合理？反过来呢？这两种设计模式的实际差别是什么？

模板模式很显然利用了继承来减少重复代码，你可能之前已经用过，只是不知道它的名字而已。试着至少想出 6 种不同的应用场景。如果你能做到，那么在日常的编码过程中你也一定知道该何时使用模板模式。

总结

本章讨论了一些常见设计模式的细节，包括一些例子和 UML 图，还讨论了 Python 和其他静态类型面向对象编程语言之间的差别。装饰器模式通常用 Python 的装饰器语法实现。观察者模式对于解耦事件和行为来说是一种非常有用的方式。策略模式可以为完成同一任务选择不同的算法。状态模式和策略模式看起来很相似，但是状态模式适用于表示通过定义好的行为在不同状态之间切换的系统。单例模式在一些静态类型的语言中非常流行，但在 Python 中通常是一种反面模式。

在第 11 章中，我们将完成对设计模式的讨论。

第 **11** 章

Python 设计模式 II

在本章中我们将会介绍另外几种设计模式。和第 10 章一样，我们将会学习权威的例子和常用的 Python 实现，具体包括：

- 适配器模式；
- 门面模式；
- 延迟初始化和享元模式；
- 命令模式；
- 抽象工厂模式；
- 复合模式。

适配器模式

和我们在第 8 章中见过的大多数模式不同，适配器模式用于和既有的代码进行交互。我们不会去设计一堆新的对象来实现适配器模式。适配器用于让两个既有的对象进行合作（即便它们的接口互不兼容）。就像显示器适配器可以将 VGA 插头接到 HDMI 端口上一样，适配器对象位于两个不同接口之间，在运行时进行翻译。适配器对象的唯一目的就是执行翻译的任务。适配过程可能需要完成许多不同的任务，例如将参数转化为不同格式，重新安排参数的顺序，调用另一个方法，或者提供默认参数。

在结构上，适配器模式和简化版的装饰器模式很像。装饰器提供与被它替换对象同样的接口，而适配器在两个不同的接口之间进行映射。下面是 UML 图。

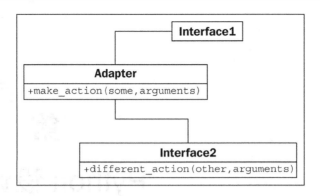

在这里，Interface1 会调用名为 make_action(some, arguments)的方法，我们也有一个相当完美的 Interface2 类可以完成所有我们想要做的事（为了避免代码重复，我们不想要重新写它），只不过提供的是名为 different_action(other, arguments)的方法。Adapter 类实现了 make_action 方法，且将参数映射到已有的接口上。

适配器的优势在于从一个接口映射到另一个接口全部在一个地方完成。别的方法就会显得很丑陋，我们不得不在所有需要用到既有接口的时候进行多次翻译。

例如，想象我们有下面这样一个类，接受格式为"YYYY-MM-DD"的日期字符串并计算一个人在这一天的年龄：

```python
class AgeCalculator:
    def __init__(self, birthday):
        self.year, self.month, self.day = (
                int(x) for x in birthday.split('-'))

    def calculate_age(self, date):
        year, month, day = (
                int(x) for x in date.split('-'))
        age = year - self.year
        if (month,day) < (self.month,self.day):
            age -= 1
        return age
```

这个简单的类任务很明确。不过我们很纳闷这个程序员在想些什么，竟然用特定格式的字符串而不是 Python 内置的 datetime 库作为参数。对于在任何可能的时候都尽可能重用代码的程序员来说，我们大部分人会选择用 datetime 对象，而不是字符串。

我们有几个选项可以解决当前的困境，例如重新写这个类并接受 datetime 对象，不管怎么说这样都能保证更加准确。不过如果这个类是由第三方库提供的，我们不知道或者不能修改其内部结构，那就需要尝试其他方法。我们还可以用这个类，只不过每次想要计算 datetime.date 对象对应的年龄时，可以通过调用 datetime.date.strftime('%Y-%m-%d')将其转换为合适的格式。但是这种转换需要在很多不同的地方使用；或者更坏的可能，我们将%m 写成了%M，这时返回的是当前的分钟数而不是月份数！想象一下你已经在十几个不同地方这样写了，那就不得不在你意识到错误之后回过头去一个一个地修改。这样的代码可维护性太差，并且违反了 DRY 原则。

我们可以写一个适配器来将正常的日期对象接入正常的 AgeCalculator 类：

```python
import datetime
class DateAgeAdapter:
    def _str_date(self, date):
        return date.strftime("%Y-%m-%d")

    def __init__(self, birthday):
        birthday = self._str_date(birthday)
        self.calculator = AgeCalculator(birthday)

    def get_age(self, date):
        date = self._str_date(date)
        return self.calculator.calculate_age(date)
```

这个适配器将 datetime.date 和 datetime.time（它们拥有相同的 strftime 接口）转换为 AgeCalculator 可以使用的字符串格式。我将方法名改为 get_age 来说明调用者不仅用了不同的参数类型，而且还需要用不同的方法名。

实现这种模式的常见方式就是创建一个适配器类，不过和往常一样，Python 中还有其他的实现方法。继承和多重继承都可以向类中添加功能。例如，我们可以为 date 类添加一个适配器，让它可以直接用于原始的 AgeCalculator 类：

```python
import datetime
class AgeableDate(datetime.date):
    def split(self, char):
        return self.year, self.month, self.day
```

正是这样的代码让人们对 Python 的合理性产生了怀疑。我们为子类添加了一个 split 方法，接受单个参数（我们将其忽略）并返回年月日组成的元组。这个类能够完美地与初始的 AgeCalculator 配合使用，因为初始代码中对特殊格式的字符串调用 strip 方法，而在这里，strip 方法返回年月日元组。AgeCalculator 只关心 strip 方法是否存在且返回合理的值，而不关心传递的是否是字符串。实际上这个类真的可以使用：

```
>>> bd = AgeableDate(1975, 6, 14)
>>> today = AgeableDate.today()
>>> today
AgeableDate(2015, 8, 4)
>>> a = AgeCalculator(bd)
>>> a.calculate_age(today)
40
```

虽然可以运行，但这是一个愚蠢的想法。在这个特定的例子中，这样一个适配器将非常难以维护。我们很快就会忘记自己需要为 date 类添加 strip 方法。这个方法名存在歧义。这可能是适配器的本质，不过创建一个适配器而不是用继承关系通常能够说明它的目的。

除了继承，有时候我们也可以用 monkey-patching 来向已有的类中添加方法。这对 datetime 对象是行不通的，因为它不允许在运行时添加属性；不过对于一般的类，我们可以直接添加调用者所需的方法以提供能够适应的接口。除此之外，我们也可以扩展或者 monkey-patch AgeCalculator 本身来替换 calculate_age 方法。

最后，通常可以用函数作为适配器。虽然从外表上看这并不符合适配器设计模式，但是考虑到函数是一种拥有 __call__ 方法的对象，这样一来就符合适配器模式了。

门面模式

门面模式用于为复杂系统提供简单的接口。对于复杂任务，我们可能需要与这些对象直接交互；不过这个系统通常会存在一个"特有"用途，这时复杂的交互过程往往是没有必要的。门面模式让我们可以定义一个新的对象来概括系统的特有用途。任何时候我们想要访问一个常见功能，都可以使用这个对象的简化接口。如果项目的其他部分需要访问更复杂的功能，仍然可以直接与系统交互。门面模式的 UML 图实际上非常依赖于子系统，不过粗略看来是下面这样的。

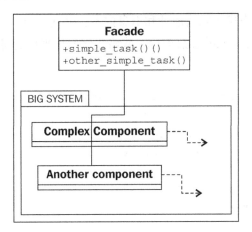

门面在很多方面和适配器很像。其主要区别在于门面模式试图从复杂接口中抽象出一个简化版本，而适配器则只是将两个不同接口对接到一起。

让我们在一个邮件应用中实现简单的门面模式。我们在第 7 章中见过的邮件发送底层库相当复杂，而接收信息的两个库则更加复杂。

如果有一个类可以让我们简单地发送邮件，并且列出 IMAP 或 POP3 连接中收件箱的所有邮件，那就太好不过了。为了让我们的例子简短一些，我们将使用 IMAP 和 SMTP：两个处理邮件的完全不同的子系统。我们的门面只执行两个任务：向指定的地址发送邮件，检查 IMAP 连接中的收件箱。对于连接有几个常规的假设，例如 SMTP 和 IMAP 的主机地址是相同的，用户名和密码也是相同的，并且都是用的标准端口。这已经覆盖了很多邮件服务器的情况了，不过如果需要更多的灵活性，开发者仍然可以绕过门面对象直接访问这两个子系统。

这个门面类通过邮件服务器的主机名以及登录的用户名和密码进行初始化：

```python
import smtplib
import imaplib


class EmailFacade:
    def __init__(self, host, username, password):
        self.host = host
        self.username = username
```

```
        self.password = password
```

send_email 方法格式化邮箱地址和消息内容，并通过 smtplib 发送。这个任务并不复杂，不过确实需要对输入的参数进行一些格式化操作来构造符合 smtplib 要求的格式并发送：

```
def send_email(self, to_email, subject, message):
    if not "@" in self.username:
        from_email = "{0}@{1}".format(
                self.username, self.host)
    else:
        from_email = self.username
    message = ("From: {0}\r\n"
            "To: {1}\r\n"
            "Subject: {2}\r\n\r\n{3}").format(
                from_email,
                to_email,
                subject,
                message)

    smtp = smtplib.SMTP(self.host)
    smtp.login(self.username, self.password)
    smtp.sendmail(from_email, [to_email], message)
```

方法开始位置的 if 语句用来检查 username 是一个完整"发件人"地址还是只有 @ 符号左边的部分，不同的服务器对登录信息的具体要求不同。

最后，获取当前收件箱内容的代码非常混乱，IMAP 协议令人痛苦地过度工程化了，而 imaplib 标准库只是在这一协议之上非常单薄的一层：

```
def get_inbox(self):
    mailbox = imaplib.IMAP4(self.host)
    mailbox.login(bytes(self.username, 'utf8'),
        bytes(self.password, 'utf8'))
    mailbox.select()
    x, data = mailbox.search(None, 'ALL')
    messages = []
    for num in data[0].split():
```

```
        x, message = mailbox.fetch(num, '(RFC822)')
        messages.append(message[0][1])
return messages
```

现在，如果将这些整合到一起，我们就有了一个可以通过相当直接的方式进行收发信息的门面类，这比与复杂的底层库直接交互要简单得多。

虽然在 Python 社区很少被提及，但是门面模式是 Python 生态系统中必不可少的一部分。因为 Python 强调语言的可读性，所以，无论是语言还是标准库都致力于为复杂任务提供易于理解的接口。例如，for 循环、列表推导以及生成器都是复杂的迭代器协议的门面，defaultdict 是为了简化字典中的键不存在的情况时抽象出来的门面。第三方库 requests 是可读性较差的 HTTP 请求库的一个强有力的门面。

享元模式

享元模式是一种内存优化的设计模式。注意 Python 程序员往往会忽略内存优化，并默认为内置的垃圾回收器将会处理这些问题。通常来说这是没有问题的；不过当我们需要开发大型应用，其中包含许多彼此相关的对象时，注意考虑内存问题将会带来很大收益。

享元模式可以确保对象中的共享状态使用同一内存进行存储。通常在程序表现出内存问题之后才会去实现享元模式。在某些情况下，一开始就设计一个最佳配置方案也许是可行的，不过一定要时刻记住，过早优化往往会导致程序变复杂，甚至难以维护。

让我们来看一下享元模式的 UML 图。

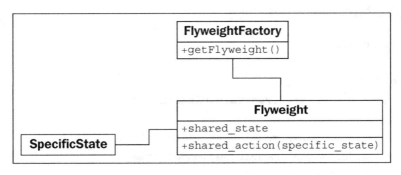

每个 Flyweight 都没有特定的状态，无论何时它需要执行 SpecificState 上的操作，都需要通过调用者将状态传入 Flyweight。通常，返回享元对象的是另一个对象，其目的是根

据键来返回对应的享元。就像我们在第 10 章中讨论的单例模式一样，如果享元对象已经存在，则返回它；否则，创建一个新的享元对象。在很多语言中，产生享元对象的不是另外一个对象，而是 Flyweight 类本身中的一个静态方法。

考虑一个汽车销售的清单系统。每一辆汽车都有一个特定的序列号和特定的颜色。但是对于同一型号的所有汽车，其大部分细节都是相同的。例如，Honda Fit DX 是拥有少量特征的裸机车。LX 型号拥有空调、导航、电动窗以及锁。Sport 型号拥有花哨的轮子、USB 充电器以及扰流板。没有享元模式的话，每个汽车对象都需要存储一长串的列表，标记哪些特征它有，哪些特征它没有。考虑到一年销售 Honda 汽车的数量，这将会浪费大量的内存空间。通过使用享元模式，我们可以让同一型号的汽车共用同一个特征对象，之后对于每辆车只需要引用型号特征和特定的序列号与颜色即可。在 Python 中，享元对象的生产者通常通过 __new__ 构造函数来实现，和我们在单例模式中用到的类似。和单例模式不同的是，单例模式只需要返回一个实例，而享元模式需要根据键返回不同的实例。我们可以将可选项存储在字典中并通过键名返回。不过这一方案可能出现问题，因为只要存在字典中就会保留在内存里。如果我们卖光了 LX Fit 型号，那么就不再需要 Fit 享元对象了，然而它却仍然保留在字典中。当然，我们可以在每次售出一辆汽车时进行清理，但是这不应该是垃圾回收器需要做的事吗？

我们可以利用 Python 的 weakref 模块来解决这一问题。这一模块提供了一个 WeakValueDictionary 对象，允许我们将元素存储在字典中而不需要垃圾回收器来处理。如果弱引用字典中的值不再被应用中的其他对象所引用（例如，我们卖光的 LX 型号），垃圾回收器最终将会帮助我们清理掉它。

首先让我们构建享元对象的生产对象：

```python
import weakref

class CarModel:
    _models = weakref.WeakValueDictionary()

    def __new__(cls, model_name, *args, **kwargs):
        model = cls._models.get(model_name)
        if not model:
            model = super().__new__(cls)
            cls._models[model_name] = model
```

```
return model
```

基本上，每次当我们根据名字构造新的享元对象时，首先从弱引用字典中查询这一名字。如果存在这个名字，即返回对应的型号；如果不存在，将会创建一个新名字。不管是哪种情况，__init__ 方法每次都会被执行，因此 __init__ 方法可以像下面这样：

```python
def __init__(self, model_name, air=False, tilt=False,
        cruise_control=False, power_locks=False,
        alloy_wheels=False, usb_charger=False):
    if not hasattr(self, "initted"):
        self.model_name = model_name
        self.air = air
        self.tilt = tilt
        self.cruise_control = cruise_control
        self.power_locks = power_locks
        self.alloy_wheels = alloy_wheels
        self.usb_charger = usb_charger
        self.initted=True
```

if 语句确保只有第一次执行 __init__ 时才会进行初始化操作。这意味着我们可以只用型号名来调用生产对象以取回同一个享元对象。不过，因为享元对象会在没有外部引用的情况下被回收，所以我们需要当心不要意外地创建一个空值的享元对象。

让我们为享元对象添加一个方法，假设用于查询指定型号的车辆的序列号，并确定这辆车是否涉及意外事故。这个方法需要访问汽车的序列号；而每辆车的序列号都是不同的，不能存储在享元对象中。因此，这一数据必须由调用者提供：

```python
def check_serial(self, serial_number):
    print("Sorry, we are unable to check "
            "the serial number {0} on the {1} "
            "at this time".format(
                serial_number, self.model_name))
```

我们可以定义一个新的类来存储额外信息，只要同时保存对享元对象的引用即可：

```python
class Car:
    def __init__(self, model, color, serial):
```

```
        self.model = model
        self.color = color
        self.serial = serial

    def check_serial(self):
        return self.model.check_serial(self.serial)
```

我们可以追踪每一个有存货的型号和车辆：

```
>>> dx = CarModel("FIT DX")
>>> lx = CarModel("FIT LX", air=True, cruise_control=True,
... power_locks=True, tilt=True)
>>> car1 = Car(dx, "blue", "12345")
>>> car2 = Car(dx, "black", "12346")
>>> car3 = Car(lx, "red", "12347")
```

现在让我们来展示弱引用的原理：

```
>>> id(lx)
3071620300
>>> del lx
>>> del car3
>>> import gc
>>> gc.collect()
0
>>> lx = CarModel("FIT LX", air=True, cruise_control=True,
... power_locks=True, tilt=True)
>>> id(lx)
3071576140
>>> lx = CarModel("FIT LX")
>>> id(lx)
3071576140
>>> lx.air
True
```

id 函数告诉我们一个对象的唯一标识符。当我们删除了所有 LX 型号的引用并强制执行垃圾回收之后，第二次使用 id 函数，我们发现 ID 已经发生了改变。在 CarModel 的 __new__ 方法中字典已经删除了原有的值并重新添加了新值。不过，即使后面我们没有提供更多参数而只是用型号名，CarModel 返回的仍然是同一个对象（ID 是相同的），并且 air 属性也同样为 True。这意味着第二次没有初始化新的对象，这正是我们想要的设计。

显然，使用享元模式可能比向一个单独的汽车类中添加特征要稍微复杂一些。我们什么时候该选择使用它呢？享元模式是为了节省内存空间，如果我们有上百万个相似的对象，那么将这些对象中相似的属性整合到享元对象中就可以极大地节省内存。优化 CPU、内存或硬盘空间的解决方案通常会导致代码更加复杂。因此，在代码的可维护性和优化之间进行权衡是非常重要的。当选择了优化时，试着使用享元模式这样的设计来将优化所带来的复杂性限制在单独的（文档充分的）代码范围中。

命令模式

命令模式在需要执行的操作和对象之间添加新的抽象层，通常是在事后完成的。在命令模式中，客户端代码创建一个 Command 对象可以在之后执行。这个对象知道接收对象能够在执行命令时管理内部状态。Command 对象实现一个特定的接口（通常是 execute 或 do_action 方法），并追踪执行操作所需的所有参数。最后，一个或多个 Invoker 对象将会在正确的时间执行这一命令。

下面是 UML 图。

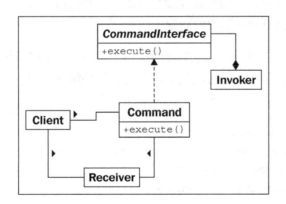

一个常见的命令模式例子是图形窗口上的操作。通常，可以通过菜单选项、键盘快捷键、工具条上的图标或上下文菜单来触发操作。这些都是 Invoker 对象的例子。真正发生的操作，例如 Exit、Save 或 Copy 则是 CommandInterface 的具体实现。GUI 窗口可以接收退出操作，文档可以接收保存操作，ClipboardManager 可以接收复制操作，这些都是可能的 Receivers 的例子。

让我们实现一个简单的命令模式来提供 Save 和 Exit 操作。下面先从一些简单的接收类开始：

```
import sys

class Window:
    def exit(self):
        sys.exit(0)

class Document:
    def __init__(self, filename):
        self.filename = filename
        self.contents = "This file cannot be modified"

    def save(self):
        with open(self.filename, 'w') as file:
            file.write(self.contents)
```

这些仿造（mock）类模拟那些在真实工作环境中可能更加复杂的对象。窗口可能需要处理鼠标移动和键盘事件，文档需要处理字符插入、删除以及选取等。不过对于我们的例子来说，目前这两个类已经足够说明问题了。

现在让我们定义一些触发类。它们将会模拟工具条、菜单以及键盘事件等；同样，它们也不会真的涉及这些操作，不过我们可以看到它们是如何与命令、接收者以及客户端代码解耦的：

```
class ToolbarButton:
    def __init__(self, name, iconname):
        self.name = name
        self.iconname = iconname

    def click(self):
        self.command.execute()

class MenuItem:
```

```
    def __init__(self, menu_name, menuitem_name):
        self.menu = menu_name
        self.item = menuitem_name

    def click(self):
        self.command.execute()

class KeyboardShortcut:
    def __init__(self, key, modifier):
        self.key = key
        self.modifier = modifier

    def keypress(self):
        self.command.execute()
```

注意到这些不同的操作都是执行它们各自的命令对象的 execute 方法了吗？这段代码并没有为每个对象绑定 command 属性。原本可以通过 __init__ 函数传入这些属性，但是由于可能会发生更改（例如，对于可定制键盘映射的编辑器），因此之后再设置这一属性会更合理一些。

现在，让我们把命令也关联起来：

```
class SaveCommand:
    def __init__(self, document):
        self.document = document

    def execute(self):
        self.document.save()

class ExitCommand:
    def __init__(self, window):
        self.window = window

    def execute(self):
        self.window.exit()
```

这些命令非常直接；它们只能用来阐明这一模式，不过一定要注意，如果需要的话，我们可以在这些命令对象中存储状态或其他信息。例如，如果我们有一个插入字符的命令，就可以保存当前插入的字符。

现在我们只需要将客户端和测试代码关联起来，让这些命令可以执行。作为基本的测试，我们直接将下面的代码放到脚本最后：

```python
window = Window()
document = Document("a_document.txt")
save = SaveCommand(document)
exit = ExitCommand(window)

save_button = ToolbarButton('save', 'save.png')
save_button.command = save
save_keystroke = KeyboardShortcut("s", "ctrl")
save_keystroke.command = save
exit_menu = MenuItem("File", "Exit")
exit_menu.command = exit
```

首先我们创建两个接收者和两个命令对象。然后创建几个触发者对象并为其设定正确的命令。之后就可以用 `python3 -i filename.py` 并运行一些代码来测试，例如 `exit_menu.click()` 将会退出程序，或者通过 `save_keystroke.keystroke()` 假装保存到文件。

不幸的是，前面的例子不够 Pythonic。其中存在很多"样板代码"（没有完成任何事，只是用来提供模式的架构的代码），而且 `Command` 类彼此都非常相似。也许我们可以创建一个共用的命令对象接收回调函数作为参数。

实际上，为什么要这么费劲呢？我们不能直接用函数或对象的方法来对应每个命令吗？不需要通过每个对象的 `execute()` 方法，我们可以直接写一个函数来作为命令。这才是 Python 中命令模式的常用范式：

```python
import sys

class Window:
    def exit(self):
        sys.exit(0)
```

```python
class MenuItem:
    def click(self):
        self.command()


window = Window()
menu_item = MenuItem()
menu_item.command = window.exit
```

这下看起来就更像 Python 代码了。第一眼看去，就好像我们彻底去掉了命令模式，直接将 menu_item 和 Window 类连接起来了。不过如果仔细看，会发现并不存在紧耦合。任何可执行对象都可以作为 MenuItem 的命令，这和之前一样。而 Window.exit 方法可以绑定到任何触发者。命令模式最大的灵活性已经实现了。我们为了可读性完全牺牲了解耦，但是在我看来，这个版本的代码对于很多 Python 程序员来说要比完全抽象的版本好维护得多。

当然，我们可以为任何对象添加 __call__ 方法，因此不需要限定为函数。前面的例子对于不需要维护状态信息的方法来说是一个很有用的捷径；不过在更复杂的应用中，我们也可以采用下面这段代码：

```python
class Document:
    def __init__(self, filename):
        self.filename = filename
        self.contents = "This file cannot be modified"

    def save(self):
        with open(self.filename, 'w') as file:
            file.write(self.contents)


class KeyboardShortcut:
    def keypress(self):
        self.command()


class SaveCommand:
    def __init__(self, document):
        self.document = document

    def __call__(self):
        self.document.save()
```

```
document = Document("a_file.txt")
shortcut = KeyboardShortcut()
save_command = SaveCommand(document)
shortcut.command = save_command
```

这里看起来就有点像第一个命令模式了，不过它更符合 Python 语言习惯。你会发现，触发者调用一个可调用对象而不是命令对象的 execute 方法，并不会对我们产生多大限制。实际上，它给了我们更大的灵活性。我们既可以直接使用一个函数，有必要的话也可以创建一个完整的可调用命令对象。

命令模式通常需要扩展支持撤销指令。例如，一个文本程序可能将每一次插入关联到一个不同的命令，这一命令不光有 execute 方法，还有一个 undo 方法用来删除刚刚插入的内容。一个绘图程序可能会将每一次绘制操作（长方形、线条、徒手绘画等）关联到一个命令，该命令拥有一个 undo 方法以重置像素到初始状态。在这些例子中，命令模式的解耦特性就显得更加有用了，因为每个动作都维护了足够的状态，以便用来撤销操作。

抽象工厂模式

抽象工厂模式通常用在不同配置或系统平台问题所导致的存在多种实现可能性的情况。调用者向抽象工厂请求对象时，并不知道会返回什么类。返回的底层实现可能依赖于很多因素，例如当前的位置、操作系统或本地的配置信息。

抽象工厂模式的一个常见例子就是跨平台的工具、数据库和不同国家特有的格式或计算器。跨平台的 GUI 工具可能通过抽象工厂模式返回不同的对象，例如在 Windows 系统下返回 WinForm 组件，在 Mac 系统下返回 Cocoa 组件，在 Gnome 环境下返回 GTK 组件，在 KDE 环境下返回 QT 组件。Django 框架提供了一个抽象工厂，其根据当前站点的配置，返回一组对象关系类来与不同的数据库（MySQL、PostgreSQL、SQLite 及其他数据库）进行交互。如果一个应用需要部署到不同地方，则只需要通过修改一个配置变量就可以使用不同的数据库。不同国家可能有不同的计税系统，抽象工厂可以返回一个特定的计税对象。

若没有具体的例子，抽象工厂模式的 UML 图会很难理解，所以让我们换一下顺序先来创建一个具体的例子。我们将会根据不同的地域信息返回不同的格式化标准，以对日期和货币进行格式化。我们需要创建一个抽象工厂类来为不同国家选择不同的工厂，还会创建几个具体的工厂，其中一个用于法国标准，另一个用于美国标准。它们都会为日期和时间返回不同格式化类，可用于格式化特定的值。下面是 UML 图。

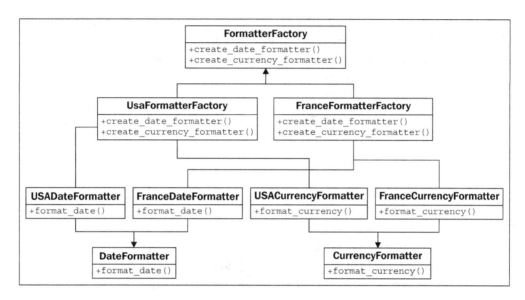

比较这个图和前面的简单文字描述，特别是图上还没有表示工厂选择的部分，你会发现"一图并不总是胜过千言"。

当然，在 Python 中，我们不需要任何接口类，因此可以忽略 DateFormatter、CurrencyFormatter 和 FormatterFactory。格式化类本身都是相当直接的：

```python
class FranceDateFormatter:
    def format_date(self, y, m, d):
        y, m, d = (str(x) for x in (y,m,d))
        y = '20' + y if len(y) == 2 else y
        m = '0' + m if len(m) == 1 else m
        d = '0' + d if len(d) == 1 else d
        return("{0}/{1}/{2}".format(d,m,y))


class USADateFormatter:
    def format_date(self, y, m, d):
        y, m, d = (str(x) for x in (y,m,d))
        y = '20' + y if len(y) == 2 else y
```

```
        m = '0' + m if len(m) == 1 else m
        d = '0' + d if len(d) == 1 else d
        return("{0}-{1}-{2}".format(m,d,y))


class FranceCurrencyFormatter:
    def format_currency(self, base, cents):
        base, cents = (str(x) for x in (base, cents))
        if len(cents) == 0:
            cents = '00'
        elif len(cents) == 1:
            cents = '0' + cents

        digits = []
        for i,c in enumerate(reversed(base)):
            if i and not i % 3:
                digits.append(' ')
            digits.append(c)
        base = ''.join(reversed(digits))
        return "{0}€{1}".format(base, cents)

class USACurrencyFormatter:
    def format_currency(self, base, cents):
        base, cents = (str(x) for x in (base, cents))
        if len(cents) == 0:
            cents = '00'
        elif len(cents) == 1:
            cents = '0' + cents
        digits = []
        for i,c in enumerate(reversed(base)):
            if i and not i % 3:
                digits.append(',')
            digits.append(c)
        base = ''.join(reversed(digits))
        return "${0}.{1}".format(base, cents)
```

这些类都使用一些基本的字符串操作来将可能的输入（整数、不同长度的字符串以及其他）转化为下列格式。

	美国	法国
日期	mm-ydd-yyy	dd/mm/yyyy
货币	$14,500.50	14 500€50

这段代码中很明显可以包含对输入的验证过程，但是对于这个例子来说我们就尽量保持简单吧。

现在已经有了这些格式化类，我们只需要创建格式化工厂：

```python
class USAFormatterFactory:
    def create_date_formatter(self):
        return USADateFormatter()
    def create_currency_formatter(self):
        return USACurrencyFormatter()


class FranceFormatterFactory:
    def create_date_formatter(self):
        return FranceDateFormatter()
    def create_currency_formatter(self):
        return FranceCurrencyFormatter()
```

然后，只要我们选择合适的格式化类即可。由于选择过程只需要执行一次，因此我们可以用单例模式——但单例模式在 Python 中并不是非常有用的。这里让我们直接用模块层的变量来代替它：

```python
country_code = "US"
factory_map = {
        "US": USAFormatterFactory,
        "FR": FranceFormatterFactory}
formatter_factory = factory_map.get(country_code)()
```

在这个例子中，我们硬编码了当前国家的代码。在实践中，可能需要检查当前所在区域、操作系统或者配置文件来选择这一代码。在这个例子中使用了一个字典将国家代码与工厂类进行关联，然后从字典中选择正确的类进行实例化。

如果需要添加对更多国家的支持，也很容易发现需要做什么：创建新的格式化类和抽象工厂。注意 Formatter 类是可能重用的，例如加拿大的货币格式和美国是一样的，不过其日期格式比这个南方的邻居合理得多。

抽象工厂通常返回一个单例对象，但这并不是必需的。在我们的代码中，每次调用时都返回一个新的格式化类的实例。当然也可以将其保存在实例变量中，每次都从工厂返回同一个实例。

回过头来再看这些例子，似乎仍有很多 Python 中根本没必要的样本代码。通常，可以通过不同的模块来表示不同的工厂类型（例如：美国和法国），然后确保每个工厂采用正确的模块。对于这样的模块，其目录结构可能是这样的：

```
localize/
    __init__.py
    backends/
        __init__.py
        USA.py
        France.py
        ...
```

这里的小技巧是，localize 包的 __init__.py 可以包含一些逻辑代码来将需求导向正确的工厂。有很多方法可以实现这一点。

如果我们知道 backend 永远不会动态改变（除非重启），我们只需要在 __init__.py 中添加 if 语句来检查当前的国家代码，然后用通常来说不能接受的 from .backends.USA import * 语法导入所有变量。或者，我们可以逐个导入并设定 current_backend 变量来指向特定的模块：

```
from .backends import USA, France


if country_code == "US":
    current_backend = USA
```

根据我们选择的不同方案，客户端代码可以调用 localize.format_date 或 localize.current_backend.format_date 来获取当前国家区域的日期格式。最后的结果远比初始的抽象工厂模式更 Pythonic，而且在一般应用过程中也更灵活。

复合模式

复合模式利用简单的成分构建复杂的树形结构。这些成分被称为复合对象。如果其包含子成分，则会像容器一样；如果其不包含子成分，则像一般的变量一样。复合对象像容器对象一样，可以嵌套。

按照传统，复合对象的每个成分要么是叶子节点（不能包含其他对象），要么是一个复合节点。关键在于复合节点和叶子节点可以拥有相同的接口。UML 图非常简单。

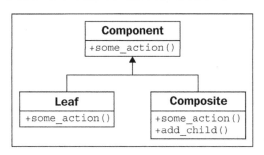

这种模式虽然简单，但是我们可以创建复杂的结构，其中每个元素都满足成分对象的接口。下面就是一个这种复杂结构的例子。

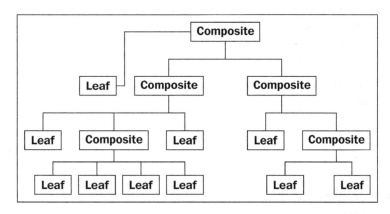

复合模式通常在文件/文件夹一样的树形结构中非常有用。不管树中的节点是文件还是文件夹，都可以作为移动、复制或删除等操作的对象。我们可以创建一个成分接口来支持这些操作，然后用复合对象表示文件夹，用叶子节点表示一般的文件。

当然，在 Python 中我们可以利用鸭子（duck）类型来隐式地提供这一接口功能，因此我们只需要写两个类。首先让我们定义这些接口：

```python
class Folder:
    def __init__(self, name):
```

```
        self.name = name
        self.children = {}

    def add_child(self, child):
        pass

    def move(self, new_path):
        pass

    def copy(self, new_path):
        pass

    def delete(self):
        pass

class File:
    def __init__(self, name, contents):
        self.name = name
        self.contents = contents

    def move(self, new_path):
        pass

    def copy(self, new_path):
        pass

    def delete(self):
        pass
```

对于每一个文件夹（复合）对象，我们都会保存一个孩子字典。通常来说，列表就足够了，不过在这个例子中用字典可以方便地通过名字查询孩子对象。路径将通过 / 符号分隔的节点名来定义，这和 UNIX shell 中的路径类似。

考虑涉及的几个方法，我们可以发现移动或删除节点的操作是类似的（不管是文件还是文件夹节点）。不过，复制对于文件夹节点来说就需要递归地执行，而对于文件节点的复制操作就很直接了。

为了利用操作的相似性，我们可以将一些通用方法抽象到父类。让我们回到刚刚抛弃的 Component 接口并改为一个基类：

```python
class Component:
    def __init__(self, name):
        self.name = name

    def move(self, new_path):
        new_folder =get_path(new_path)
        del self.parent.children[self.name]
        new_folder.children[self.name] = self
        self.parent = new_folder

    def delete(self):
        del self.parent.children[self.name]

class Folder(Component):
    def __init__(self, name):
        super().__init__(name)
        self.children = {}

    def add_child(self, child):
        pass

    def copy(self, new_path):
        pass

class File(Component):
    def __init__(self, name, contents):
        super().__init__(name)
        self.contents = contents

    def copy(self, new_path):
        pass

root = Folder('')
def get_path(path):
```

```
names = path.split('/')[1:]
node = root
for name in names:
    node = node.children[name]
return node
```

我们为 Component 类创建了 move 和 delete 方法。它们都访问了一个神奇的 parent 变量，我们尚未定义该变量。move 方法用了一个模块层的 get_path 函数，该函数可以从一个预先定义的根节点开始查找某个节点。所有文件都会被添加到根节点，或者根节点的某个子节点。对于 move 方法，移动的目的地应该是已经存在的文件夹，否则将会出现错误。和许多技术书籍中的例子一样，错误处理的部分都被忽略了，以帮助我们集中注意力于当前考虑的准则。

首先让我们来设定这个神奇的 parent 变量，这发生在文件夹的 add_child 方法中：

```
def add_child(self, child):
    child.parent = self
    self.children[child.name] = child
```

这已经够简单的了。让我们看看复合文件层级是否正常运行：

```
$ python3 -i 1261_09_18_add_child.py

>>> folder1 = Folder('folder1')
>>> folder2 = Folder('folder2')
>>> root.add_child(folder1)
>>> root.add_child(folder2)
>>> folder11 = Folder('folder11')
>>> folder1.add_child(folder11)
>>> file111 = File('file111', 'contents')
>>> folder11.add_child(file111)
>>> file21 = File('file21', 'other contents')
>>> folder2.add_child(file21)
>>> folder2.children
{'file21': <__main__.File object at 0xb7220a4c>}
>>> folder2.move('/folder1/folder11')
>>> folder11.children
```

```
{'folder2': <__main__.Folder object at 0xb722080c>, 'file111': <__main__.
File object at 0xb72209ec>}
>>> file21.move('/folder1')
>>> folder1.children
{'file21': <__main__.File object at 0xb7220a4c>, 'folder11': <__main__.
Folder object at 0xb722084c>}
```

是的，我们可以创建文件夹，向其他文件夹中添加文件夹或文件，并且可以四处移动！这些对文件层级结构来说还不够吗？

我们可能还想要实现复制操作。不过为了节省版面，这里就留作练习吧。

复合模式对于各种树形结构来说非常有用，包括 GUI 组件系统、文件系统、树形结构集合、图以及 HTML DOM。正如前面的例子所阐释的，当根据传统的方式实现时，这种模式在 Python 中是非常有用的。有时候，如果只需要层次很浅的树，我们可以用嵌套列表或字典来实现，而不需要实现自定义的成分、叶子以及复合类。另外有些时候，我们可以只实现一个复合类，并将叶子和复合对象看作同一个类。另外，Python 的鸭子类型可以很简单地向复合层级中添加其他对象，只要接口准确即可。

练习

在深入地进行每种设计模式的练习之前，首先花点时间实现前面 File 和 Folder 对象的 copy 方法。File 对象的方法应该很简单，只需要创建一个新的节点，名字和内容都和原来的一样，并添加到新的父文件夹中。Folder 对象的 copy 方法就有点复杂了，因为你首先需要复制目录，然后需要递归地复制每一个孩子到新的位置。你可以直接调用孩子的 copy() 方法，不管它是文件还是文件夹对象。这会让你理解复合模式是多么强大。

现在，和前面的章节一样，回过来看我们讨论过的这些模式，并考虑你可以实现它们的最理想的地方。你可以在已有的代码中应用适配器模式，因为它通常用于与已有库而不是新代码进行交互。你如何使用适配器来强制让两个接口进行正确的交互？

你可以想到一个足够复杂的系统能够正确地使用门面模式吗？考虑门面在真实生活场景中的用途，例如汽车的面向驾驶员接口，或者工厂的控制面板。在软件中也是类似的，只不过门面接口的用户是其他程序员，而不是经过训练的使用者。你最近的项目中有哪些复杂系统可以用到门面模式吗？

可能你没有巨大的消耗内存的代码需要用到享元模式，不过你能想象有哪些情况可以用到它吗？任何有大量重叠数据需要处理的地方都可以用到享元模式。在银行业是否有用？Web 应用呢？什么时候用享元模式才是合理的？什么时候又太过了？

命令模式呢？你能想象哪些常见的例子（当然，不常见的情况更好）中，解耦行为和触发者会很有用？看看你日常使用的程序，想象它们的内部实现机制。可能它们出于不同目的用了很多命令模式。

抽象工厂模式，或者我们讨论过的更加 Pythonic 的实现，在创建很多一键配置系统时很有用。你能想象有哪些有用的场景吗？

最后，考虑复合模式。在我们的编程过程中有很多树形结构。有些（像前面文件层级的例子）是很明显的，而另一些则可能相当微妙。复合模式很有用的时候是哪种情况？你能想象在自己的代码中哪里可以用到它吗？你能否稍微调试这一模式，例如叶子或复合节点是不同类型的对象？

总结

在本章中，我们深入学习了更多设计模式的细节，介绍了它们最权威的例子以及与传统面向对象语言相比更加灵活的 Python 中的实现方案。适配器模式用于匹配不同接口，门面模式则用于简化接口。享元模式比较复杂，只用于需要优化内存的情况。在 Python 中，命令模式通常用函数作为回调的实现方式。抽象工厂模式可以根据配置或系统信息在运行时进行自定义的实现。复合模式普遍用于树形结构。

在第 12 章中，我们将会讨论测试 Python 程序的重要性，以及如何进行测试。

第 **12** 章
测试面向对象程序

有经验的 Python 开发者都会同意测试软件开发中最重要的方面。即便这一章被放在了本书靠近最后的位置，但这并不代表它不重要。到目前为止，我们学过的所有内容在写测试过程中都将有所帮助。我们将会学习：

- 单元测试和测试驱动开发的重要性。
- 标准 unittest 模块。
- py.test 自动测试工具。
- mock 模块。
- 代码覆盖率。
- 利用 tox 进行跨平台测试。

为什么要测试

很多程序员已经知道了测试代码的重要性。如果你也是其中之一，那么可以跳过本节。你会发现下一节——我们将会真正地看到如何在 Python 中进行测试——更精彩。如果你还在怀疑测试的重要性，我敢保证你的代码已经失败了，只是你还不知道。读下去吧！

有些人认为由于 Python 的动态特性，因此测试 Python 代码显得更为重要。诸如 Java 和 C++之类的编译型语言有时候会被认为更加"安全"，因为它们会在编译时强制进行类型检查。但是，Python 测试很少会检查类型，它们检查的是值。它们会确保在正确的时间设定了正确的属性，或者序列拥有正确的长度、顺序和值。这些更高级的内容在所有语言中都需要进行测试。Python 程序员比其他语言的程序员进行更多测试的真正原因是对 Python

进行测试非常简单！

不过为什么要进行测试？我们真的需要测试吗？如果不测试会怎样？要回答这些问题，从头开始写一个 tic-tac-toe 游戏，不要进行任何测试。从开始到结束，直到写完之后再运行。如果两个玩家都是人类玩家（没有人工智能），那么实现 tic-tac-toe 相当简单。你甚至不需要计算谁胜出了。现在运行你的程序，并修复所有错误。一共有多少错误？我算了一下我实现的 tic-tac-toe 一共有 8 处错误，而且我还不能确定已经找到了全部错误。你呢？

我们需要测试代码来确保它能正确运行。直接运行程序，然后修复出现的错误，这本身就是一种比较粗鲁的测试形式。Python 程序员只要添加几行代码并运行程序，就能够确保其正常运行。不过修改几行代码可能影响程序的某一部分，而程序员可能没办法意识到这一点，因此不会去测试它。而且，随着程序的增长，解释器就有更多可能通过不同途径来执行这段代码，因此很快就会难以手动进行测试。

为了处理这种情况，我们需要写自动化测试。这些自动化测试程序会自动利用特定输入去执行其他程序或其中的某部分。运行这些测试程序几秒就会覆盖比程序员能够考虑到的更多情况。

写测试主要有以下 4 个原因：

- 确保代码按照开发者的想法运行。
- 确保当我们做出修改后，代码仍然能够继续运行。
- 确保开发者理解了需求。
- 确保我们写的代码拥有可维护的接口。

第一点实际上并不能作为测试过程所花费时间的借口，我们可以直接在交互式解释器中测试代码。不过当我们需要多次执行同样顺序的测试时，一次性地将这些步骤进行自动化并在后续随意测试，这样可以节省更多时间。不管是在初始开发阶段还是维护阶段，无论何时修改代码都进行测试，这是一个很好的习惯。当我们拥有一套全面的自动化测试程序时，就可以在修改代码之后运行它们，并且可以确保不会在不经意间破坏那些已经经过测试的代码。

最后两点更有趣，写测试有助于我们设计 API、接口或者设计模式。因此，如果我们误解了需求，写测试可以帮助我们找出这些误解之处。另一方面，如果我们不确定要怎样设计一个类，就可以写一个与之交互的测试，这样我们就知道了测试这个类最自然的方式。

实际上，通常在写代码之前先写测试会更有益处。

测试驱动开发

"先写测试"是测试驱动开发的箴言。测试驱动开发进一步拓展了"未经测试的代码就是坏掉的代码"的概念，认为只有还没写出来的代码才不需要测试。在写测试之前不要写任何代码。因此，写测试的第一步就是证明代码可以运行。显然，因为代码还没有写出来，肯定不会通过测试。然后写出代码确保测试能够通过。之后再为下一段代码写另外的测试。

测试驱动开发很有趣。它让我们构建谜题自己解答。实现了解答代码之后，我们构建更复杂的谜题，然后必须在解决了之前问题的情况下，再写代码解决新的谜题。

测试驱动的方法有两个目标。首先是确保真的写了测试。在我们写完代码之后，很容易会说："嗯，看起来没问题。没必要写测试了，只是一点小修改，不会有问题的。"如果我们在写代码之前先写了测试，就会明确地知道何时真的没有问题（因为测试已经通过了），而且未来一旦我们或他人对代码进行了修改，我们也会知道是否出现问题。

其次，先写测试将会强制我们考虑如何与这段代码进行交互。测试会告诉我们对象需要哪些方法，以及如何访问某些属性。其也能帮助我们将最初的问题分解为更小、可以测试的问题，然后将经过测试的解决方案整合成更大的也通过测试的解决方案。因此，写测试可以作为设计过程的一部分。通常，如果为新对象写测试，我们会发现设计的异常之处，并强迫我们重新考虑。

举个例子，想象我们用对象间的相互映射在数据库中存储对象属性，通常会为这些对象自动分配 ID。这些 ID 可能有很多不同的用处，如果在写这些代码之前先写测试，我们会发现这样设计的缺陷，因为对象只有在存储到数据库之后才会产生这样的 ID。如果在测试时不经存储就操作这些对象，我们在基于这一错误的前提之下写任何代码之前就能够发现问题。

测试让软件更好。在发布软件之前写测试可以避免用户看到或购买有问题的版本。（我工作过的一家公司信奉"用户会测试"的哲学，这并不是健康的商业模式！）在开发软件之前写测试让第一次开发也更好。

单元测试

让我们从 Python 的内置测试库开始探索。这个库为**单元测试**（unit test）提供了一个通用接口。单元测试在每次测试时都只注重于测试尽可能少量的代码。每一个单元测试都只测试所有代码中最小的单元。

不出意料，这个 Python 库名为 unittest。它提供了几个工具来创建并运行单元测试，其中最重要的就是 TestCase 类。这个类提供一系列方法来对值进行比较、设置测试以及在测试之后进行清理。

当我们想要为特定的任务写单元测试时，就创建一个 TestCase 的子类，并实现单独的方法来完成真正的测试内容。这些方法名必须都以 test 开始。遵循了这一惯例，这一测试方法将自动作为测试过程的一部分。一般来说，这些测试方法设定对象中的一些值，然后运行一个方法，并用内置的比较方法来确保计算结果是准确的。下面是一个非常简单的例子：

```python
import unittest


class CheckNumbers(unittest.TestCase):
    def test_int_float(self):
        self.assertEqual(1, 1.0)


if __name__ == "__main__":
    unittest.main()
```

这段代码创建了 TestCase 的一个子类，然后添加一个方法调用 TestCase.assertEqual。根据被比较的两个参数是否相等，这一方法要么成功，要么会抛出异常。如果执行这段代码，unittest 的 main 函数输出下面的内容：

```
.
----------------------------------------------------------------------
Ran 1 test in 0.000s

OK
```

你知道浮点数和整数可以是相等的吗？让我们添加一个失败测试：

```python
    def test_str_float(self):
```

```
    self.assertEqual(1, "1")
```

这段代码输出的结果就不那么友好了，因为整数和字符串不是相等的：

```
.F
========================================================
FAIL: test_str_float (__main__.CheckNumbers)
--------------------------------------------------------
Traceback (most recent call last):
  File "simplest_unittest.py", line 8, in test_str_float
    self.assertEqual(1, "1")
AssertionError: 1 != '1'


--------------------------------------------------------
Ran 2 tests in 0.001s

FAILED (failures=1)
```

第一行的点号说明第一个测试（前面写的那个）成功通过了，F 字母说明第二个测试失败了。然后，给出了测试错误相关的信息，以及失败数量。

一个 TestCase 可以有任意多数量的测试方法。只要方法名以 test 开头，运行测试时都会执行每一个方法。每个测试彼此之间应该是完全独立的。前一个测试的结果或计算过程不能影响当前的测试。写好单元测试的关键在于每个测试方法尽可能短，并测试尽可能少量的代码。如果你的代码不能很明显地分为可测试的单元，可能意味着你需要重新考虑自己的设计。

断言方法

一个测试的一般结构是将特定的变量设定为已知的值，执行一个或多个函数、方法或进程，然后用 TestCase 的断言方法"证明"返回或计算的结果是正确的。

有几个不同的断言方法可以用于确定特定的结果。我们刚刚见过了 assertEqual，如果两个参数不等价将会导致测试失败。相反，assertNotEqual 在两个参数相等时会导致失败。assertTrue 和 assertFalse 都只接受一个参数，如果不能通过 if 测试将会导致测试失败。这两个断言方法不是测试 True 或 False 两个布尔值，而是和 if 语句的测试条件一样：False、None、0 或者空列表、字典、字符串、集合或元组将会通过 assertFalse

方法的测试，而非零数字、非空容器或者 True 将会通过 assertTrue 方法的测试。

还有一个 assertRaises 方法，可以确保调用某个函数会抛出一个特定的异常，或者可以作为一个上下文管理器来包裹代码。如果 with 语句内的代码抛出合适的异常，将会通过测试；否则，将会失败。下面是几个方法的例子：

```python
import unittest

def average(seq):
    return sum(seq) / len(seq)

class TestAverage(unittest.TestCase):
    def test_zero(self):
        self.assertRaises(ZeroDivisionError,
                average,
                [])

    def test_with_zero(self):
        with self.assertRaises(ZeroDivisionError):
            average([])
if __name__ == "__main__":
    unittest.main()
```

上下文管理器让我们可以用正常的方式来写代码（直接调用函数或执行代码），而不需要用另外一个函数来打包。

还有其他几个断言方法如下表所示。

方　　法	说　　明
assertGreater assertGreaterEqual assertLess assertLessEqual	接受两个可比较的对象，并按照方法名的含义进行比较
assertIn assertNotIn	确保元素存在（或不存在）于容器对象中
assertIsNone assertIsNotNone	确保元素是（或不是）None（而不是其他非真值）
assertSameElements	确保两个容器对象包含相同的元素，不计顺序

续表

方　　法	说　　明
assertSequenceEqual assertDictEqual assertSetEqual assertListEqual assertTupleEqual	确保两个容器拥有同样的元素和顺序。如果不同则列出不同之处。后面 4 个方法还会比较容器的类型

每个断言方法都接受一个可选的 msg 参数。如果提供了这一参数，其将会在断言失败时出现在错误信息中。这些信息可用于说明期望的结果是什么，或者解释导致断言失败的错误可能出现在哪里。

减少模板代码并进行清理

写了几个小测试之后，我们发现对几个相关测试总是需要相似的设置代码。例如，下面这个 list 子类有 3 个方法是进行统计计算的：

```python
from collections import defaultdict

class StatsList(list):
    def mean(self):
        return sum(self) / len(self)

    def median(self):
        if len(self) % 2:
            return self[int(len(self) / 2)]
        else:
            idx = int(len(self) / 2)
            return (self[idx] + self[idx-1]) / 2

    def mode(self):
        freqs = defaultdict(int)
        for item in self:
            freqs[item] += 1
        mode_freq = max(freqs.values())
        modes = []
        for item, value in freqs.items():
            if value == mode_freq:
```

```
                    modes.append(item)
            return modes
```

显然，我们想要对这 3 个拥有非常相似的输入参数的方法进行测试，我们想要测试空列表或包含非数值的列表以及包含正常数据集的列表。我们可以用 TestCase 类的 setUp 方法对每一次测试进行初始化。这个方法不需要任何参数，允许我们在运行测试之前执行任何设定操作。例如，我们可以用同一个整数列表来测试这 3 个方法：

```python
from stats import StatsList
import unittest

class TestValidInputs(unittest.TestCase):
    def setUp(self):
        self.stats = StatsList([1,2,2,3,3,4])

    def test_mean(self):
        self.assertEqual(self.stats.mean(), 2.5)

    def test_median(self):
        self.assertEqual(self.stats.median(), 2.5)
        self.stats.append(4)
        self.assertEqual(self.stats.median(), 3)

    def test_mode(self):
        self.assertEqual(self.stats.mode(), [2,3])
        self.stats.remove(2)
        self.assertEqual(self.stats.mode(), [3])


    if __name__ == "__main__":
        unittest.main()
```

运行这个例子，将会通过所有测试。首先注意 setUp 方法从来没有在 3 个 test_* 方法中显式调用。测试工具为我们完成了这一步骤。更重要的是，注意 test_median 修改了列表，向其中添加了一个数字 4，然而当 test_mode 被调用时，列表又变回到 setUp 所返回的样子（如果没有重置，列表中就会出现两个 4，mode 方法将会返回 3 个值）。这说明 setUp 方法会在每次测试前单独调用，以确保在干净的状态下进行测试。测试可能以任何顺序执行，而其中一项测试的结果不应该受到其他测试的影响。

除了 setUp 方法外，TestCase 类还提供了一个无参数的 tearDown 方法，用于在每次测试完成之后进行清理。如果测试之后除了让对象被垃圾回收外，还需要其他的清理操作，这将会很有用。例如，如果我们会测试文件 I/O 的代码，可能会创建新文件，这成为测试的副作用。tearDown 方法可以移除这些文件，确保系统状态和测试之前相同。测试过程永远都不应该产生副作用。一般来说，我们会根据初始化代码的共同之处将测试方法分组到不同的 TestCase 子类。需要相同的（或相似的）初始化设置的测试方法将会被放到同一个类中，反之则会放到不同的类中。

组织和运行测试

单元测试很快就会快速增长起来，直至非常笨重。想要一次性载入、运行所有测试很快就会变得非常复杂。这本是单元测试的主要目标，应该能够运行所有测试并对"我刚刚的修改是否没有通过测试？"做出快速的"是或否"的回答。

Python 的 discover 模块会在当前目录或子目录的模块中搜索所有以 test 开头的名字。如果在这些模块中发现了 TestCase 对象，将会执行测试。这样很容易确保不会漏掉任何测试。只要让你的测试模块以 test_<something>的形式命名，然后运行 python3 -m unittest discover 即可。

忽略失败的测试

有时候，明知测试失败，但我们可能并不希望测试工具报告这一失败情况。这可能是因为失败或未完成的特征并不是我们当前所关注的；更可能是因为某些特征只有在特定系统、Python 版本或更高版本的特定库时才可用。Python 为我们提供了几个装饰器，可以标记预期就会失败或想要在已知条件下跳过的测试。

这些装饰器如下所示：

- expectedFailure()
- skip(reason)
- skipIf(condition, reason)
- skipUnless(condition, reason)

可以用 Python 的装饰器语法来使用。第一个不用参数，告诉测试运行者不要记录失败的测试。skip 方法更进一步，干脆不运行测试。它接受一个字符串参数用于描述跳过测试的原因。另外两个装饰器接受两个参数：一个是布尔表达式，用于说明是否运行这一测试；另一个是类似的描述信息。在实践应用中，这几个装饰器可能这样使用：

```python
import unittest
import sys

class SkipTests(unittest.TestCase):
    @unittest.expectedFailure
    def test_fails(self):
        self.assertEqual(False, True)

    @unittest.skip("Test is useless")
    def test_skip(self):
        self.assertEqual(False, True)

    @unittest.skipIf(sys.version_info.minor == 4,
            "broken on 3.4")
    def test_skipif(self):
        self.assertEqual(False, True)

    @unittest.skipUnless(sys.platform.startswith('linux'),
            "broken unless on linux")
    def test_skipunless(self):
        self.assertEqual(False, True)

if __name__ == "__main__":
    unittest.main()
```

第一个测试失败了，但是将报告为意料之中的失败。第二个测试没有运行。另外两个测试会根据当前 Python 版本和操作系统的不同来决定是否允许运行。在我所用的 Linux 系统和 Python 3.4 中，输出结果如下所示：

```
xssF
==============================================================
FAIL: test_skipunless (__main__.SkipTests)
```

```
--------------------------------------------------------------
Traceback (most recent call last):
  File "skipping_tests.py", line 21, in test_skipunless
    self.assertEqual(False, True)
AssertionError: False != True


--------------------------------------------------------------

Ran 4 tests in 0.001s

FAILED (failures=1, skipped=2, expected failures=1)
```

第一行的 x 表示意料之中的失败；两个 s 字母表示跳过的测试，F 表示真正的失败，因为 skipUnless 所判断的条件在我的操作系统上结果是 True。

用 py.test 进行测试

Python 的 unittest 模块需要大量的模板代码和初始化设置，它是基于 Java 中非常著名的 JUnit 测试框架开发的。其甚至用了同样的方法名（你可能已经注意到这些方法名不符合 PEP-8 的命名标准，PEP-8 建议使用下画线而非驼峰命名方式来划分方法名中的单词）和测试结构。虽然这在测试 Java 程序时非常有效，但并不意味着是 Python 测试的最好设计。

因为 Python 开发者喜欢让他们的代码保持优雅、简洁，所以除了标准库之外，他们还开发了其他的测试框架。其中比较著名的两个测试框架分别是 py.test 和 nose。前者更加稳定并且对 Python 3 的支持更早，因此我们将在这里讨论它。

由于 py.test 不是标准库，因此你需要自己下载安装。你可以从 py.test 的主页 http://pytest.org 下载。官网上有详尽的安装说明，但是你完全可以用更常用的 Python 包管理工具 pip 来安装。只需要在命令行中输入 pip install pytest 即可。

py.test 和 unittest 模块的结构存在本质上的差异。它不要求测试对象一定是类。它利用 Python 中函数也是对象的优势，可以让任意命名合适的函数成为测试。它使用 assert 语句而不是一堆自定义的方法进行断言，以确认结果准确。这使得测试更可读以及可维护。当运行 py.test 时，它会从当前目录开始，搜索所有模块和子模块，找到以 test_ 开头的名字。如果这些模块下有以 test 开头的函数，它们将会作为单独的测试来运行。而且，如果有名字以 Test 开头的类，其中名字以 test_ 开头的方法将会在当前测试环境下执行。

让我们将前面那个最简单的 unittest 示例改写为 py.test 版本的：

```
def test_int_float():
    assert 1 == 1.0
```

对于同样的测试内容，和 unittest 版本的 6 行代码相比，我们只用了两行可读性更强的代码。

当然，我们也可以写基于类的测试。类可以将需要访问相关属性或方法的测试组合到一起。下面这个例子使用了一个扩展类，其中包括一个可以通过的测试和一个将会失败的测试。我们将会看到其输出的错误信息比 unittest 模块提供的错误信息更容易理解：

```
class TestNumbers:
    def test_int_float(self):
        assert 1 == 1.0

    def test_int_str(self):
        assert 1 == "1"
```

注意这个类并不需要继承任何特定的对象（虽然 py.test 也可以运行 unittest 的 TestCases）。如果我们执行 py.test <filename>，结果将会是这样的：

```
============== test session starts ==============
python: platform linux2 -- Python 3.4.1 -- pytest-2.6.4
test object 1: class_pytest.py

class_pytest.py .F

=================== FAILURES====================
_____ TestNumbers.test_int_str _____

self = <class_pytest.TestNumbers object at 0x85b4fac>

    def test_int_str(self):
>       assert 1 == "1"
```

```
E          assert 1 == '1'

class_pytest.py:7: AssertionError
====== 1 failed, 1 passed in 0.10 seconds =======
```

输出信息首先是一些关于操作系统和解释器版本的信息，可以用于在不同系统之间共享问题。第 3 行告诉我们正在测试的文件名（如果有多个测试模块，则都会展示出来），然后就是我们熟悉的 .F（这和我们在 unittest 模块中看到的一样）。.字符代表通过了测试，F 则说明测试失败。

所有测试都执行完之后，将会展示每一个错误信息。这包括局部变量（这个例子中只有一个：传入函数的 self 参数）的总结、发生错误的源码，以及错误消息。除此之外，如果抛出 AssertionError 之外的异常，py.test 将会展示完整的回溯信息，包括源码。

默认情况下，如果测试成功，py.test 会禁用 print 语句的输出。这对于测试问题很有用，当测试失败时，我们可以添加 print 语句来检查测试运行过程中一些指定变量或属性的值。如果测试失败，这些打印出来的信息就有助于我们诊断问题。不过，一旦测试成功，print 语句将不会展示出来，这很容易被忽略。我们不需要移除 print 语句来"清理"这些输出。如果由于未来的某些修改导致测试再次失败，调试用的这些输出信息将会再次展现出来。

一种完成设置和清理的方式

py.test 支持和 unittest 类似的设置和清理的方法，不过更加灵活。因为我们对这些方法已经比较熟悉了，所以这里就简要讨论一下。不过这些方法不会像在 unittest 里那么经常被用到，因为 py.test 提供了另外一种强有力的函数参数工具（我们将在下一节讨论）。

如果我们要写基于类的测试，可以用名为 setup_method 和 teardown_method 的两个方法，用法基本上和 unittest 中的 setUp 与 tearDown 一样。它们分别在每次测试开始和结束时被调用，以完成初始化设置和清理的任务。不过与 unittest 中的方法相比，这里有一处不同，这两个方法都接受一个参数：代表被调用方法的函数对象。

除此之外，py.test 还提供其他的设置和清理函数，让我们拥有更多掌控权。setup_class 和 teardown_class 方法是类方法，它们只接受一个参数（没有 self

参数），指代类本身。

最后，还有 setup_module 和 teardown_module 函数，它们在模块中的所有测试（无论是函数还是类）之前和之后运行。它们对于"一次性"设置很有用，例如创建套接字连接或数据库连接，并用于模块中的所有测试。对此要小心使用，如果设置的对象保存了一些状态，则可能会意外地造成测试之间的依赖。

这段简短的描述并不能很好地解释这些方法何时被调用，让我们来看一个例子：

```python
def setup_module(module):
    print("setting up MODULE {0}".format(
        module.__name__))


def teardown_module(module):
    print("tearing down MODULE {0}".format(
        module.__name__))


def test_a_function():
    print("RUNNING TEST FUNCTION")


class BaseTest:
    def setup_class(cls):
        print("setting up CLASS {0}".format(
            cls.__name__))

    def teardown_class(cls):
        print("tearing down CLASS {0}\n".format(
            cls.__name__))

    def setup_method(self, method):
        print("setting up METHOD {0}".format(
            method.__name__))

    def teardown_method(self, method):
        print("tearing down METHOD {0}".format(
            method.__name__))
```

```
class TestClass1(BaseTest):
    def test_method_1(self):
        print("RUNNING METHOD 1-1")

    def test_method_2(self):
        print("RUNNING METHOD 1-2")

class TestClass2(BaseTest):
    def test_method_1(self):
        print("RUNNING METHOD 2-1")

    def test_method_2(self):
        print("RUNNING METHOD 2-2")
```

BaseTest 类的唯一目的是提取出这 4 个方法,否则它们对测试类来说是完全一样的;然后通过继承来减少重复代码。这样一来,在 py.test 看来,这两个子类不仅拥有两个测试方法,还拥有两个设置和清理方法(一个是类层面的,另一个是方法层面的)。

如果用 py.test 执行这些测试,并禁用 print 函数(通过-s 或--capture=no),将会展示这些函数在测试过程中何时被调用:

```
py.test setup_teardown.py -s
setup_teardown.py
setting up MODULE setup_teardown
RUNNING TEST FUNCTION
.setting up CLASS TestClass1
setting up METHOD test_method_1
RUNNING METHOD 1-1
.tearing down METHOD test_method_1
setting up METHOD test_method_2
RUNNING METHOD 1-2
.tearing down METHOD test_method_2
tearing down CLASS TestClass1
setting up CLASS TestClass2
setting up METHOD test_method_1
RUNNING METHOD 2-1
.tearing down METHOD test_method_1
```

```
setting up METHOD test_method_2
RUNNING METHOD 2-2
.tearing down METHOD test_method_2
tearing down CLASS TestClass2

tearing down MODULE setup_teardown
```

模块的设置和清理方法在测试开始之前和之后执行。然后运行唯一的模块层测试函数。接下来，执行第一个类的设置方法，之后是两个测试方法。这两个测试都在单独的 `setup_method` 和 `teardown_method` 方法之间执行。执行完这些测试之后，接下来运行类清理方法。第二个类也按照这个顺序，最后是一次性执行的 `teardown_module`。

一种完全不同的设置变量的方式

各种设置和清理函数最常用于确保特定的类或模块变量能够在每次测试运行前设定为指定的值。

`py.test` 提供了一种完全不同的方式来完成这项任务，其被称为 **funcarg**（它是函数参数的缩写）。基本上函数参数就是一些提前定义在测试配置文件中的命名变量。这样就可以将配置文件与测试区分开，同时可以在不同类与模块之间使用函数参数。

我们向测试函数中添加参数来使用它，参数名用于在特定名称的函数中查找特定的参数。例如，如果我们想要测试前面用来说明 `unittest` 的 `StatsList` 类，就可能想要重复测试一系列整数列表。不过我们可以像下面这样来写测试，不需要用到设置方法：

```python
from stats import StatsList


def pytest_funcarg__valid_stats(request):
    return StatsList([1,2,2,3,3,4])


def test_mean(valid_stats):
    assert valid_stats.mean() == 2.5


def test_median(valid_stats):
    assert valid_stats.median() == 2.5
    valid_stats.append(4)
    assert valid_stats.median() == 3
```

```
def test_mode(valid_stats):
    assert valid_stats.mode() == [2,3]
    valid_stats.remove(2)
    assert valid_stats.mode() == [3]
```

　　这 3 个测试方法都接受一个名为 valid_stats 的参数，这个参数是通过调用定义在最上方的 pytest_funcarg__valid_stats 函数创建的。如果可能用在多个模块中，也可以定义在一个名为 conftest.py 的文件中。py.test 解析 conftest.py 文件并加载所有"全局"测试配置，在使用 py.test 的过程中，它就像一种捕捉所有遗漏的过程。

　　和 py.test 的其他特征一样，返回函数参数的方法名很重要。函数参数的名字应该是 pytest_funcarg__<identifier> 格式的，其中 <identifier> 是一个合法变量名，用作测试函数的参数。这个函数接受一个神奇的 request 参数，并返回作为测试函数参数的对象。每次测试都会重新创建函数参数，这样即使我们在一次测试中修改了列表的内容，在下一个测试中又会重新设定为原始值。

　　函数参数不仅仅只是返回基本的变量。传入函数参数工厂方法的 request 对象提供了一些非常有用的方法和属性，从而可以修改函数参数的行为。我们可以通过 module、cls 和 function 属性准确地知道是哪个测试正在请求函数参数。config 属性可以查询命令行参数以及其他配置数据。

　　更有趣的是，request 对象还提供针对函数参数的清理方法，或者在不同测试过程中重复使用的方法，以及完成在特定范围内进行设置和清理的任务。

　　request.addfinalizer 方法接受一个回调函数，可以在每个使用该函数参数的测试结束之后执行清理任务。这和清理函数的作用一样，可以清理文件、关闭连接、请空列表或重置队列等。例如，下面的代码通过 funcarg 创建临时目录来测试 os.mkdir 的功能：

```
import tempfile
import shutil
import os.path

def pytest_funcarg__temp_dir(request):
    dir = tempfile.mkdtemp()
```

```
        print(dir)

        def cleanup():
            shutil.rmtree(dir)
        request.addfinalizer(cleanup)
        return dir

    def test_osfiles(temp_dir):
        os.mkdir(os.path.join(temp_dir, 'a'))
        os.mkdir(os.path.join(temp_dir, 'b'))
        dir_contents = os.listdir(temp_dir)
        assert len(dir_contents) == 2
        assert 'a' in dir_contents
        assert 'b' in dir_contents
```

funcarg 创建了一个新的临时目录用来存放创建的文件。然后添加了一个收尾函数，在测试结束后可以移除目录（用 shutil.rmtree 可以递归地删除目录及其内部所有内容）。这样测试之后文件系统将会保持初始状态不变。

我们可以用 request.cached_setup 方法来创建函数参数变量，使其维持不止一个测试。它可以用于执行比较昂贵的操作并且需要在多个测试之间重复使用，只要重复利用这些昂贵资源的时候不会破坏测试的原子或单元特性（这样测试之间就不会相互依赖）即可。例如，如果我们要测试下面这个响应服务器，我们只想在一个单独的进程中运行一个服务器，然后多个测试与其建立连接：

```
    import socket

    s = socket.socket(socket.AF_INET, socket.SOCK_STREAM)
    s.setsockopt(socket.SOL_SOCKET, socket.SO_REUSEADDR, 1)
    s.bind(('localhost',1028))
    s.listen(1)

    while True:
        client, address = s.accept()
        data = client.recv(1024)
        client.send(data)
        client.close()
```

　　上面这段代码监听一个特定的端口，然后等待客户端的输入。一旦其接收到输入，将会把输入值原路返回。要测试它，我们可以通过另一个进程启动服务器并缓存起来供多个测试使用。测试代码如下所示：

```python
import subprocess
import socket
import time


def pytest_funcarg__echoserver(request):
    def setup():
        p = subprocess.Popen(
                ['python3', 'echo_server.py'])
        time.sleep(1)
        return p

    def cleanup(p):
        p.terminate()

    return request.cached_setup(
            setup=setup,
            teardown=cleanup,
            scope="session")

def pytest_funcarg__clientsocket(request):
    s = socket.socket(socket.AF_INET, socket.SOCK_STREAM)
    s.connect(('localhost', 1028))
    request.addfinalizer(lambda: s.close())
    return s

def test_echo(echoserver, clientsocket):
    clientsocket.send(b"abc")
    assert clientsocket.recv(3) == b'abc'

def test_echo2(echoserver, clientsocket):
    clientsocket.send(b"def")
    assert clientsocket.recv(3) == b'def'
```

这里我们创建了两个函数参数。第一个函数参数在另一个进程中启动响应服务器，并返回进程对象。第二个函数参数为每个测试实例化了一个新的套接字对象，并利用 addfinalizer 在测试结束之后关闭。第一个函数参数是我们目前所关注的。它和传统单元测试中的设置和清理方法类似。我们创建了一个 setup 函数，该函数不需要任何参数即可返回正确的参数。在这个例子中，返回的是一个实际上不会用到的进程对象，因为测试过程只要求服务器保持运行即可。然后，我们创建了一个 cleanup 函数（函数名是随意的，因为它只是传递给另一个函数的对象），它接受一个参数：setup 函数所返回的参数。cleanup 函数会终止服务器所在的进程。

工厂函数并没有直接返回函数参数，而是返回 request.cached_setup 函数所返回的结果。这一函数接受 setup 和 teardown 参数（也就是我们刚刚创建的两个函数），以及一个 scope 参数。最后一个参数应该是以下 3 个字符串之一："function"、"module"、"session"，它用于决定函数参数将会缓存的时间。我们在这个例子中将其设定为"session"，因此会一直缓存到 py.test 运行结束。直到所有测试运行结束之前都不会结束或重启这一缓存过程。"module"当然是缓存到本模块的所有测试结束；而"function"则是将其当作正常的函数参数，即在每次测试函数运行完之后重置。

在 py.test 中跳过测试

和 unittest 模块类似，py.test 也经常因为种种原因而需要跳过某些测试：需要测试的代码还没写完；只在特定的解释器或操作系统上运行测试；或者测试时间很长，且只有在特定情形下才需要运行。

我们可以用 py.test.skip 函数在代码中的任意位置上跳过测试。它接受一个参数：描述为何要跳过测试的字符串。可以在任何位置调用这个函数。如果在测试函数之内调用，这个测试将会被跳过。如果在模块层调用，本模块中的所有测试都会被跳过。如果在函数参数中调用，则所有使用这一函数参数的测试都将被跳过。

当然，在所有这些地方，我们通常希望特定条件下才会跳过。由于可以在 Python 代码的任何位置上执行 skip 函数，因此我们可以在 if 语句内部调用。我们可以写出这样的测试：

```
import sys
import py.test


def test_simple_skip():
```

```
if sys.platform != "fakeos":
    py.test.skip("Test works only on fakeOS")

fakeos.do_something_fake()
assert fakeos.did_not_happen
```

当然，这段代码比较蠢。没有哪个 Python 平台名为 fakeos，因此在所有操作系统上的这个测试都会被跳过。不过这说明了我们可以有条件地跳过测试，而且 if 语句可以检查各种条件是否满足，因此我们可以随意决定是否跳过某些测试。通常，我们会通过 sys.version_info 来检查 Python 解释器的版本，通过 sys.platform 来检查当前操作系统，或者通过 some_library.__version__ 来检查给定 API 的版本是否够新。

由于根据特定条件来决定是否跳过某次测试或某个函数非常常用，py.test 为此提供了方便的装饰器，让我们可以用一行代码实现。这个装饰器接受一个字符串参数，其必须包含一段可执行的 Python 代码且返回布尔类型的值。例如，下面的测试只能在 Python 3 及以上的版本下运行：

```
import py.test

@py.test.mark.skipif("sys.version_info <= (3,0)")
def test_python3():
    assert b"hello".decode() == "hello"
```

py.test.mark.xfail 装饰器的行为与之类似，只是它会将测试标记为意料之中的失败，这和 unittest.expectedFailure()类似。如果测试通过，将会标记为失败；如果测试失败，将会记录为意料之中的行为。对于 xfail 来说，条件参数是可选的。如果不提供该参数，测试在所有条件下都将被标记为预期失败。

模拟昂贵的对象

有时候我们想要测试时，需要提供的对象要么太昂贵，要么太难构造。虽然这可能意味着我们需要重新设计自己的 API 以使其接口更易测试（通常也意味着更可用的接口），但我们有时候却发现写出来的测试代码有一大堆的模板代码，而构造出来的对象只与被测试的代码有些许关联。

　　例如，想象我们有一些追踪航班状态并存储在键-值（例如 redis 或 memcache）中的代码，这样我们就能存储时间戳以及最近的状态。一个最基本的版本可能如下所示：

```
import datetime
import redis

class FlightStatusTracker:
    ALLOWED_STATUSES = {'CANCELLED', 'DELAYED', 'ON TIME'}

    def __init__(self):
        self.redis = redis.StrictRedis()

    def change_status(self, flight, status):
        status = status.upper()
        if status not in self.ALLOWED_STATUSES:
            raise ValueError(
                "{} is not a valid status".format(status))

    key = "flightno:{}".format(flight)
    value = "{}|{}".format(
        datetime.datetime.now().isoformat(), status)
    self.redis.set(key, value)
```

　　对于 change_status 方法我们有很多需要测试的地方。我们需要检查传入错误状态时是否抛出合适的异常，需要确保将状态转化为大写。我们可以看到调用 redis 对象的 set() 方法时，键值拥有正确的格式。

　　不过，在我们的单元测试中有一点是不需要检查的，那就是 redis 对象是否正确地存储了这些数据。这些绝对应该在整合或应用测试中进行检查；不过在单元测试层面上，我们应该假设 py-redis 开发者们已经测试了他们的代码，这个方法应该能够满足我们的需要。作为一条准则，单元测试应该是自包含的，不依赖于外部资源（例如运行中的 Redis 实例）。

　　实际上我们只需要测试 set() 方法被调用了适当的次数并且使用了合适的参数。我们可以用 Mock() 对象来替换这个麻烦的方法。下面的例子说明了 mock 的用途：

```
from unittest.mock import Mock
import py.test
```

```
def pytest_funcarg__tracker():
    return FlightStatusTracker()

def test_mock_method(tracker):
    tracker.redis.set = Mock()
    with py.test.raises(ValueError) as ex:
        tracker.change_status("AC101", "lost")
    assert ex.value.args[0] == "LOST is not a valid status"
    assert tracker.redis.set.call_count == 0
```

这段测试用 py.test 的语法，诊断当不合适的参数传入时是否抛出正确的异常。除此之外，还创建了一个 mock 对象来替代 set 方法以避免它被调用。如果 set 方法被调用了，就说明我们处理异常的代码中存在错误。

在这个例子中只需替换方法即可，因为被替换的对象最终会被销毁。不过，我们通常只想在测试过程中替换某个函数或方法。例如，如果想要在 mock 方法中测试时间戳的格式，我们需要明确地知道返回的 datetime.datetime.now()。然而，该值每次运行都是不同的。我们需要通过某种方式将其固定为特定值，这样我们就可以进行准确的测试了。

还记得 monkey-patching 吗？它很棒的一个用途就是暂时地将一个库函数设定为特定值。mock 库提供了一个上下文管理器补丁，允许我们用 mock 对象替换既有库中的属性。当退出上下文管理器时，原始属性的值会自动重置，以防止影响其他测试。举例如下：

```
from unittest.mock import patch
def test_patch(tracker):
    tracker.redis.set = Mock()
    fake_now = datetime.datetime(2015, 4, 1)
    with patch('datetime.datetime') as dt:
        dt.now.return_value = fake_now
        tracker.change_status("AC102", "on time")
    dt.now.assert_called_once_with()
    tracker.redis.set.assert_called_once_with(
        "flightno:AC102",
        "2015-04-01T00:00:00|ON TIME")
```

在这个例子中，我们首先构造了一个名为 fake_now 的值，之后将会作为 datetime.datetime.now 函数的返回值。我们必须在为 datetime.datetime 打补丁之前构造这一对象，否则将会变成调用补丁之后的 now 函数！

with 语句将 datetime.datetime 模块替换为一个 mock 对象，即 dt。mock 对象的好处在于无论何时访问这一对象的属性或方法，都会返回另外一个 mock 对象。因此当我们访问 dt.now 时，它向我们返回一个新的 mock 对象。我们将 return_value 设定为 fake_now 对象，这样一来，无论何时调用 datetime.datetime.now 函数，都会返回我们的对象而不是一个新的 mock 对象。

接下来，通过一个已知的值来调用 change_status 方法之后，我们用 mock 对象的 assert_called_once_with 函数来确保 now 函数确实被不加参数地调用了一次。然后我们第二次调用它来证明 redis.set 方法使用了我们想要的格式的参数。

前一个例子很好地展示了写测试是如何指导我们的 API 设计的。FlightStatusTracker 对象第一眼看起来设计合理，我们在构造对象时同时建立了 redis 连接，并在需要时进行调用。然而，当我们为这段代码编写测试代码时，我们发现即使模拟了 FlightStatusTracker 对象的 self.redis 变量，仍然需要建立 redis 连接。实际上如果 Redis 服务器没有运行，这次调用就会失败，而我们的测试也会失败。

我们可以模拟一个 redis.StrictRedis 并在 setUp 方法中返回。不过更好的办法可能是重新考虑我们的设计。我们可能应该让用户传入，而不是在 __init__ 方法中构造 redis 实例，如下：

```python
def __init__(self, redis_instance=None):
    self.redis = redis_instance if redis_instance else redis.StrictRedis()
```

这样我们就可以在测试的时候传入 mock 对象，进而永远不需要构造 StrictRedis 实例。不过，这样一来也会允许任何可以与 FlightStatusTracker 对象交流的客户端代码都能传入自己的 redis 实例。客户端代码有很多理由这么做：可能是因为它们已经在其他部分构造了一个实例；可能是因为它们创建了优化版的 redis API；可能是因为它们正在将日志写到网络监控系统上。通过写单元测试，我们已经发现了让 API 变得更灵活的用例，而不需要等待客户提出需求。

以上就是对 mock 代码的简单介绍。从 Python 3.3 开始，mock 对象就出现在标准库 unittest 中了，但是正如你在这些例子中所看到的，它们也可以用在 py.test 和其他库。当你的代码变得越来越复杂时，mock 还有其他更高级的特征可以帮助你。例如，你可以用 spec 参数让 mock 对象模拟已有的类，这样一来当访问被模拟对象中不存在的属性时，将会抛出异常。你也可以通过传递 side_effect 列表参数，使 mock 方法每次返回不同的参数。side_effect 参数有很多用途，你也可以在 mock 方法被调用或抛出异常时用来执行任意函数。

一般来说，你应该小心使用 mock。如果我们在某个单元测试中模拟了太多元素，那可能最终测试的是 mock 框架而不是我们自己真正的代码。无论如何，这样是没什么用的，毕竟 mock 本身已经经过足够的测试了！如果我们自己的代码做了太多这样的测试，就可能又一次标志着正在测试的 API 设计存在问题。mock 应该存在于被测试代码和与之交互的库之间的交界处。如果并非如此，我们可能需要修改 API，从而重新设定这一边界。

多少测试才足够

我们已经确信未经过测试的代码就是有问题的代码。但是我们如何判断自己代码的测试程度呢？我们又如何知道自己的代码有多少经过了测试以及有多少代码存在问题？第一个问题更加重要，但是也更难回答。即便我们已经知道测试了每一行，但还是不能确定已经通过了测试。例如我们对统计代码的测试只检查了传入整数列表的情况，那么用在浮点数、字符串或者自定义对象上时，仍然有可能会失败。设计完备测试的责任仍然在程序员身上。

第二个问题——我们的代码有多少经过了测试——很容易确认。代码覆盖率本质上就是对程序中所运行代码行数的估计。如果我们知道了这个数字，并且知道程序代码的总行数，就能够估计有多大比例的代码真正经过了测试（或者说被覆盖）。如果我们另外还有一个对未测试代码的指标，那么就可以更容易写新的测试，以确保这些代码不会有问题。

测试代码覆盖率最流行的工具，名字很好记，就叫作 coverage.py。可以和其他第三方库一样使用如下命令安装：pip install coverage。

本书没有足够的篇幅来细数 coverage API 的所有细节，因此让我们看几个比较典型的例子。如果我们用一个 Python 脚本来运行所有的单元测试（例如，用 unittest.main 或 discover），就可以用下面的命令进行覆盖率分析：

```
coverage run coverage_unittest.py
```

这条指令可以正常结束，但是会创建一个名为.coverage 的文件存储此次运行的结果。

然后我们就可以用 coverage report 命令来获取代码覆盖率的分析结果了：

```
>>> coverage report
```

输出结果如下：

```
Name                  Stmts      Exec   Cover
------------------------------------------------
coverage_unittest        7         7    100%
stats                   19         6     31%
------------------------------------------------
TOTAL                   26        13     50%
```

这项基本报告列出了被执行的文件（我们的单元测试以及导入的模块）、每个文件中的代码行数，以及被执行的行数。通过这两个数字可以估计代码覆盖率。如果为报告命令指定 -m 选项，结果会额外增加一列：

```
Missing
-----------
8-12, 15-23
```

这里列出的行范围指明 stats 模块中在本次测试过程中没有执行过的代码。

我们刚刚用代码覆盖率工具运行的 stats 模块和前面章节所创建的一样。只不过它只用了一个测试，该文件中的大部分代码都未经测试。下面是测试内容：

```python
from stats import StatsList
import unittest

class TestMean(unittest.TestCase):
    def test_mean(self):
        self.assertEqual(StatsList([1,2,2,3,3,4]).mean(), 2.5)


if __name__ == "__main__":

    unittest.main()
```

这段代码没有测试 median 或 mode 函数，也就是覆盖率报告中告诉我们所遗漏的行。

文本报告已经足够了，不过如果使用 coverage html 命令，我们能够获得更花哨的交互式 HTML 报告，这可以在 Web 浏览器中查看。网页上甚至高亮显示了源码中未经测试的部分，这部分内容看起来如下所示。

我们可以将 coverage.py 模块用于 py.test，不过需要通过 pip install pytest-coverage 命令为 py.test 安装代码覆盖率插件。这一插件为 py.test 添加了几个命令行选项参数，其中最有用的就是--cover-report，可以设定为 html、report 或 annotate（后者修改源代码并标记未被测试的部分）。

不幸的是，如果针对本节中的代码运行一次覆盖率报告，我们会发现它并不能展现代码覆盖率的信息！我们可以在程序（或测试）内部使用 coverage 的 API 来管理代码的覆盖率，coverage.py 还有很多我们没涉及的配置选项。我们也没有讨论过语句覆盖率和分支覆盖率（后者更有用，并且是当前版本 coverage.py 的默认选择）或其他风格的代码覆盖率之间的区别。

时刻记住，虽然 100%的代码覆盖率是我们都应该努力追求的崇高目标，但 100%的覆盖率仍然不够！仅仅测试了某条语句并非意味着对所有可能的输入都经过了适当的测试。

案例学习

让我们通过写一个小型的、经过测试的密码应用来逐步感受一下基于测试的开发。不要担心，你不需要理解 Threefish 或 RSA 之类复杂的加密算法背后的数学原理。我们将实现一个 16 世纪的维吉尼亚密码算法。这个应用只需要能够根据给定的密钥，对消息进行编码和解码即可。

首先，我们需要理解如果手动（不用计算机），如何使用这一加密算法。首先我们需要这样一个表：

```
A B C D E F G H I J K L M N O P Q R S T U V W X Y Z
B C D E F G H I J K L M N O P Q R S T U V W X Y Z A
C D E F G H I J K L M N O P Q R S T U V W X Y Z A B
D E F G H I J K L M N O P Q R S T U V W X Y Z A B C
E F G H I J K L M N O P Q R S T U V W X Y Z A B C D
F G H I J K L M N O P Q R S T U V W X Y Z A B C D E
G H I J K L M N O P Q R S T U V W X Y Z A B C D E F
H I J K L M N O P Q R S T U V W X Y Z A B C D E F G
I J K L M N O P Q R S T U V W X Y Z A B C D E F G H
J K L M N O P Q R S T U V W X Y Z A B C D E F G H I
K L M N O P Q R S T U V W X Y Z A B C D E F G H I J
L M N O P Q R S T U V W X Y Z A B C D E F G H I J K
M N O P Q R S T U V W X Y Z A B C D E F G H I J K L
N O P Q R S T U V W X Y Z A B C D E F G H I J K L M
O P Q R S T U V W X Y Z A B C D E F G H I J K L M N
P Q R S T U V W X Y Z A B C D E F G H I J K L M N O
Q R S T U V W X Y Z A B C D E F G H I J K L M N O P
R S T U V W X Y Z A B C D E F G H I J K L M N O P Q
S T U V W X Y Z A B C D E F G H I J K L M N O P Q R
T U V W X Y Z A B C D E F G H I J K L M N O P Q R S
U V W X Y Z A B C D E F G H I J K L M N O P Q R S T
V W X Y Z A B C D E F G H I J K L M N O P Q R S T U
W X Y Z A B C D E F G H I J K L M N O P Q R S T U V
X Y Z A B C D E F G H I J K L M N O P Q R S T U V W
Y Z A B C D E F G H I J K L M N O P Q R S T U V W X
Z A B C D E F G H I J K L M N O P Q R S T U V W X Y
```

给定关键词 TRAIN，我们可以按照如下步骤编码消息 ENCODED IN PYTHON：

1. 重复密钥和消息，以便将两者按字母映射：

```
ENCODEDINPYTHON   TRAINTRAINTRAIN
```

2. 对于明文中的每一个字母，找到上表中以它开头的行。

3. 根据明文中字母所对应的密钥上的字母寻找在上表中的列。

4. 编码后的结果就是上述行、列交叉位置上的那个字母。

例如，以 E 开头的行和以 T 开头的列，交叉位置上的字母是 X，因此密文的第一个字母就是 X。以 N 开头的行和以 R 开头的列，交叉位置上的字母是 E，至此得到密文为 XE。C 和 A 的交叉点是 C，O 和 I 的交叉点是 W，D 和 N 对应 Q，E 和 T 对应 X。最终完整的编码消息为 XECWQXUIVCRKHWA。

解码的步骤基本上就是按照相反的流程进行的。首先找出相同密钥字母所在的排（T 排），然后找出这一排中编码之后的字母（X）所在的位置。明文字母就是这一列最上方的字母（E）。

实现它

我们的程序需要一个 encode 方法，该方法接受密钥和明文作为参数，并返回密文；还需要一个 decode 方法，该方法以密钥和密文为参数，并返回原始的明文消息。

不过我们将遵循测试驱动开发的策略，而不只是简单地写出这两个方法。我们将会使用 py.test 来进行单元测试。我们需要 encode 方法，并且知道它的用途。让我们首先来写这个方法的测试：

```python
def test_encode():
    cipher = VigenereCipher("TRAIN")
    encoded = cipher.encode("ENCODEDINPYTHON")
    assert encoded == "XECWQXUIVCRKHWA"
```

当然，这个测试不会通过，因为我们还没有导入 VigenereCipher 类。让我们创建一个新的模块。

首先从 VigenereCipher 类开始：

```python
class VigenereCipher:
    def __init__(self, keyword):
```

```
        self.keyword = keyword

    def encode(self, plaintext):
        return "XECWQXUIVCRKHWA"
```

如果在测试类前面加上 from vigenere_cipher import VigenereCipher，然后运行 py.test，前面的测试就会通过！我们已经完成了第一个测试驱动开发周期。

显然，返回一个硬编码的字符串并不算是一个合理的加密类实现，因此让我们来添加第二个测试：

```
def test_encode_character():
    cipher = VigenereCipher("TRAIN")
    encoded = cipher.encode("E")
    assert encoded == "X"
```

啊，现在这个测试将会失败。看起来我们要更努力一些。不过我刚好想到一个问题：如果有人试图对包含空格或小写字母的字符串进行编码会怎么样？在开始实现编码方法之前，先让我们为这些情况添加一些测试，以防遗忘。我们希望移除空格，并将小写字母转换为大写字母：

```
def test_encode_spaces():
    cipher = VigenereCipher("TRAIN")
    encoded = cipher.encode("ENCODED IN PYTHON")
    assert encoded == "XECWQXUIVCRKHWA"

def test_encode_lowercase():
    cipher = VigenereCipher("TRain")
    encoded = cipher.encode("encoded in Python")
    assert encoded == "XECWQXUIVCRKHWA"
```

如果运行新的测试，也会通过（都是同样的硬编码字符串）。但是稍后如果我们忘记处理这些情况，就会失败。

现在已经有了一些测试，下面开始考虑如何实现编码算法。可以用前面手动算法所用到的那张表，但是这有些复杂，在此可以将每一排看作一个字母表，只不过存在不同数量的偏移。实际上（我查阅了维基百科得知）可以利用模算法来组合字母，而不需要在表格中查询。给定明文和密钥，如果我们将字母转换成数字（A = 0，Z = 25），对这两个字母对应的数字相加后求出模 26 的余数，结果得到的就是密文字母！这样计算已经相当直接了；
不过由于需要逐个字母进行计算，因此我们可能需要将其放到一个函数中。在我们写这个
函数之前，应该先写针对它的测试：

```
from vigenere_cipher import combine_character
def test_combine_character():
    assert combine_character("E", "T") == "X"
    assert combine_character("N", "R") == "E"
```

现在就可以编写这个函数的代码了。老实说，在这个函数完全准确之前我不得不进行
多次测试；一开始我返回了一个整数，但是忘记了根据 ASCII 表将它转换回字母。有了测
试之后，很容易就可以发现这些错误。这就是测试驱动开发的另一个好处。

```
def combine_character(plain, keyword):
    plain = plain.upper()
    keyword = keyword.upper()
    plain_num = ord(plain) - ord('A')
    keyword_num = ord(keyword) - ord('A')
    return chr(ord('A') + (plain_num + keyword_num) % 26)
```

现在 combine_character 已经通过测试了，我想我们应该可以开始实现 encode
函数了。不过，在这个函数中我们首先需要复制密钥字符串，直至它与明文等长。让我们
首先实现这个函数。噢，我是说实现它的测试！

```
def test_extend_keyword():
    cipher = VigenereCipher("TRAIN")
    extended = cipher.extend_keyword(16)
    assert extended == "TRAINTRAINTRAINT"
```

在写这个测试之前，我希望将 extend_keyword 作为一个独立的函数，其接受一个
密钥和一个整数作为参数。但是当我开始起草测试函数时，我发现它作为
VigenereCipher 类的一个工具方法更加合理。这展示了测试驱动开发可以帮助我们设计
更好的 API。下面是实现的方法：

```
def extend_keyword(self, number):
    repeats = number // len(self.keyword) + 1
    return (self.keyword * repeats)[:number]
```

这个方法也经过几次测试后才正确。然后我添加了第二个版本的测试，其中一个是 15 个字母，另一个是 16 个字母，以确保其在偶数情况下也是正确的。

现在我们终于准备好要写 encode 方法了：

```python
def encode(self, plaintext):
    cipher = []
    keyword = self.extend_keyword(len(plaintext))
    for p,k in zip(plaintext, keyword):
        cipher.append(combine_character(p,k))
    return "".join(cipher)
```

这看起来是对的，我们的测试现在应该可以通过了吧？

实际上，如果运行测试，将会发现仍然存在两处失败的地方。我已经完全忘记空格和小写字母的情况了！通过写测试来提醒我们确实是一件好事。我们必须在方法的开始加上这一行：

```python
plaintext = plaintext.replace(" ", "").upper()
```

> 如果我们在实现什么东西的过程中想到一些特殊情况，就可以写一个测试来描述这一想法。我们甚至可能不需要实现这些测试，只需要通过 assert False 来提示自己后面记得实现。失败的测试会让我们记住这些特殊情况。如果实现过程需要花比较长的时间，我们可以将测试标记为预期失败的情况。

现在所有测试都成功通过了。本章已经够长了，因此我们将浓缩解码过程的例子。下面是几个测试：

```python
def test_separate_character():
    assert separate_character("X", "T") == "E"
    assert separate_character("E", "R") == "N"

def test_decode():
    cipher = VigenereCipher("TRAIN")
    decoded = cipher.decode("XECWQXUIVCRKHWA")
    assert decoded == "ENCODEDINPYTHON"
```

下面是 separate_character 函数：

```
def separate_character(cypher, keyword):
    cypher = cypher.upper()
    keyword = keyword.upper()
    cypher_num = ord(cypher) - ord('A')
    keyword_num = ord(keyword) - ord('A')
    return chr(ord('A') + (cypher_num - keyword_num) % 26)
```

下面是 decode 方法：

```
def decode(self, ciphertext):
    plain = []
    keyword = self.extend_keyword(len(ciphertext))
    for p,k in zip(ciphertext, keyword):
        plain.append(separate_character(p,k))
    return "".join(plain)
```

这些方法和编码过程中用到的方法很相似。写了这些测试并让它们通过的好处在于我们可以回过头来修改自己的代码，并且知道这些测试仍然可以安全通过。例如，如果将已有的 encode 和 decode 方法替换为这些重构的方法，我们的测试仍然可以通过：

```
def _code(self, text, combine_func):
    text = text.replace(" ", "").upper()
    combined = []
    keyword = self.extend_keyword(len(text))
    for p,k in zip(text, keyword):
        combined.append(combine_func(p,k))
    return "".join(combined)

def encode(self, plaintext):
    return self._code(plaintext, combine_character)

def decode(self, ciphertext):
    return self._code(ciphertext, separate_character)
```

这就是测试驱动开发的最后一点优势，也是最重要的一点。一旦写出了测试，我们就可以尽可能改善我们的代码，而不需要担心这些修改会破坏已经通过的测试。而且，我们可以明确知道重构何时结束：所有测试都通过时。

当然，我们的测试并不能完全覆盖所有情况，维护或代码重构仍然会引起未诊断出来的错误。自动化测试并不能杜绝愚蠢。不过，假如出现错误，我们仍然可以遵循测试驱动的规则，第一步是写一个测试（或多个测试）来重现或"证明"出现的错误。这样的测试当然会失败。然后再写代码来通过这一测试。如果测试够全面，这些错误将会被修复，而且我们只要运行测试，就可以知道是否还有错误。

最后，我们可以试着判断施加在代码上的测试是否够好。通过安装 `py.test` 的 **coverage** 插件，`py.test -coverate-report=report` 将会告诉我们测试的覆盖率。这是一个很棒的统计数据，但是我们不应该对它过分自信。我们的代码还未测试编码信息中包含数字的情况，而且针对这种输入的行为也还未定义。

练习

练习测试驱动的开发。这就是你的第一个练习。如果你正在开始一个新的项目，那就更容易一些；如果你正在开发已有的项目，就可以从将要实现的新特征开始试着写测试。随着你对自动化测试越来越着迷，就会觉得有些沮丧。你会觉得那些旧的、未经测试的代码死板且紧密耦合，并且也很难维护；你将会感觉自己做出的修改可能因为没有测试，而会在你不知道的地方导致代码崩溃。不过，如果你从小处着手，添加测试将会逐渐改善这些代码。

因此要在实践中学习测试驱动开发，你最好从一个新的项目开始。一旦开始感受到它的优点（你一定会感受到这一点），并且发现写测试所花费的时间很快就能为你带来更容易维护的代码，你会想要为旧的代码写测试。这时候你才应该开始这么做，而不是在此之前。为那些我们已经"知道"可以正确运行的代码写测试是很枯燥的。只有当你发现那些自己以为没问题的代码实际上仍存在问题时，你才会对这个项目更感兴趣。

试着分别用内置的 `unittest` 和 `py.test` 模块来写同样的测试。你更喜欢哪一个？`unittest` 和其他语言中的测试框架很相似，而 `py.test` 相对来说更加 **Pythonic**。它们都允许我们轻松地用面向对象的测试来测试面向对象的程序。

我们在案例学习中使用了 `py.test`，不过我们没有涉及那些用 `unittest` 不是那么容易测试的特征。试着对这些测试使用跳过或函数参数功能。尝试那些不同的设置和清理方法，并将它们和函数参数相比较。你觉得哪个更自然？

在案例学习中，我们的很多测试使用了相似的 VigenereCipher 对象，这里试着用函数参数重新实现。这样可以节省多少行代码？

试着对你写的测试运行覆盖率报告。你有没有漏掉对哪些代码的测试？即便你达到了百分之百的覆盖率，你是否测试了所有输入的可能性？如果你正在进行测试驱动的开发，百分之百的覆盖率是自然而然的，因为你总是先写测试，再写代码来满足测试。然而，如果你是为已有的代码写测试，则更有可能存在未经测试的边缘条件。

在写测试时注意考虑这些不同的情况：空和满的列表，零或一，无穷大或其整数，保留到不同小数位的浮点数，数值和字符串，有意义的值或无意义的 None。如果你的测试覆盖了这些边界条件，你的代码会更好。

总结

我们终于学习了 Python 编程中最重要的主题：自动化测试。测试驱动开发被认为是一种最佳实践。unittest 标准库提供了很多现成的解决方案，而 py.test 框架的语法更加 Pythonic。mock 可以用于模拟测试中的复杂类。代码覆盖率可以估计经过测试的代码量，但是其并不能说明我们是否测试了正确的内容。

在第 13 章中，我们将会跳到完全不同的主题：并发。

第 **13** 章
并发

并发是让计算机同时完成（或者看起来为同时）多项任务的技术。从历史上来说，这意味着需要让处理器每秒在不同任务之间进行多次切换。而在现代系统中，可以真正地实现同时在不同处理器上执行两项或多项任务。

并发本质上并非面向对象的主题，但是 Python 的并发系统是构建于我们在本书中所学到的面向对象结构之上的。本章将介绍下面几个主题：

- 线程。
- 多进程。
- Future。
- AsyncIO。

并发很复杂。虽然其基本概念很简单，但出现错误却很难追踪。然而，对于很多项目来说，并发是达到我们所需性能的唯一途径。想象一下这种情景：一个 Web 服务器只能在处理完前一个用户的请求时才能响应当前用户的请求！我们不会深入介绍所有难点的细节部分（这需要另外一整本书），但是我们将会学习 Python 中基本的并发，以及一些需要避开的常见陷阱。

线程

通常，通过并发来实现程序等待 I/O 时继续执行其他任务。例如，服务器可以在等待前一个请求的数据到达时处理新的网络请求。一个交互式程序可以在等待用户按键的同时渲染动画或执行计算。要知道一个人 1 分钟能够输入 500 多个字符，而计算机每秒可以执行数十亿个指令。因此，在人们每次按键之间可以执行很多处理（即便大家的按键速度很快）。

理论上可以将所有这些切换过程控制在程序活动之间，但是这很难做到精确。实际上，我们可以依赖 Python 和操作系统来处理切换过程，我们只需要负责创建看起来独立且同时运行的对象即可。这些对象被称为**线程**；在 Python 中它们的 API 非常简单。让我们来看一个简单的例子：

```python
from threading import Thread

class InputReader(Thread):
    def run(self):
        self.line_of_text = input()

print("Enter some text and press enter: ")
thread = InputReader()
thread.start()

count = result = 1
while thread.is_alive():
    result = count * count
    count += 1

print("calculated squares up to {0} * {0} = {1}".format(
    count, result))
print("while you typed '{}'".format(thread.line_of_text))
```

这个例子运行了两个线程，你可以看见吗？每个程序都有一个线程，称为主线程。从头开始执行的代码就在这个线程中。InputReader 类作为第二个线程，显然更明显一些，。

我们必须继承 Thread 类并实现 run 方法来构造一个线程。run 方法中的所有代码（或者在这一方法内部调用的代码）都在一个单独的线程中运行。

新的线程直到我们调用线程的 start() 方法时才会开始运行。在这个例子中，线程会立即暂停并等待键盘的输入。同时，初始线程将会继续在 start 调用的位置执行。它开始执行 while 循环中的平方计算。while 循环的条件检查 InputReader 线程是否已经退出了 run 方法；一旦退出，将会输出总结信息。

如果我们运行这个例子并输入"hello world"字符串，输入结果看起来将会如下所示：

```
Enter some text and press enter:
hello world
calculated squares up to 1044477 * 1044477 = 1090930114576
while you typed 'hello world'
```

当然，你的计算结果可能或多或少存在一些差异，因为我们的输入速度以及计算机处理器的速度都会影响这一值。

线程只会在我们调用 start 方法时以并发模式运行。如果想要去掉并发调用并进行比较，可以调用 thread.run() 方法，替换掉 thread.start()。输入结果将会显示：

```
Enter some text and press enter:
hello world
calculated squares up to 1 * 1 = 1
while you typed 'hello world'
```

在这里，线程永远不会被激活，while 循环也不会被执行，我们浪费了大量的 CPU 资源什么也不做，只是等待输入。

有很多高效使用线程的不同模式。我们不会对所有模式进行学习，但是会选择其中比较常见的一种，并顺便可以学习 join 方法。让我们来查看加拿大每个省会城市当前的气温：

```python
from threading import Thread
import json
from urllib.request import urlopen
import time

CITIES = [
    'Edmonton', 'Victoria', 'Winnipeg', 'Fredericton',
    "St. John's", 'Halifax', 'Toronto', 'Charlottetown',
    'Quebec City', 'Regina'
]
class TempGetter(Thread):
    def __init__(self, city):
        super().__init__()
        self.city = city
```

```
    def run(self):
        url_template = (
            'http://api.openweathermap.org/data/2.5/'
            'weather?q={},CA&units=metric')
        response = urlopen(url_template.format(self.city))
        data = json.loads(response.read().decode())
        self.temperature = data['main']['temp']

threads = [TempGetter(c) for c in CITIES]
start = time.time()
for thread in threads:
    thread.start()

for thread in threads:
    thread.join()

for thread in threads:
    print(
        "it is {0.temperature:.0f}° C in {0.city}".format(thread))
print(
    "Got {} temps in {} seconds".format(
    len(threads), time.time() - start))
```

　　这段代码构造了 10 个线程。注意这里是如何重写构造函数并将它们传递给 Thread 对象的,记得调用 super 可以确保 Thread 正确地初始化。注意:新的线程还没有开始运行,因此 __init__ 方法仍然在主线程中执行。我们在一个线程中构造的数据可以被其他正在运行的线程所访问。

　　这 10 个线程开始运行之后,我们再一次遍历它们,并分别执行它们的 join() 方法。这个方法的作用是 “等这个线程执行完毕再做其他事”。我们按照顺序执行了 10 次这个方法,for 循环只有等这 10 个线程都结束之后才能退出。

　　到这里,我们就可以打印每个线程对象中所存储的气温信息了。再次注意我们可以在主线程中访问其他线程中的数据。在线程中,所有状态在默认情况下都是共享的。

　　执行这段代码,我的 100Mb 带宽网络花了大概二十分之一秒:

```
it is  5° C in Edmonton
it is 11° C in Victoria
it is  0° C in Winnipeg
it is -10° C in Fredericton
it is -12° C in St. John's
it is -8° C in Halifax
it is -6° C in Toronto
it is -13° C in Charlottetown
it is -12° C in Quebec City
it is  2° C in Regina
    Got 10 temps in 0.18970298767089844 seconds
```

如果用单线程模式执行这段代码（将 start() 改为 run()，并注释掉 join() 方法），将会需要大概 2 秒的时间，因为每次请求都需要大概 0.2 秒的时间。这里 10 倍的提速正好显示了并发编程的作用。

线程的诸多问题

线程很有用，特别是在其他编程语言中，但是现代 Python 开发者通常会因为几个原因避免使用它。我们将会看到，还有其他并发编程方式正在吸引着 Python 开发者的注意力。让我们在讨论这些话题之前先来看看线程中的一些陷阱。

共享内存

线程最主要的问题同时也是其最主要的优势。线程可以访问所有内存，也就是程序中的所有变量。这很容易导致程序状态的前后矛盾。你有没有进过一个房间，该房间有两个开关可以控制同一盏灯，这时有两个人同时开灯会如何？每个人（线程）都预期自己会点亮这盏灯（一个变量），但最终的结果（灯被关上了）违背了他们的预期。现在想象如果这两个线程在银行账户之间进行转账，或者控制车辆的导航系统，后果将会怎样？

线程编程中对这一问题的解决方案是让共享变量的读、写代码实现"同步"访问。有几种不同的方式可以实现这一点，但是为了关注更 Pythonic 的方式，我们不去讨论它们。同步的解决方案是可行的，但我们非常容易忘记使用。更糟的是，由于同步所导致的错误通常很难追踪（因为不同线程的执行顺序是不确定的），因此我们很难轻易重现错误。通常，最安全的做法是强迫线程之间的沟通使用一些已经正确使用了锁的轻量数据结构。Python

提供的 `queue.Queue` 类就是其中的一种，它的功能和我们下面将要讨论的 `multiprocessing.Queue` 相似。

在某些情况下，这些缺点有可能会超过共享内存所带来的速度优势。如果多个线程需要访问一个很大的数据结构，共享内存可以保证这一访问过程非常快速。然而，这一优势通常会由于 Python 中的两个线程无法在不同的 CPU 上同时运行而被抵消。这就带来了线程的第二个问题。

全局解释器锁

为了有效地管理内存、进行垃圾回收以及在库中调用机器码，Python 拥有一个名为**全局解释器锁**（GIL）的工具。它是无法被关闭的，这意味着线程在其他语言中所擅长的并行处理在 Python 中是无用的。GIL 的主要作用是阻止任何两个线程在同一时间运行（即便它们有任务需要完成）。在这里，"有任务"意味着使用 CPU，因此不同的线程访问磁盘或网络是完全可以的。一旦有线程等待，GIL 就会释放。

GIL 的反对意见很多，大多数人不理解它是什么，或者它给 Python 带来的好处。如果我们的语言没有这一限制当然很好，但是 Python 语言开发者决定，至少对于目前来说，它所带来的价值超过了其产生的代价。它让语言实现起来更加容易开发和维护，而且在 Python 最初开发出来的单核处理器时代，实际上它使解释器运行得更快了。不过，GIL 的最终结果是限制了线程所带来的优势，却没有缓解其消耗。

> GIL 问题存在于大部分人使用的 Python 实现版本，在一些非标准实现的版本中已经解决了这一问题，例如 IronPython 和 Jython。不幸的是，到本书出版之际，它们都还不支持 Python 3。

线程的超常开支

与我们接下来将要讨论的异步系统相比，线程的最后一个限制在于维护线程所需的开支。每一个线程都需要占据一定数量的内存（包括 Python 进程中以及操作系统内核中）来存储状态。在线程之间切换也需要用到（少量的）CPU 时间。这一过程不需要额外的代码（只需要调用 `start()` 方法即可），但是仍然会消耗一定的资源。

这一问题可以通过重用线程以执行多项任务来缓解。Python 提供了一个 `ThreadPool`

特征来处理。它作为多进程库的一部分，和 ProcessPool 的行为完全一致，因此我们暂时推迟到下面讨论。

多进程

多进程 API 在最初设计时模仿了线程的 API。不过在最近的 Python 3 版本中其进行了升级，能够更健壮地支持更多特征。多进程库的设计原因是由于需要执行 CPU 密集的任务以及多核的普及（鉴于目前四核的 Raspberry Pi 只需要 35 美元，多核几乎是无处不在的）。在大部分时间需要等待 I/O（例如，网络请求、磁盘、数据库或键盘输入等）的情况下，多进程是没什么用的，它是进行并行计算的方法。

多进程模块通过调动新的操作系统进程来实现。在 Windows 机器上，这一操作的代价相对来说比较昂贵；在 Linux 上，进程在内核中的实现方式和线程一样，因此其开支受限于每个进程中运行的 Python 解释器。

让我们试着并行完成一个计算量大的操作（用和 threading 的 API 类似的结构）：

```python
from multiprocessing import Process, cpu_count
import time
import os


class MuchCPU(Process):
    def run(self):
        print(os.getpid())
        for i in range(200000000):
            pass


if __name__ == '__main__':
    procs = [MuchCPU() for f in range(cpu_count())]
    t = time.time()
    for p in procs:
        p.start()
    for p in procs:
        p.join()
    print('work took {} seconds'.format(time.time() - t))
```

这个例子让 CPU 运转了两亿次循环。你可能觉得这样做毫无意义，但是在现在寒冷的天气里，我很感谢我的笔记本电脑在这样的负荷下所产生的热量。

这些 API 看起来很熟悉，我们实现了一个 Process（不是 Thread）的子类，并实现了一个 run 方法。这个方法打印出了当前进程的 PID（操作系统为每一个进程分配的唯一数字），然后再执行其他任务。

特别注意 if __name__ == '__main__':，后面的模块层代码在模块被导入的情况下不会被执行，只有在作为程序运行时才会被执行。一般来说这只是一种很好的实践做法，不过在某些操作系统上使用多进程时这是必需的。多进程可能需要在新进程中导入自身所在模块来执行 run 方法。如果我们允许整个模块在导入时都被执行，可能导致递归创建新进程，直到耗尽系统资源。

我们为机器上的每一个处理器分配一个进程，然后运行 start 和 join 方法。在我 2014 年购买的那台四核笔记本电脑上，输出结果是这样的：

```
6987
6988
6989
6990
work took 12.96659541130066 seconds
```

前 4 行是进程的 ID，在每一个 MuchCPU 实例中打印出来。最后一行显示两亿次循环在我的机器上花了大约 13 秒。在这 13 秒里，我的进程管理器显示所有四核都 100%在运行。

如果我们用 threading.Thread 来替换 MuchCPU 中的 multiprocessing. Process ，输出结果将会是这样的：

```
7235
7235
7235
7235
work took 28.577413082122803 seconds
```

这次，4 个线程将在同一个进程中运行，需要花费将近 3 倍的时间。这就是全局解释器锁的代价；在其他语言或其他实现版本的 Python 中，线程版本至少应该和多进程版本的速度一样，你可能觉得需要 4 倍的时间来运行，但是要记住我的笔记本电脑上还运行着很多其他程序。在多进程版本中，这些程序也需要分享一部分的 CPU。在线程版本中，这些程序可以使用另外 3 个 CPU。

多进程池

一般来说，没有理由使用超过计算机处理器数量的进程数。这里有如下几个原因：

- 只有 cpu_count() 数量的进程可以同时运行。
- 每个进程需要完整复制 Python 解释器所需的资源。
- 进程间通信是很昂贵的。
- 创建进程也需要一定的时间。

基于这些限制，最多创建 cpu_count() 数量的进程并让它们执行所需的任务是合理的。实现一个基本的、可以互相通信的进程序列并不复杂，但是调试起来却很麻烦。当然，对于 Python 语言，我们不需要做所有的事，因为 Python 开发者已经以多进程池的形式替我们做了。

池的主要优势在于我们不需要去搞清楚哪些代码在主进程中执行，哪些在子进程中执行。和多进程所模仿的线程 API 一样，通常很难记住谁在执行什么。池抽象限制了不同进程之间的交互，使得追踪更加容易：

- 池也隐藏了进程间数据传递的过程。使用池就像函数调用；你传递数据给函数，它将会在另一个进程中执行，任务结束后，将会返回一个值。理解其背后的原理很重要，实际上背后有很多工作进行支持：进程中的对象被打包并传入一个管道。
- 另一个进程从管道中获取数据并解包。任务在子进程中完成并返回结果。结果再一次被打包并传入管道。最终，原始进程将会解包并返回这一结果。

所有这些打包、传递数据的过程都需要时间和内存。因此，理想状态下应该保持传递数据的数量和大小在一个最小值，而且只有在很多进程需要处理数据时使用池才是有利的。

有了这些知识，让所有这些机制运行起来的代码就会惊人地简单。让我们考虑计算一列随机数的质因子的问题。这是很多加密算法中常见的也是非常昂贵的计算部分（更不要提攻击这些算法了）。破解保护你银行账号的那些非常大的数字需要几年的计算量。下面这个实现，虽然容易理解，但是根本没什么用；不过没关系，我们只想要它耗费 CPU 时间：

```
import random
```

```
from multiprocessing.pool import Pool

def prime_factor(value):
    factors = []
    for divisor in range(2, value-1):
        quotient, remainder = divmod(value, divisor)
        if not remainder:
            factors.extend(prime_factor(divisor))
            factors.extend(prime_factor(quotient))
            break
    else:
        factors = [value]
    return factors

if __name__ == '__main__':
    pool = Pool()

    to_factor = [
        random.randint(100000, 50000000) for i in range(20)
    ]
    results = pool.map(prime_factor, to_factor)
    for value, factors in zip(to_factor, results):
        print("The factors of {} are {}".format(value, factors))
```

让我们关注并行处理的部分，因为暴力递归计算因子的算法相当明确。我们首先构建了一个进程池实例。默认情况下，这个进程池为每个 CPU 创建一个进程。

map 方法接受一个函数和一个可迭代对象为参数。进程池解包出可迭代对象中的每一个值并传递给一个可用的进程，这一进程将会执行函数。完成之后，它会打包结果并返回给进程池。当所有进程池完成处理任务（可能会花一点时间）时，结果列表将会传回初始进程，而初始进程则耐心地等待这些任务完成。

通常使用一个类似的 map_async 方法会更有用，即便进程们还在工作，它也会立即返回。在这种情况下，返回的结果变量将不会是一个列表的值，而是一个承诺对象，后续可以通过 results.get() 获取列表结果。这个承诺对象拥有 ready() 和 wait() 方法，可以用来检查是否已经返回了所有结果。

除此之外，如果我们事先不知道所有自己想要的结果，可以使用 apply_async 方法产生一个队列来完成单一任务。如果池中没有正在运行的进程，则将会立即开始；否则，将会一直等到有可用的进程为止。

池也可以被 close，也就是拒绝接受其他任务，只会处理完当前队列中的所有任务；也可以被 terminate，这意味着队列中的任务也不会被继续执行，不过当前正在运行的任务仍会保证完成。

队列

如果我们需要更多地掌控进程间通信，可以使用 Queue。Queue 数据结构对于从一个进程向另一个或多个进程发送消息来说很有用。任何可以打包的对象都可以发送到 Queue 中，但是记住打包可能是一个代价昂贵的操作，因此要让这个对象尽可能小。为了阐述队列，让我们构建一个小型的搜索引擎来搜索文本内容，这个搜索引擎会将所有相关内容存储在内存中。

这不是创建基于文本的搜索引擎的最合理方式，不过我曾用这种模式来查询数字数据，这些数据需要用到密集的 CPU 计算来构建一个图表呈现给用户。

这个搜索引擎并行扫描当前目录中的所有文件。每个 CPU 都会分配一个进程。每个进程都会导入一些文件到内存中。让我们先来看导入和搜索的函数：

```
def search(paths, query_q, results_q):
    lines = []
    for path in paths:
        lines.extend(l.strip() for l in path.open())
    query = query_q.get()
    while query:
        results_q.put([l for l in lines if query in l])
        query = query_q.get()
```

记住，这个函数是在一个不同的进程中运行的（实际上，一共有 cpu_count() 个不同进程），这个进程来自主线程。它传递一个列表的 path.path 对象，以及两个 multiprocessing.Queue 对象（一个用于传入查询指令，另一个用于输出结果）。这些队列和我们在第 6 章中讨论的 Queue 类接口相似。不过，它们还负责打包数据并通过管道传递给子进程。这两个队列在主进程中设置，并通过管道传递给子进程中的搜索函数。

搜索代码无论从效率上还是从能力上，都是相当简陋的；它遍历内存中存储的每一行，并将匹配的结果放到一个列表中。这个列表放到一个队列中并传回主进程。

让我们看看主进程，这里设定了这些队列：

```python
if __name__ == '__main__':
    from multiprocessing import Process, Queue, cpu_count
    from path import path
    cpus = cpu_count()
    pathnames = [f for f in path('.').listdir() if f.isfile()]
    paths = [pathnames[i::cpus] for i in range(cpus)]
    query_queues = [Queue() for p in range(cpus)]
    results_queue = Queue()

    search_procs = [
        Process(target=search, args=(p, q, results_queue))
        for p, q in zip(paths, query_queues)
    ]
    for proc in search_procs: proc.start()
```

为了简化描述，我们假设 cpu_count 是 4。注意导入语句放在了 if 语句下，这一简单的优化可以防止在某些操作系统中它们在每个子进程中被导入（在不需要它们的时候）。我们列出当前目录下的所有路径，然后将列表分为近似相等的 4 部分。我们同时构造了 4 个 Queue 对象，用于向每个子进程中传递数据。最后，我们构造了一个 single 结果队列，将其传递给所有 4 个子进程。这些子进程都可以将数据放进队列，最终将会汇集到主进程中。

现在让我们看看实际搜索功能的代码：

```python
for q in query_queues:
    q.put("def")
    q.put(None)  # 发送终止信号

for i in range(cpus):
    for match in results_queue.get():
        print(match)
for proc in search_procs: proc.join()
```

这段代码只执行了一次对"def"的搜索（因为在一个满是 Python 文件的目录中这是一个常见的词语）。在更完备的产品系统中，我们可能需要连接一个套接字。如果是这样的话，我们必须修改内部进程的协议，使得传回队列的消息中包含足够的信息，能够识别出这是许多查询中哪一条的结果。

队列的这种用法实际上可以成为分布式系统的一种本地版本。想象一下这种情况：如果这个搜索可以发送给多台计算机并组合结果。我们不会在这里继续讨论，不过 multiprocessing 模块中包含一个管理员类，该类中的许多模板可以用于简化上面的代码。甚至还有一个 `multiprocessing.Manager` 可以从远程系统中管理子进程，从而构建一个简化版的分布式应用。如果你感兴趣，可以查看 Python 的 multiprocessing 文档。

多进程的问题

和线程一样，多进程也存在一些问题，而且其中有些是我们已经讨论过的。实现并发没有绝对最好的方式，尤其是在 Python 中。我们总是需要检查并发问题，以找出当前平台上众多可选方案中最好的一个。有时候，并没有最好的方案。

以多进程为例，其最主要的缺点在于进程间共享数据是非常昂贵的。正如我们讨论过的，进程间的所有通信，不管是队列、管道还是内部打包对象的机制，大量的打包过程很快就会占据处理时间。最好在只有少量对象于不同进程间传递时使用多进程。另一方面，如果进程间不需要通信，可能完全就不需要用这个模块，我们可以直接启动 4 个不同的 Python 进程并独立地使用。

多进程的另一个主要问题在于，和线程一样，很难判断访问的变量或方法来自哪个进程。在多进程中，如果你从另一个进程中访问变量，将会覆盖当前正在运行进程中的变量，而其他进程仍然保持旧值。这样维护起来确实很困难，因此不要这样做。

Future 对象

让我们开始以一种更加异步的方式来实现并发。Future 根据我们所需要的并发类型（I/O 密集型，或是 CPU 密集型）打包了 multiprocessing 和 threading。它们并不能完全解决意外修改共享状态的问题，但却可以帮助我们更容易地追踪这一问题。Future 为不同线程或进程间提供了明确的边界。和多进程池类似，它们用于"调用并回答"类型的交互，其中处理过程可以发生在另外一个线程中，并且在未来某个节点（毕竟就是这样命名的），你可以向它询问结果。Future 实际上就是对进程池和线程池的封装，不过它提供了更加清楚的 API。

Future 对象基本上封装了一个函数调用。函数调用运行在线程或进程的后台。Future 对象的方法检查 Future 是否结束，并在结束后获取结果。

让我们实现另外一个搜索的例子。在前面，我们实现了一个版本的 unix grep 命令。现在，让我们实现一个简单版本的 find 命令。这个例子将会搜索整个文件系统并找出包含指定字符串的目录：

```python
from concurrent.futures import ThreadPoolExecutor
from pathlib import Path
from os.path import sep as pathsep
from collections import deque

def find_files(path, query_string):
    subdirs = []
    for p in path.iterdir():
        full_path = str(p.absolute())
        if p.is_dir() and not p.is_symlink():
            subdirs.append(p)
        if query_string in full_path:
                print(full_path)

    return subdirs

query = '.py'
futures = deque()
basedir = Path(pathsep).absolute()

with ThreadPoolExecutor(max_workers=10) as executor:
    futures.append(
        executor.submit(find_files, basedir, query))
    while futures:
        future = futures.popleft()
        if future.exception():
            continue
```

```
    elif future.done():
        subdirs = future.result()
        for subdir in subdirs:
            futures.append(executor.submit(
                find_files, subdir, query))
    else:
        futures.append(future)
```

这段代码由名为 `find_files` 的函数组成，它运行在另外一个线程（或进程，如果我们用的是 `ProcessPoolExecutor`）。这个函数没有其他特殊之处，但是要注意它是如何访问全局变量的。所有和外界的交互都传入这个函数或传出。这不是技术上的要求，但却是防止你在使用 Future 编程时不头疼的最好方式。

> 如果不用合适的方法同步地访问外部变量，就会导致所谓的竞争条件。例如，想象两个程序同时想要增加一个整数计数器。它们同时启动，读取到的值都为 5。然后都增加了这一值，将结果 6 写回变量。但是如果有两个进程想要增加一个变量的值，结果应该是 7。现代系统认为简单的方法就是保留尽可能多的私有状态，并通过已知安全的结构（例如队列）共享它们。

我们在开始之前先设定了几个变量，在这个例子中我们将会搜索所有带 `'.py'` 字符的文件。我们有一个队列的 Future 对象，稍后将进行讨论。`basedir` 变量指向文件系统的根目录，UNIX 系统中是 `'/'`，Windows 系统中是 `C:\`。

首先让我们简单了解一下搜索理论。这一算法实现的是并行的广度优先搜索，而不是用深度优先的方法递归地搜索所有路径。这一算法将所有当前目录的子目录添加到队列中，然后是所有这些目录的子目录，依此类推。

这段程序的主体是一个事件循环。我们可以将 `ThreadPoolExecutor` 构建为一个上下文管理器，这样一来在结束时就可以进行自动清理并关闭所有线程。它需要一个 `max_workers` 参数来表明同时允许执行多少个线程。如果提交了超过这一数量的任务，将会排队等待，直到有可用的线程出现。在使用 `ProcessPoolExecutor` 时，这一限制通常为机器的 CPU 数量，但是对于线程，这一数值可以高出很多，这依赖于同一时间等待 I/O 的数量。每个线程都需要占据一定的内存，因此其数量也不能太多；数量太多的时候磁盘速度而不是并发请求数量将会成为瓶颈。

一旦构造了 executor，我们就用根目录向它提交搜索任务。submit() 方法立即返回一个 Future 对象，它会承诺最终返回给我们结果。Future 对象放在队列中，事件循环则会重复地从队列开头移除并查看第一个 Future 对象。如果它还在执行，就继续添加回队列的结尾。如果已经执行完毕，我们就会检查函数是否通过调用 future.exception() 抛出异常。如果有，我们就忽略它（通常是权限错误，不过一个真实的应用应该更加小心地对待这些异常）。如果不在这里检查异常，最终将会在调用 result() 时抛出，则可以通过一般的 try...except 进行处理。

假设没有出现异常，我们可以通过调用 result() 获取函数调用的返回值。由于这个函数返回的是一个不包含符号链接（这是一个防止出现死循环的懒方法）的子目录列表，因此 result() 返回同样的列表。这些新的子目录将会提交给 executor，返回的 Future 对象将会在队列中等待下一轮搜索。

这就是开发基于 Future 的 I/O 密集型应用所需要的一切。在底层使用的是与线程或进程相同的 API，但是提供了一个更加可理解的接口，并且更容易看到并发运行函数之间的边界。（只要别在 Future 内部访问全局变量就行！）

AsyncIO

AsyncIO 是当前 Python 并发编程中最先进的方法。它将 Future 的概念、事件循环和我们在第 9 章中讨论的协程组合到了一起。结果使得写并发代码变得既优雅又易于理解。

AsyncIO 可以用于几种不同的并发任务，但其实它是特别为网络 I/O 而设计的。大部分网络应用，特别是服务器端，都需要花费大量的时间等待网络中的数据。可以通过使用不同的线程处理每个客户端来解决这一问题，但是线程可能会"榨干"内存和其他资源。AsyncIO 使用协程来替代线程。

这个库同时也提供自己的事件循环，这样可以节省前面例子中的几行 while 循环。不过，事件循环也是有代价的。当我们在事件循环中运行异步任务的代码时，这些代码必须立即返回，不要被 I/O 或长时间运行的计算所阻塞。这对于我们自己写代码来说不是什么困难的事，但是对于任何标准库或第三方库的函数，如果会被 I/O 阻塞，则必须重新写非阻塞的版本。

AsyncIO 通过创建一系列协程来解决这一问题，协程利用 `yield from` 语法将控制权立即返回给事件循环。事件循环负责检查阻塞调用是否完成并执行接下来的任务，就像我们在前面手动处理的一样。

AsyncIO 实践

关于阻塞函数的权威例子是调用 `time.sleep`。让我们用一个它的异步版本来说明 AsyncIO 事件循环的基本原理：

```python
import asyncio
import random


@asyncio.coroutine
def random_sleep(counter):
    delay = random.random() * 5
    print("{} sleeps for {:.2f} seconds".format(counter, delay))
    yield from asyncio.sleep(delay)
    print("{} awakens".format(counter))


@asyncio.coroutine
def five_sleepers():
    print("Creating five tasks")
    tasks = [
        asyncio.async(random_sleep(i)) for i in range(5)]
    print("Sleeping after starting five tasks")
    yield from asyncio.sleep(2)
    print("Waking and waiting for five tasks")
    yield from asyncio.wait(tasks)


asyncio.get_event_loop().run_until_complete(five_sleepers())
print("Done five tasks")
```

这是一个相当基本的例子，但却涵盖了 AsyncIO 编程中的几个特征。最简单的就是通过观察它的执行顺序来理解，它基本上是按照从下往上的顺序执行的。

倒数第二行获取事件循环并让其运行一个 Future 对象，直到结束。这个 Future 名为 `five_sleepers`。一旦它完成自己的任务，事件循环就会终止，我们的代码也会运行完毕。作为异步开发者，我们并不需要了解太多关于 `run_until_complete` 内部发生了什么，只要知道中间发生了很多事情即可。在知道了如何使用迭代、异常、函数返回、并行调用之后，这里看到的是一个协程版本的 Future 循环。

现在仔细看一下 `five_sleepers` 这个 Future 对象。先暂时忽略装饰器，我们马上会回来讨论它的。这个协程首先创建了 5 个 `random_sleep` 的实例。返回的 Future 对象包裹在 `asyncio.async` 任务中，这会将这些实例添加到事件循环的任务队列中，如此一来当控制权交到事件循环手中的时候就可以并发地执行它们。

这一控制权会在我们调用 `yield from` 时返回。在这个例子中，我们通过调用 `yield from asyncio.sleep` 来暂停执行这一协程 2 秒。在这段时间里，事件循环执行排队中的任务，也就是这 5 个 `random_sleep`。这些协程每一个都打印一条开始消息，然后将控制权返回给事件循环，并等待一定的时间。如果这些 `random_sleep` 的暂停时间少于 2 秒，事件循环则会将控制权交给对应的 Future 对象，它会打印出结束消息。当 `five_sleepers` 内的 sleep 调用结束时，继续执行下一个 `yield from`，也就是等待剩余的 `random_sleep` 任务结束。当所有的 sleep 调用执行结束，这些 `random_sleep` 任务也会返回，也就是会从事件队列中移除。一旦所有 5 个任务都完成，`asyncio.wait` 会被调用，之后 `five_sleepers` 方法也会返回。最终，由于事件队列现在是空的了，`run_until_complete` 调用将会终止，程序也就运行完毕了。

`asyncio.coroutine` 装饰器意味着这个协程会被当作 Future 对象用于事件循环中。在本例中，没有这个装饰器，程序也能正常运行。不过，`asyncio.coroutine` 装饰器也可以用于修饰正常的函数（没有 yield 语句），它也会被当作 Future 对象。在本例中，整个函数在将控制权返回给事件循环之前执行，这个装饰器只是强制函数满足协程的 API，只有这样事件循环才知道如何处理它。

读取 AsyncIO 中的 Future 对象

AsyncIO 的协程会按照顺序逐行执行，直到遇见 `yield from` 语句，这时它会将控制权返回给事件循环。然后事件循环会执行任何一个已经做好准备执行的任务，包括最初的协程在等待的任务。一旦子任务执行完成，事件循环将结果传回协程，让它可以继续执行，直到遇见另一个 `yield from` 语句或返回。

这让我们可以写能够异步执行的代码，直到需要等待别的事情发生。这去除了线程中的不可控行为，我们也不再需要担心共享状态的问题。

> 在协程内部避免访问共享状态仍然是一个好主意。这样可以让你的代码更容易理解。更重要的是，尽管理想世界中所有的异步执行都发生在协程内部，但现实是，有些 Future 在背后通过线程或进程来执行。坚守"不共享"的哲学可以避免很多棘手的错误。

除此之外，AsyncIO 允许我们将整段逻辑代码放到一个单独的协程中，即便 random_sleep 协程内的 yield from asyncio.sleep 调用允许事件循环中发生很多事，但协程本身看起来仍是按照顺序来执行的。AsyncIO 模块最主要的优势是可以读取相关片段异步代码而不需要考虑等待完成任务。

在网络编程中使用 AsyncIO

AsyncIO 是为网络套接字特别设计的，因此就让我们实现一个 DNS 服务器。更准确地说，让我们实现一个 DNS 服务器最基本的特征。

域名系统的基本目的在于将域名，例如 www.amazon.com 翻译成 IP 地址，例如 72.21.206.6。它必须能够执行很多不同类型的查询，并且在不知道答案的时候知道如何与其他 DNS 服务器联系。我们不会实现这些部分，但是下面这个例子可以直接响应标准的 DNS 查询，找到我最近 3 个雇主网站的 IP：

```python
import asyncio
from contextlib import suppress

ip_map = {
    b'facebook.com.': '173.252.120.6',
    b'yougov.com.': '213.52.133.246',
    b'wipo.int.': '193.5.93.80'
}

def lookup_dns(data):
    domain = b''
    pointer, part_length = 13, data[12]
    while part_length:
```

```
            domain += data[pointer:pointer+part_length] + b'.'
            pointer += part_length + 1
            part_length = data[pointer - 1]

        ip = ip_map.get(domain, '127.0.0.1')

        return domain, ip

def create_response(data, ip):
    ba = bytearray
    packet = ba(data[:2]) + ba([129, 128]) + data[4:6] * 2
    packet += ba(4) + data[12:]
    packet += ba([192, 12, 0, 1, 0, 1, 0, 0, 0, 60, 0, 4])
    for x in ip.split('.'): packet.append(int(x))
    return packet


class DNSProtocol(asyncio.DatagramProtocol):
    def connection_made(self, transport):
        self.transport = transport

    def datagram_received(self, data, addr):
        print("Received request from {}".format(addr[0]))
        domain, ip = lookup_dns(data)
        print("Sending IP {} for {} to {}".format(
            domain.decode(), ip, addr[0]))
        self.transport.sendto(
            create_response(data, ip), addr)


loop = asyncio.get_event_loop()
transport, protocol = loop.run_until_complete(
    loop.create_datagram_endpoint(
        DNSProtocol, local_addr=('127.0.0.1', 4343)))
print("DNS Server running")

with suppress(KeyboardInterrupt):
    loop.run_forever()
transport.close()
```

```
loop.close()
```

这个例子定义了一个字典，将几个域名映射到对应的 IPv4 地址。接下来两个函数从 DNS 查询包中提取信息并返回查询结果。我们不会讨论这些内容，如果你想知道更多关于 DNS 的信息，可阅读 RFC（request for comment，定义大部分互联网协议的格式）1034 和 RFC 1035。

你可以通过在另一个终端运行如下命令来测试这一服务：

```
nslookup -port=4343 facebook.com localhost
```

让我们直接进入主题。AsyncIO 的网络工具紧密围绕着传输和协议的概念。协议是一个拥有特殊方法的类，当相关事件发生时会调用这些方法。由于 DNS 运行在 UDP（User Datagram Proctocol）之上，我们的协议类继承自 `DatagramProtocol`。这个类需要响应很多事件；我们特别关注的是最初建立连接的时候（只有这样我们才能够存储传输信息以备后用），以及响应 `datagram_received` 事件。对于 DNS 来说，每一个数据报文都需要进行解析并响应，做出响应之后这次交互才算结束。

那么，当接收到数据报文时，我们处理这一包，查询 IP，并通过那个我们还没讨论过的函数构造响应。然后我们让底层的传输对象利用 `sendto` 方法将结果包发送回请求客户端。

传输对象表示的是一个通信流。在这个例子中，它抽象了所有从事件循环中的 UDP 套接字上发送、接收数据的功能。这里也有类似的用于和 TCP 套接字及子进程交互的传输对象。

UDP 传输对象通过 `create_datagram_endpoint` 协程构造。这个函数构造出合适的 UDP 套接字并开始监听它。我们向它传递需要监听的套接字，以及一个更重要的我们创建的协议类，这样传输对象才知道接收到数据之后要调用什么方法。

由于初始化套接字的过程需要一定的时间并且会阻塞事件循环，因此 `create_datagram_endpoint` 函数被定义为一个协程。在我们的例子中，在等待这一初始化过程的时候，并不需要做别的什么事，因此我们可以直接用 `loop.run_until_complete` 来执行这一函数。事件循环会处理 Future 对象，当完成初始化后，将会返回一个两个值的元组：新初始化的传输对象和一个由传入的类所构造的协议对象。

传输对象会为事件循环安排任务，监听传入的 UDP 连接。我们只需要启动事件循环，并调用 `loop.run_forever()`，这样安排的任务才会处理这些数据包。当有数据包传入时，它们会在协议对象中被处理。

另外唯一需要着重注意的是在一切结束后要关闭传输对象（还有事件循环）。在这个例子中，不调用这两个 `close()` 方法也可以正常运行，但是如果在运行时构造传输对象（或者只是为了更好地处理错误），我们都需要更加注意这一点。

看到我为了实现一个协议类以及底层的传输对象竟然需要如此多的模板代码，你可能会感到很惊讶。AsyncIO 提供了一个关于这两个关键概念的抽象，其被称为流。我们将在下一个例子的 TCP 服务器中看到。

用 executor 封装阻塞代码

AsyncIO 自己提供了一个版本的 Future 库，当代码无法在非阻塞的情况下调用时，我们可以在另一个线程或进程中执行。这让我们能够将线程和进程与异步模型整合起来。这一特征可以让我们更好地利用两者的优势，以应对同时需要 I/O 密集型活动和 CPU 密集型活动的应用。I/O 密集型部分可以通过事件循环处理，CPU 密集型任务则可以在不同的进程中完成。为了说明这一点，让我们用 AsyncIO 实现一个"排序服务"：

```
import asyncio
import json
from concurrent.futures import ProcessPoolExecutor

def sort_in_process(data):
    nums = json.loads(data.decode())
    curr = 1
    while curr < len(nums):
        if nums[curr] >= nums[curr-1]:
            curr += 1
        else:
            nums[curr], nums[curr-1] = \
                nums[curr-1], nums[curr]
            if curr > 1:
                curr -= 1
```

```
        return json.dumps(nums).encode()

@asyncio.coroutine
def sort_request(reader, writer):
    print("Received connection")
    length = yield from reader.read(8)
    data = yield from reader.readexactly(
        int.from_bytes(length, 'big'))
    result = yield from asyncio.get_event_loop().run_in_executor(
        None, sort_in_process, data)
    print("Sorted list")
    writer.write(result)
    writer.close()
    print("Connection closed")

loop = asyncio.get_event_loop()
loop.set_default_executor(ProcessPoolExecutor())
server = loop.run_until_complete(
    asyncio.start_server(sort_request, '127.0.0.1', 2015))
print("Sort Service running")

loop.run_forever()
server.close()
loop.run_until_complete(server.wait_closed())
loop.close()
```

　　这个例子是用很棒的代码实现了很蠢的想法。将排序做成一个服务的这个想法本身就很愚蠢。用我们自己的排序算法而不是 Python 的 sorted 就更糟糕了。我们所用的排序算法被称为 gnome sort，有时候也被称为"愚蠢排序法"。它是一个完全由 Python 实现的非常慢的排序算法。我们使用了自己定义的协议，而不是从众多已经适用于不同应用的协议中选一个。甚至用多进程来实现并发的想法也是值得怀疑的。我们最终还是要将所有的数据在子进程中传入/传出。有时候，你需要从正在开发的程序中退一步，问问自己现在的尝试是否能够实现真正的目标。

　　不过还是让我们来看看这个设计中比较聪明的部分。首先，子进程传输的是字节数据，这比在主进程中解码为 JSON 要明智得多。这意味着（相对昂贵的）解码操作可以运行在不同的 CPU 上。同时，打包后的 JSON 字符串要比打包后的列表小一些，因此进程间传递的数据也会少一些。

其次，这两个方法是非常线性的，代码看起来好像是一行一行被执行的。当然，在 AsyncIO 中，这只是一种假象，但是我们不需要再去担心共享内存问题了。

流

现在看来前面的例子我们应该很熟悉了，因为这和其他的 AsyncIO 程序拥有相似的模板代码。不过，它们还是有一些不同之处的。首先，你应该注意到我们调用的是 start_server，而不是 create_server。这个方法使用 AsyncIO 中的流，而非底层的传输/协议代码。我们可以传递一个正常的协程，而非一个协议类，这个协程接受 reader、writer 两个参数。它们可以像文件或套接字一样读取、写入字节流。其次，由于这是 TCP 服务器而非 UDP 服务器，因此当程序结束时需要清理套接字。这一清理过程是一次阻塞调用，因此我们必须执行事件循环中的 wait_closed 协程。

流是很容易理解的概念。读取过程是一个阻塞调用，因此我们应该用 yield from 来调用。写入过程是非阻塞的，只是将数据放入队列，AsyncIO 会将它们发送出去。

sort_request 方法内发出了两次写请求。它首先从流中读取 8 字节，并用大端法将其转换为整数。这个数字代表了客户端将要发送的字节数量。因此在下一次调用 readexactly 时，将会读取这么多字节数。read 和 readexactly 之间的区别在于前者将会读取所有字节；而后者会通过缓存逐步读取所有字节，或者直到连接关闭。

executor

现在让我们来看 executor 代码。我们同样导入前面用到的 ProcessPoolExecutor。注意并不需要特别的 AsyncIO 版本。事件循环拥有一个 run_in_executor 协程，可以运行 Future 对象。默认情况下，事件循环执行 ThreadPoolExecutor 中的代码，但是我们也可以传入我们想要的 executor。或者，像我们在这个例子中做的一样，在设置事件循环时，通过调用 loop.set_default_executor() 设定其他的默认值。

你可能回想起前面 Future 对象使用 executor 时并不需要太多模板代码。不过，在 AsyncIO 中使用 Future 时，完全不需要模板代码！协程会自动将函数封装到 Future 对象并提交给 executor。我们的代码会阻塞到 Future 结束，同时事件循环会一直处理其他的连接、任务或 Future 对象。当 Future 对象完成后，会唤醒协程并将数据返回给客户端。

你可能会想：与其是在一个事件循环中运行多个进程，不如在不同进程中运行多个事件循环。答案是"也许"。然而，根据特定的问题空间，我们最好还是运行单个事件循环的独立副本，而不是试图用一个主进程来协调。

在本节中我们已经学习了 AsyncIO 中大部分的重要特征，而且本章也涉及了很多其他的并发模型。并发是一个很难解决的问题，而且没有哪个解决方案可以适应所有情况。设计一个并发系统的最重要部分就是决定哪个工具适用于当前问题。我们已经看过了几种并发系统的优点和缺点，现在已经了解了对于不同类型的需求哪些是更好的选择。

案例学习

为了给本章也是本书做结尾，让我们写一个基本的图片压缩工具。它将以一种名为行程长度压缩的算法对黑白图片（每个像素占 1 位，只有 0 或 1 两个值）进行基本形式上的压缩。你可能觉得黑白图片有点离谱，如果是这样的话，那说明你没有花足够的时间享受 http://xkcd.com！

在本章的示例代码中我附带了一些黑白 BMP 图片（对于这种格式的文件，我们很容易从中读取数据，并且有很大的优化文件尺寸的空间）。

我们将用一种简单的行程长度压缩技术来压缩图片。这一技术将位（bit）序列替换为位值和其重复出现的次数。例如，字符串 000011000 可以替换为 04 12 03，这说明有 4 个 0 和 2 个 1 以及另外 3 个 0。为了更有趣，我们将每一排分为 127 位的组块。

我并不是随意选择了 127。因为 127 个不同的值可以用 7 位来编码。这意味着如果一排包含的全都是 1 或全都是 0，那么就可以用一个字节来存储。第 1 位存储这一排的数值是 0 或 1，剩下的 7 位用于表示位值的数量。

将图片分割为不同的组块还有一个优点，那就是我们可以并行地处理每一个组块，而不需要互相依赖。不过，这样做也有一个重大缺点：如果只有少量的 1 或 0，那么最终压缩后的文件可能会更大。当我们将较大的图片分为不同组块分别运行时，可能会因为切分数量过多导致文件尺寸变得更加臃肿。

在和文件打交道的时候，我们必须考虑压缩文件最后那个字节的准确排列结构。我们的文件开头将会存储两个字节的小端表示法整数，用于表示被压缩文件的长和宽。然后将会写入代表每排 127 位的字节。

在开始设计这样一个压缩图片的并发系统之前，我们应该问一个基础问题：这个应用是 I/O 密集型的还是 CPU 密集型的？

我的答案，诚实地说，是"不知道"。我不确定这个应用将会花更多时间从磁盘读取、写入数据，还是在内存中处理压缩过程。从理论上来说，我推测这是一个 CPU 密集型应用，但是一旦我们开始将图像数据传入子进程，就可能失去一些并发的优势。这个问题的最优解可能是写 C 或 Cython 扩展，不过还是让我们来看看用纯粹的 Python 可以做到什么程度吧。

我们将用自下而上的设计来构建这个应用。通过这种方式，我们会构造一些组块，并将它们组合成不同的并发系统，以看看它们相互比较的结果。首先让我们从使用行程长度压缩对 127 位组块进行编码开始：

```python
from bitarray import bitarray
def compress_chunk(chunk):
    compressed = bytearray()
    count = 1
    last = chunk[0]
    for bit in chunk[1:]:
        if bit != last:
            compressed.append(count | (128 * last))
            count = 0
            last = bit
        count += 1
    compressed.append(count | (128 * last))
    return compressed
```

这段代码用了 bitarray 类来操作每个 0 和 1。它是一个第三方库，你可以通过 pip install bitarray 命令安装。传入 compress_chunks 的组块就是这个类的实例（虽然这个例子用一个列表的布尔值也可以正常运行）。bitarray 的主要优势在于在本例中，当在不同进程间打包时，可以占据布尔型或字节字符串型的 0、1 列表的第 8 位空间。因此，其速度可以更快一些。其同时比执行很多二进制操作也简单一点（bit 为双关语）。

这个方法利用行程长度编码将数据压缩并返回打包后数据的字节数组。如果说 bitarray 为 1 和 0 组成的列表，那么字节数组就是由字节对象（当然，每个字节包含 8 个 0 或 1）所组成的列表。

执行压缩的算法相当简单。（不过我还是要说明一点：我花了两天的时间来实现、调试它。因为容易理解并不意味着容易实现！）这里首先设定了一个 last 变量来表示当前位值（True 或 False）。然后遍历所有位，计数出现的次数，直到出现与之不同的位值。遇到之后，它会构造一个新的字节，将最左侧的位（即第 128 个位置）设定为 0 或 1，这取决于 last 变量所保存的值。随后它会重置计数器并重复上面的操作。当遍历结束时，创建了最后一次执行的最后一个字节，之后返回结果。

因为我们正在构建这个应用的功能组块，接下来让我们写一个压缩一行图片数据的函数：

```python
def compress_row(row):
    compressed = bytearray()
    chunks = split_bits(row, 127)
    for chunk in chunks:
        compressed.extend(compress_chunk(chunk))
    return compressed
```

这个函数接受一个名为 row 的 bitarray。它用一个函数将其分割为 127 位大小的组块，我们稍后将会定义这个函数。然后用前面定义的 compress_chunk 压缩每一个组块，将结果连接起来放入一个 bytearray，之后返回。

我们用一个简单的生成器来定义 split_bits：

```python
def split_bits(bits, width):
    for i in range(0, len(bits), width):
        yield bits[i:i+width]
```

现在，由于我们还不确定用线程还是用进程来运行更有效，因此就让我们将这些函数打包起来，通过一个 executor 来执行：

```python
def compress_in_executor(executor, bits, width):
    row_compressors = []
    for row in split_bits(bits, width):
```

```
    compressor = executor.submit(compress_row, row)
    row_compressors.append(compressor)

compressed = bytearray()
for compressor in row_compressors:
    compressed.extend(compressor.result())
return compressed
```

这个例子几乎不需要解释，它用我们前面已经定义过的 split_bits 函数，将输入的位值按照图片的宽度分割为很多排。（为自下而上的设计喝彩！）

注意这段代码将会压缩任一序列的位值（尽管相比于压缩位值频繁变化的二进制数据，其结果会更加臃肿）。黑白图片绝对很适合用这一算法。现在让我们创建一个函数，用第三方的 pillow 模块载入图片文件，转换为位值，并进行压缩。我们可以利用注释语句轻松地在不同 executor 之间切换：

```
from PIL import Image
def compress_image(in_filename, out_filename, executor=None):
    executor = executor if executor else ProcessPoolExecutor()
    with Image.open(in_filename) as image:
        bits = bitarray(image.convert('1').getdata())
        width, height = image.size

    compressed = compress_in_executor(executor, bits, width)

    with open(out_filename, 'wb') as file:
        file.write(width.to_bytes(2, 'little'))
        file.write(height.to_bytes(2, 'little'))
        file.write(compressed)

def single_image_main():
    in_filename, out_filename = sys.argv[1:3]
    #executor = ThreadPoolExecutor(4)
    executor = ProcessPoolExecutor()
    compress_image(in_filename, out_filename, executor)
```

image.convert() 方法将图片转换为黑白（1 位）模式，getdata() 方法返回这些值的迭代器。我们将结果打包进一个 bitarray，这样就可以进行更快速的传输。当我们输出压缩后的文件时，我们首先写入图片的宽和高，接下来是压缩后的数据，也就是字节数组（它们可以直接写入二进制文件）。

有了这些代码，我们终于可以测试线程池和进程池的性能了。我创建了一个很大的（7200 像素×5600 像素）黑白图片，并使用两种池来运行。ProcessPool 花了大概 7.5 秒的时间来处理图片，而 ThreadPool 需要 9 秒。因此，正如我推断的，在进程间打包和解包位、字节的过程几乎耗尽了多处理器所带来的效率优势（通过我的 CPU 监控器可以看到，这确实完全占用了我计算机上的所有 4 个核）。

因此，看起来在一个进程中压缩单个图片是最高效的，不过这只是因为我们在父进程和子进程中进行了太多数据传输的缘故。当传输数据很少的时候多进程才会更高效。

让我们继续扩展这个应用，并行压缩目录下的所有位图文件。我们只需要传递文件名给子进程，因此相比于线程，我们应该可以获得速度上的提升。同时，再疯狂一点，我们将用已有的代码来压缩每个图片。这意味着我们将在每个子进程中运行一个 ProcessPoolExecutor 来创建更多子进程。我不建议在真实环境中这样用！

```python
from pathlib import Path
def compress_dir(in_dir, out_dir):
    if not out_dir.exists():
        out_dir.mkdir()

    executor = ProcessPoolExecutor()
    for file in (
            f for f in in_dir.iterdir() if f.suffix == '.bmp'):
        out_file = (out_dir / file.name).with_suffix('.rle')
        executor.submit(
            compress_image, str(file), str(out_file))

def dir_images_main():
    in_dir, out_dir = (Path(p) for p in sys.argv[1:3])
    compress_dir(in_dir, out_dir)
```

这段代码用我们前面定义的 compress_image 函数，但是处理每个图片却在一个不同的进程中。它没有向函数中传递 executor，因此一旦有新进程开始运行，

compress_image 都会创建一个新的 `ProcessPoolExecutor`。

现在我们在 executor 中运行 executor, 在压缩图片时就有 4 种线程池和进程池的组合方式。它们所花费的时间各不相同。

	每张图片一个进程池	每张图片一个线程池
每一行一个进程池	42 秒	53 秒
每一行一个线程池	34 秒	64 秒

我们可能已经预料到了, 每张图片使用线程, 同时对每一排数据也使用线程是最慢的, 因为 GIL 不允许我们做任何并行计算。鉴于处理每排数据时使用不同进程的速度稍快一些, 你会惊讶地发现通过不同的进程加工每张图片并且使用 `ThreadPool` 来处理每排数据是最快的。花一点时间来理解一下为什么会这样。

我的计算机只有四核处理器。每张图片的每一排数据都在不同的池中处理, 这意味着这些数据会抢占处理器资源。当只有一张图片时, 平行处理每一排数据只能获得少量加速。然而, 当一次性增加处理图片的数量时, 向子进程中传输每一排数据 "偷" 走了处理图片所需的时间。因此, 如果可以在不同的进程中处理每张图片, 但是向子进程管道中传递的唯一数据只有一些文件名, 我们就可以获得更多的速度提升。

由此我们可以发现不同的工作负荷需要不同的并发范式。即便我们只是使用 Future, 也需要决定用哪种 executor。

同时也要注意对于常规尺寸的图片, 程序运行速度已经足够快了, 我们使用哪种并发结构实际上差别并不大。即便我们完全不用并发, 可能最终的用户体验也是相同的。

这个问题也可以直接用 threading 或 multiprocessing 模块来解决, 只不过可能需要写更多的模板代码。你可能会想 AsyncIO 是否能用到这个问题上。答案是 "可能不行"。大部分操作系统都不太支持从文件系统中进行非阻塞的读取操作, 因此这个库最终只能将所有调用封装到 Future 里。

为了保持完整性, 我用下面这段代码来解压 RLE 图像以确保压缩算法正确运行。(实际上, 直到我修改了压缩和解压缩算法中的错误才能正确运行。而我仍然不能确定这是否已经没有任何错误了。我应该用测试驱动开发!)

```
from PIL import Image
import sys
```

```python
def decompress(width, height, bytes):
    image = Image.new('1', (width, height))

    col = 0
    row = 0
    for byte in bytes:
        color = (byte & 128) >> 7
        count = byte & ~128
        for i in range(count):
            image.putpixel((row, col), color)
            row += 1
        if not row % width:
            col += 1
            row = 0
    return image

with open(sys.argv[1], 'rb') as file:
    width = int.from_bytes(file.read(2), 'little')
    height = int.from_bytes(file.read(2), 'little')

    image = decompress(width, height, file.read())
    image.save(sys.argv[2], 'bmp')
```

这段代码相当直接。其每次运行都编码在一个字节中。它用到了一些二进制数学运算来提取像素的颜色以及运行的长度。然后将每个像素放回图像中，增加下一个像素所在的行数和排数以确保其间隔合适。

练习

我们在本章中学习了几种不同的并发范式，但是仍然不能肯定哪一种在何时更有用。正如我们在案例学习中看到的，最好在做出决定前比较几种不同策略的原型。

Python 3 中的并发是一个庞大的主题，和本书同样篇幅的一整本书也不能完全覆盖所有需要了解的内容。作为你的第一个练习，我鼓励你去查看几个第三方库，它们可能提供一些额外的信息：

- execnet，一个确保本地和远程都不存在任何共享状态的并发库。
- Parallel Python，另一种解释器，可以并行地执行线程。
- Cython，一种 Python 兼容的语言，其编译成 C 语言并且能够释放 GIL，从而充分利用完全并行的多线程的优势。
- PyPy-STM，一种软件事务内存的实验性实现，基于速度非常快的 PyPy 这一 Python 解释器实现。
- Gevent。

如果你在最近的应用中用到过线程，看一下是否能够通过使用 Future 提高其可读性并减少错误出现的可能。比较线程和多进程的 Future，看看如果使用多 CPU 是否能够有所收获。

试着实现一个针对 HTTP 请求的 AsyncIO 服务。你可能需要查看网页中 HTTP 请求的结构；它们都是一些非常简单的、需要解码的 ASCII 包。如果你可以理解浏览器如何发起一个简单的 GET 请求，就将会很好地理解 AsyncIO 网络传输以及协议的原理。

确保你理解了访问共享数据时发生在线程中的竞争条件。试着写一个程序利用多个线程来设定一个共享的值，故意让这一数据被损坏或无效。

还记得我们在第 6 章的案例学习中写的那个链接收集器吗？你可以通过并行请求使得其运行速度变快吗？使用纯线程、Future 或 AsyncIO，哪个更好？

试着直接用线程或多进程来写行程长度编码的例子。速度是否有所提升？代码变得更容易理解，还是更难理解了？通过并发或并行能否让解压缩的脚本运行速度有所提升？

总结

在本章中我们用一个不是非常面向对象的话题来结束我们对面向对象编程的探索。并发是一个较难的问题，我们只涉及了其中的一些皮毛。虽然操作系统底层对进程和线程的抽象并没有提供面向对象的 API，但 Python 却提供了一些非常好的面向对象抽象。threading 和 multiprocessing 包都为底层机制提供了面向对象的接口。Future 将很多杂乱的细节封装到一个单独的对象中。AsyncIO 用协程对象让我们的代码看起来像是一步执行的，而将丑陋且复杂的实现细节隐藏在一个简单的循环抽象中。

感谢你阅读本书。我希望你享受这一过程并且渴望开始在你未来的所有项目中开发面向对象的软件！

博文视点诚邀精锐作者加盟

十载耕耘奠定专业地位

以书为证彰显卓越品质

《C++Primer（中文版）（第5版）》、《淘宝技术这十年》、《代码大全》、《Windows内核情景分析》、《加密与解密》、《编程之美》、《VC++深入详解》、《SEO实战密码》、《PPT演义》……

"圣经"级图书光耀夺目,被无数读者朋友奉为案头手册传世经典。

潘爱民、毛德操、张亚勤、张宏江、昝辉Zac、李刚、曹江华……

"明星"级作者济济一堂,他们的名字熠熠生辉,与IT业的蓬勃发展紧密相连。

十年的开拓、探索和励精图治,成就**博**古通今、**文**圆质方、**视**角独特、**点**石成金之计算机图书的风向标杆:博文视点。

"凤翱翔于千仞兮,非梧不栖",博文视点欢迎更多才华横溢、锐意创新的作者朋友加盟,与大师并列于IT专业出版之巅。

英雄帖

江湖风云起,代有才人出。
IT界群雄并起,逐鹿中原。
博文视点诚邀天下技术英豪加入,
指点江山,激扬文字
传播信息技术,分享IT心得

● 专业的作者服务 ●

博文视点自成立以来一直专注于IT专业技术图书的出版,拥有丰富的与技术图书作者合作的经验,并参照IT技术图书的特点,打造了一支高效运转、富有服务意识的编辑出版团队。我们始终坚持:

善待作者——我们会把出版流程整理得清晰简明,为作者提供优厚的稿酬服务,解除作者的顾虑,安心写作,展现出最好的作品。

尊重作者——我们尊重每一位作者的技术实力和生活习惯,并会参照作者实际的工作、生活节奏,量身制定写作计划,确保合作顺利进行。

提升作者——我们打造精品图书,更要打造知名作者。博文视点致力于通过图书提升作者的个人品牌和技术影响力,为作者的事业开拓带来更多的机会。

联系我们

博文视点官网: http://www.broadview.com.cn　　CSDN官方博客: http://blog.csdn.net/broadview2006/

投稿电话: 010–51260888　88254368　　投稿邮箱: jsj@phei.com.cn

 新浪微博 weibo.com　 @博文视点Broadview　 微信公众账号 博文视点Broadview